動物病院ナースのための臨床テクニック

～必ず身につけるべき基本手技22～

Basic Clinical Procedures for Veterinary Technicians

監修 石田卓夫

一般社団法人
日本臨床獣医学フォーラム 会長

チクサン出版社

ご注意

本書中の処置法，治療法，薬用量等については，最新の獣医学知見を基に記載されていますが，実際の症例への使用にあたっては，各獣医師の責任の下，用量等は必ずチェックして，細心の注意で行ってください（編集部）。

序文

　わたしたち伴侶動物医学にたずさわる者の使命は，伴侶動物の医療と，動物を愛する人間の心のケア，それによる社会貢献です。わたしたちは動物のために何ができるのか，社会のために何ができるのかということを常に考えて仕事をしなくてはなりません。

　動物が好きで看護士になった人も多いと思いますが，それはあたりまえのことであり，むしろ人間が好きでないとこの仕事は務まりません。看護士の仕事というのは，獣医師と動物の間あるいは獣医師と動物の家族の間に入って働くというものです。ですから，動物も人間も好きでないといけないのです。動物の家族の方々は，獣医師よりも看護士のほうと好んで話しをするようです。したがって，話しができること，しかも獣医師より優しく話しができること，これが病院内の仕事の中で重要なものとなるのです。

　話しができるためには勉強が必要ですが，動物にも家族にも優しく接すること，これは仕事と動物，そして人間に対する愛情がなくてはできるものではありません。そのような愛情は教科書を読んでも生まれてこないのです。自分がしてもらって嬉しいこと，これは他の人も嬉しいはずです。自分の動物が誰かにしてもらって嬉しいこと，これも皆同じように嬉しいでしょう。そして動物の治療や看護に際しては，「思いやりの心」を持つことが大切です。そのような心は，必ず動物にも家族にも伝わります。

　看護士の仕事は大変な仕事ですから，ともすれば自分の健康や教養について考える余裕がなくなってしまいますが，よい仕事をするためにはまず自分を磨く努力を忘れないでほしいと思います。そして健康で幸せな人生を送ること，これがよい仕事をする第一歩であることを忘れないでください。休みの時間には自分を磨き，そして仕事の時間には精一杯，動物と人間のために愛情を注いでくださるよう望みます。

2007年9月

一般社団法人　日本臨床獣医学フォーラム会長　石田卓夫

CONTENTS

	序文	石田卓夫	3
1	ヒューマンアニマルボンドとは	石田卓夫	6
2	動物看護士の仕事にはどんなものがあるのか	苅谷和廣	8
3	子犬のケア（予防・食事・しつけ）	村田香織	12
4	採血・注射と保定法	吉村徳裕	18
5	うさぎの保定	柴内晶子	24
6	糞便検査と尿検査	草野道夫	30
7	血液塗抹標本のチェックポイント	石田卓夫	36
8	細胞診で異常な細胞がみられたら	石田卓夫	46
9	定期健康診断と術前検査	竹内和義	56
10	検査センターへの検体の出し方	打江和歌子	66
11	X線検査と保定	茅沼秀樹	74
12	スクリーニングエコー検査と保定	石田卓夫	87
13	眼科検査と点眼時のポイント	安部勝裕	90
14	歯科処置後のケアとホームデンタルケアの指導	戸田　功	98
15	術後における観察と評価	長江秀之	104
16	動物看護士のための創傷治療	山本剛和	110
17	輸液の作り方と留置針の管理	大村知之	116
18	調剤法の基本	竹内和義	124
19	食事療法の実際	竹中晶子	132
20	エマージェンシー時の対応	入江充洋	140
21	輸血をすると決まったら	内田恵子	146
22	抗がん剤と動物の家族への説明	山下時明	152
	Index		157
	執筆者一覧		159

No.01 ヒューマンアニマルボンドとは

はじめに

「かつて裏庭につながれていたペットがベッドルームに上がってきた」(Marty Becker)，「犬や猫が室内で共に生活するようになったのは家庭内での女性の力である」(Bruce Fogle)といった言葉に象徴されるように，現在では家庭の飼育動物は単なるペットという認識を越え，コンパニオンアニマル（伴侶動物）としての地位を獲得するようになっています。

これは動物に対する社会の態度が変化したことにより，社会が動物の重要性と価値を認めるようになったことが原因と思われます。コンパニオンアニマルとは，人間のよき仲間，家族，伴侶としてともに暮らす動物達で，正しいしつけとマナー，そして獣医学的なケアを受けていることが大切です。それらの動物は，人との幸せな歴史を分かち合ってきたパートナーで，その動物の習慣や行動がよく分かり，その動物と人との共通の感染症が十分に調べられていて，人間にとっても安全であることが分かっています。このような定義でコンパニオンアニマルを考えると，犬，猫，うさぎ，馬がこれに当てはまります。

コンパニオンアニマルに対する獣医学的なケアとは，単に病気になったら治療するというものではなく，家族の一員としての健康管理すべてを含むものでなくてはなりません。獣医学全体として，このような責任を持てる動物をコンパニオンアニマルと定義しています。

ヒューマンアニマルボンド

人間とコンパニオンアニマルの絆をヒューマンアニマルボンドと呼んでいますが，実際にはその絆が人間社会および動物の双方にもたらす影響や意義をも含めてヒューマンアニマルボンドと呼ぶことが多いようです。

コンパニオンアニマルの存在により，老人は身近に愛するものがいることの重要性を再認識し，寂しさや孤独感を軽減するのみならず，動物の介在が友人や親戚との付き合いの再開によい効果を及ぼすことも分かっています。すなわち，コンパニオンアニマルは社会における潤滑油的な働きを果たすものと考えられています。

たとえば，公園のベンチに1人で座る時に，何も持たないで座る，本を持って座る，音楽が流れるプレイヤーを持って座る，動物を伴って座るというのを比べると，一番多く他人から話しかけられるのは動物を伴って座る場合といわれています。

また，65歳以上の一人暮らしの老人が植物か小型の鳥を保有した場合，鳥を飼った場合の方がより気力は改善し，訪問者が多いことが分かっています。ハンディキャップを持つ人に対しても，コンパニオンアニマルは安全を保証してくれる伴侶としての存在のみならず，人間同士の交流を増やす効果があるようです。

すなわち，コンパニオンアニマルは人と人の間に入ることで，人間のやさしい気持ちや素直な気持ちを引き出し，人間同士の関係を改善する効果があるのではないかと考えられます。さらに，子供の脳の発育にも効果があるとされています。とくに母性本能というものを持たない男の子に対しても，ふれあいや思いやりの気持ちを育てるという意味で重要です。

人間に対する動物の医学的効用についても多くの研究がなされています。心臓発作後の入院患者に関する調査では，動物との生活で1年以上の生存率が有意に高まることが知られています。これは動物とのふれあいが，心拍数・血圧の安定，適度な運動の促進など，よい効果をもたらすためと考えられています。

しかしながら，絆とはお互いに影響を及ぼすものでなくてはならないので，人間だけの都合を考えて動物との生活を求めるべきではないでしょう。動物側にも人間とのふれあいによりストレスや医学的な影響が様々あるはずですが，絆が形成されている間柄では，動物の心拍数や血圧に対してよい影響があることが分かっています。

すなわち，ヒューマンアニマルボンドとは人と動物双方の教育，福祉，医療に関わる大きな認識で，それが有効に作用した結果，人間も動物も幸せな生活が保証されるというものです。人間の福祉に関しては，人間の精神的健康を増進する意味で，老人や子供と動物の同居の推進，様々な動物介在活動（AAA）が行われています。

一方，動物の福祉に関しては，望まれない妊娠の防止，身よりのない動物に対する新しい家族探しなどが，動物病院を中心に行われています。

医療面でのヒューマンアニマルボンドとしては，医師の参加により動物介在療法（AAT）が医療現場で始まっています。真のAATとは，適格の動物と動物ハンドラーに加えて，医師

の参加が必須で，医師が作業療法士などと協力して治療プログラムを作成しています。獣医療側では，安全で適正のある動物とハンドラーを教育，選択し，供給しています。それ以外にも，患者の精神的健康を高める目的での動物の利用も，医療現場で行われています。

これは，入院，看護などに際してコンパニオンアニマルの利用を推奨するもので，患者は動物の存在により，誰かが自分を必要としているという自覚を持つようになり，消極性も改善されるようになることが分かっています。またがん患者などでは精神的な生活の質の向上をねらって動物を介在させています。そして，動物のための医療は，動物病院の仕事そのものであり，また家族が動物を病院に連れて行くという行為自体が，ヒューマンアニマルボンドにより裏打ちされています。

教育に関しては，動物とのふれあいは子供の脳の発達に重要であるとの認識から，動物介在教育（AAE）という名称のもと，動物との同居やふれあい教室を通じて，子供の教育にも動物が利用されるようになってきています。動物の教育は，社会の一員としての動物を育てる意味で，動物の社会化，しつけ教室，問題行動の予防と治療などが，伴侶動物医療の一環として行われています。

動物の福祉と医療

動物の健康と長生きを保証することが伴侶動物獣医学の目的ですが，その中の動物の健康管理プログラムでは行わなくてはならないことが多くあります。しかしながら，これまでの獣医学は産業動物獣医学を中心に発展したこともあり，健康管理といえば感染症予防と寄生虫コントロール以外にあまり注目されてこなかったのが実情です。獣医学自体が，病気になったら手を打つという，反応的な獣医学であったのです。

それに対して，伴侶動物医療が古くから進歩した米国を中心に，動物のウェルネスという概念が広められて来ました。ウェルネスとは，「よい状態の維持」という意味で，重大な病気ではないが長期的には生命やヒューマンアニマルボンドにかかわるような異常もない状態と定義されます。言い換えれば，予防しようとすればできる異常は全くない状態を維持することがウェルネスであり，逆にこれらがみられる場合を「ウェルネスの不在」と定義します。

これらの「異常」とは，感染症，寄生虫感染，栄養過剰，栄養不良，歯科疾患，被毛の異常，遺伝性疾患，行動学的問題，その他の予防可能な異常です。ある病気を予防するための知識と技術が存在するとき，それをしないのは「怠慢」

であるという考えが進み，現在では米国を中心に動物のウェルネスは推進されるようになり，また家族側でも，動物のウェルネスを望む風潮が強くなっています。真の病気ではなくとも，ヒューマンアニマルボンドに障害を招きかねない問題行動も，やはりウェルネスで予防すべき問題です。ヒューマンアニマルボンドに障害が起こるということは，その動物の寿命の短縮をも意味します（安楽死などで動物が死亡）。その意味では，伴侶動物医療においては，感染症の予防も，行動学も，動物の命を守るという意味において，同列の意味を持つものでしょう。

獣医師は，これらの疾患予防のための知識と能力と技術を持ち，そのためのトレーニングを受けています。そして，獣医師は，動物の病気を予防する責任を持っています。すなわち，予防できる病気は予防し，伴侶動物の健康を促進し，伴侶動物に対してベストなことを行うのが，獣医師の倫理的な責任であると考えられます。そして獣医師と共にヒューマンアニマルボンドの理念を共有し，獣医師の仕事を全般的にアシストするのが動物看護士の役割なのです。

ウェルネスケアの特徴は，健康なうちからの来院を促し，先に手を打つことです。ウェルネスケアは動物にとってのベストであるとともに，家族にとってもベストな動物医療です。動物病院では，ウェルネスプログラムの一環として，ワクチンも，しつけも，食事も扱っています。すなわち，動物病院ではウェルネスというパッケージ（プロジェクト）をサービスとして提供しています。プロジェクトとは製品と教育とサービスがパッケージされたもので，これを病院として提供することにより，伴侶動物の長く美しい一生を願い，よりよいヒューマンアニマルボンド作りに貢献しようとしています。このウェルネスプログラムの中でも動物看護士は中心的な役割を演じることになります。

おわりに

どんな仕事をしていますかと聞かれたときに，胸を張って「ヒューマンアニマルボンドのための仕事をしています」と答えられるようになりましょう。ヒューマンアニマルボンドを通じて社会に貢献する，こう考えていれば仕事は楽しいものになると思います。

石田卓夫
（一般社団法人　日本臨床獣医学フォーラム　会長
赤坂動物病院　医療ディレクター）

02 動物看護士の仕事にはどんなものがあるのか

はじめに

　動物看護士の仕事内容は多岐にわたりますが，動物病院によって，その方針または，制限事項には違いがあります。しかし，動物看護士が小動物の診療を行う上で欠くことのできない一員であることは，動物医療界のみならず，社会一般からも充分認知されています。

動物の家族との対話

　ここでは，私の病院で行っている動物看護士の仕事を概説します。大きく分けて，受付，診察，外来治療，薬剤処方，検査，院内治療，手術補助があります。スタッフ数が多いと細分化され，少なければいくつか兼務する場合もあります。

　いずれの分野に携わるにせよ，動物病院における仕事の目的は，動物の命と苦痛を救い，動物の家族の不安をなくし，動物と人との快適な生活を築くことにあります。したがって，どのような分野であれ，目的に沿った仕事を行いましょう。

　ここでは様々な手順を紹介していますが，動物病院では，基本に沿って実施することが，早く仕事を覚えるコツとなります。ここに挙げている手順を自分の病院へ取り入れることができるか，どの部分を直せば利用できるのか，実際に考え，工夫し，試みることが大切です。

　また，動物看護士が獣医師，動物の家族との間において，互いの綿密なコミュニケーションを図れるように働くことは，特に臨床の現場では必須になります。このような理由から，動物看護士は，臨床現場で必要な用語を獣医師や看護士用の辞典などを参考にして，正確に理解し共有できるようにしたいものです。

受付がサービス第一線

　受付スタッフは，動物看護士以外の専門職，あるいは，経験ある動物看護士が携わっている場合が多いようです。人とのコミュニケーションが得意であり，豊富な知識を持ち，動物病院全体を見回し，様々な事態に対処できる能力が必要です。ここでの役割は，動物の家族にとっての第一印象を高めることにあります。すなわち，受付の入口，待合室，診察室，看板を含めた家族の目の触れる全てに気遣いを働かせることです。

　この受付のスタッフが直接的に家族のニーズを知る立場にあるのですから，家族に対しては，特に敏感になります。したがって，病院に入ってくるときの本当の意味でのニーズは，受付スタッフが一番よく理解できるはずです。病院を出入りするときの家族の表情を知っており，この病院に来院してよかったという印象が感じとれるからです。それ故，サービスの第一線が受付になります。

診療や治療はサービス第二線

　サービス第二線は診療や治療を支えるバックヤードになります。しかしながら，例えば，院長や獣医師あるいは他のスタッフのその日の機嫌が悪い，早く仕事を終えたい，自分の仕事を優先してほしい，サービス第二線を考慮すべきだといった不満が多くなると，受付に多大なストレスがかかるようになります。結果として，他のスタッフからの負の圧力に気持が萎縮し，皆に同調したいと思うあまり，これ以上，動物の家族は自分の病院に来て欲しくないとさえ考えるようになります。

　このような状況を作らないためにも，家族のニーズを直接受け入れている受付がサービス第一線であり，これを支えるのがサービス第二線であることを全スタッフが理解し，尊重できなければ，その病院の発展は望めません。

業務のマニュアル化

　業務は細分化するので，日常的な項目について，マニュアル化し要点をまとめるのが良いでしょう。本来，業務は個々の病院によって内容が違うものです。ここで示した基本手技は，特に重要な部分を示していますが，自分の病院に合わせて新たに作り直しましょう。

5W2Hの使い方

　ここでは，5W2Hと呼ばれる作業手順のマニュアル作成方法を知り，基本的パターンを理解して下さい。実際，何かアイデアを出す際に，5W2Hを使っている人はどの位いるのでしょう？　手順が確立されているものは，マニュアル化すれ

ACプラザ 苅谷動物病院 【動物看護士業務マニュアル】 マニュアル実例1

業務名：フィラリア抗原検査（ハートワーム）

〔業務の目的〕

WHEN　　　　：検査依頼時
WHERE　　　 ：診察室／検査室
WHO　　　　 ：動物看護士
HOW LONG　 ：8分

〔使用するもの〕
　スナップハートワーム，HWコンジュケート，検体（全血），トランスファーピペット，サンプルチューブ，タイマー

〔手順／業務フロー〕
1．全血検体を2滴，トランスファーピペットを用いてサンプルチューブへ移し，コンジュケートを5滴加える。
2．10〜15回，十分に転倒混和する。
3．スナップ本体のサンプルウェルに2．を全量注入する。
4．アクティベートサークルまでサンプル液が浸透し，変色したらアクティベーターを強く押す。
5．8分静置後，判定する。

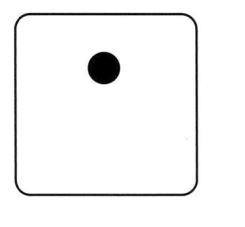

　　　　陰性 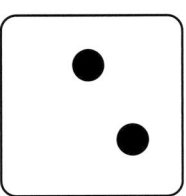　　　　　　　　　弱陽性 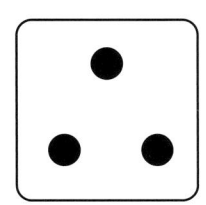　　　　　　　　強陽性

〔注意点〕
・アクティベーターは完全に水平になるまで押し下げること。
・検査中はスナップ本体を水平に保つこと。
・スナップの本体の検査結果は動物の家族にみて頂いたほうがよい。

ACプラザ 苅谷動物病院 【動物看護士業務マニュアル】 マニュアル実例2

業務名：動物の家族への基本的対応・問診の聴取

〔業務の目的〕

WHEN　　　　：問診時
WHERE　　　：診察室
WHO　　　　 ：動物看護士
HOW LONG　：10分

〔使用するもの〕
　カルテ　トリーツ　筆記用具

〔手順／業務フロー〕
1．来院された家族には必ず挨拶し，自己紹介をする。
　　「こんにちは，先生の診察の前に問診を取らせていただきます，看護士の○○と申します。
　　　よろしくお願いします」軽く笑顔でお辞儀をする。

2．動物の名前を呼び，動物に触れて話しかける（こんにちは。よいところがあれば誉める）。
　　ほとんどの家族は動物に触れることを嫌がらないが，中には嫌がる場合もあるので注意する。

3．家族に確認後，動物にトリーツを与える。
　　犬：タブポケット等　　猫：かつおぶし等
　　注）絶食・嘔吐・食物アレルギー等の場合は行わない。

4．問診を取っている間はよく質問し，話もよく聞く。
　　カルテに記入している間も，時々家族の顔（目）をみるようにする。
　　家族の話をよく聞いて対応するとよい（素直な相づちが大切）。
　　主訴・病歴の確認をする（健康診断，予防注射，病気，怪我など）。
　　「今日はどうなさいましたか？」　「いつからでしょうか？」
　　他院で治療している場合，経過や内服薬の確認をする。

5．言葉遣い…敬語または丁寧語
　　　　　　　×「～でいいですか？」　　→　　「～でよろしいでしょうか？」
　　　　　　　×「～してくれますか？」　→　　「～して頂けますでしょうか？」　など

6．家族を誉めることも大切。

7．診察室を出る場合は，「では，先生に代わりますので少々お待ち下さい。」と一声かける。

8．先生がすぐに診察室に入れない場合は，家族と一緒に診察室で会話をしながら待つ。
　　家族を一人きりにしないよう心がける。
　　また，想定される処置の準備を行う。

ば，他のスタッフに教えるのも容易になりますし，自分の仕事の整理になります。また，一度教えた仕事は，マニュアルをみれば，他のスタッフに聞きなおすことも少ないでしょう。マニュアルを作成した人は，より高度なマニュアル作りに取り組み，自分自身の技量を高めていくことが大切です。

5W2Hは使おうと思えば，あらゆる局面で使えます。

WHEN いつ，WHERE どこで，WHO 誰が，WHY なぜ，WHAT 何を，HOW どのように，HOW LONG どのくらいの時間が要点です。5W2Hの見出しを作っていくときに，目次を作成していくと分かりやすいように思います。

アイデアの発想で行き詰まりを感じておられる方には，斬新なアイデアが何種類か浮かぶと思います。

リマインダー

リマインダーとは，動物病院から動物の家族に向けて発する確認情報です。来院の3日後，あるいは7日後に獣医師もしくは動物看護士が家族へ電話し，動物の状態を確認します。また，手術の前日に明日が予定日であることの確認，絶食指示が確実に行われているかを電話連絡により確かめれば，家族とのコミュニケーションを図る上でも有効な手段になるので，動物看護士の仕事として確立して欲しいものです。

各種会議の設定

動物看護士スタッフは，やはり，各種会議を設定して頂きたいと思います。例えば，動物看護士のスタッフ会議，動物看護士と獣医師との会議を月に数回，昼食会議などを通じて，問題意識を持って積極的に討議し対話して，病院全体の活性化につなげてください。

おわりに

本書「動物病院ナースのための臨床テクニック」は動物看護士が現場でとまどうことがないよう22のテーマを選んで解説しています。是非とも自分の病院における手技方法を整理し，作業手順をマニュアル化し活用してください。

苅谷和廣（ACプラザ苅谷動物病院）

No 03 子犬のケア（予防・食事・しつけ）

アドバイス

伴侶動物を家族の一員として大切に飼われている人にとって，自分が直接関わることができる健康管理や食事管理，そしてしつけは最も興味のある分野です。特に子犬を飼い始めて間もない方は疑問や悩みも多く，もっと専門家のアドバイスを受けたいと考えています。

犬の生活習慣や問題行動を成犬になってから改善するのは難しく，予防が何よりも大切ですから，子犬の時期の飼い主教育はとても重要です。これらの分野について動物看護士が適切な対応ができれば，獣医師は病気の診断・治療に専念することができますし，家族にもより身近な専門家である動物看護士からのアドバイスを喜んでもらえると思います（図❶）。

図❶ 看護士からのアドバイス

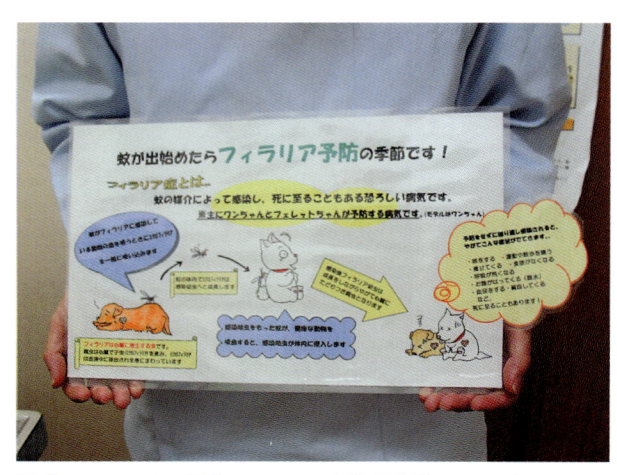

図❷ フィラリア予防についての家族教育用フリップ

準備するもの

- **好物**：診察室に子犬が喜んで食べるものを準備しておきます

以下は動物の家族用に準備します

- **教育用フリップ**：
  予防プログラムについて動物看護士が説明しやすいようにツールを準備しておきます（図❷）

- **教育用プリント**：
  よくある質問に関しては，説明すると同時に家に持ち帰り読んでもらえるようにプリントを作成しておきます（図❸）

- **教育用ファイル**：
  健康管理，食事管理，しつけなど子犬の動物の家族に必要な情報をまとめてファイルしたものを用意し，お渡しします。ワクチンやフィラリア予防薬，お勧めの子犬用総合栄養食のパンフレット類もここに入れておきます（図❹）

- **教育メモ**：
  どのような内容のお話をしたかをチェックリストにしてカルテに貼っておきます

手技の手順

1. 予防

（1）ワクチン接種

ワクチンの種類は大きく分けて2つあること（混合ワクチンと狂犬病ワクチン），また子犬のワクチン接種時期などについて説明してあげましょう。混合ワクチンはジステンパーやパルボウイルス感染症，コロナウイルス感染症　ケンネルコフ，犬伝染性肝炎，レプトスピラ感染症などを予防します。感染し，発病してしまうと死亡率の高い病気も多いので，必ず予防しておくよう伝えてください。

また狂犬病は現在日本では発生していませんが，海外では多数の発生がみられることから輸入動物などからの感染の可能性もあること，また犬のみならず人にも感染し，死に至らせる恐ろしい病気であるため，予防しておく必要があることを理解してもらってください。

（2）フィラリア予防

フィラリア症は心臓に寄生する虫によって起こる致死率の高い病気であること，またこの病気は蚊によって媒介されることを理解してもらいましょう。そして予防するためには毎年，蚊の出るシーズンに内服薬などによるフィラリア予防が効果的であることを説明しましょう。

（3）デンタルケア

犬には虫歯はあまりみられませんが，歯周病は非常に多く発生します。歯周病は，口の中の不快感や痛み，口臭の原因になるばかりか，血流を介して細菌が腎臓，肝臓，心臓など全身の臓器に運ばれて悪影響を及ぼします。人と同じように健康で長生きするためには，歯の健康がとても大切であることを理解してもらいましょう。成犬になってから，歯ブラシに慣らすのはとても難しいので，ぜひ子犬の頃から歯磨きを練習してもらいましょう。

（4）ノミ，ダニ予防

ノミやダニなどの外部寄生虫は，犬の血を吸うだけでなく，ノミによるアレルギー性の皮膚炎を起こしたり，ダニが媒介する原虫により致死的な貧血を起こすバベシア症にかかる危険性もあります。

これらの外部寄生虫が活躍し始める春先から秋にかけては，予防策をとっておいてもらいましょう。

（5）不妊・去勢手術

よく手術をすると寿命が短くなるのではないかと心配される方がありますが，アメリカでのある調査によると不妊・去勢している犬の方が平均寿命が長いことが分かっています。これは不妊・去勢手

図❸　家族向けの教育用プリント

図❹　家族向け教育用ファイル

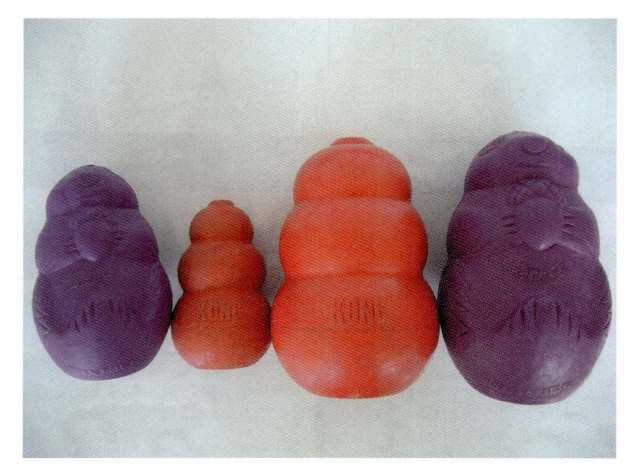

図❺　コングとビジーバディ

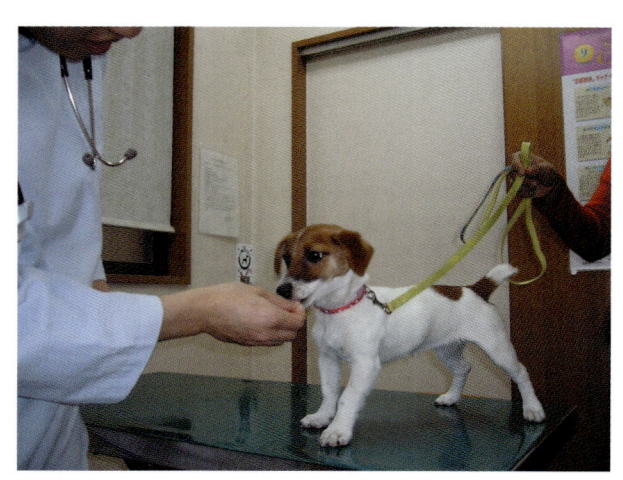

図❻　パピークラス

図❼　パピークラス　診察台でのレッスン

術によって，犬に多い生殖器系の病気が予防できるためと考えられます。不妊・去勢手術によって望まれずに生まれる不幸な子犬をなくすだけでなく，病気の予防や行動上の問題もコントロールしやすくなることなどを説明し，不妊・去勢手術を受けさせることをお勧めするとよいでしょう。

2．食事

（1）健康の立場から見た食事の与え方

「総合栄養食」の表示のあるドッグフードなら犬にとって必要な栄養素をすべて満たすことができます。信頼できるメーカーの総合栄養食を選び，体重に合った量を，規則正しく与え，いつでも新鮮な水が十分飲めるようにしておくとよいでしょう。与える回数は子犬の月齢や体格に応じて1日に3～5回ぐらいから徐々に減らし，6カ月齢を目安に2回ぐらいにするとよいでしょう。

また，しつけのためにご褒美を使うことはとても有効ですが，その質と量については最初にきちんと説明しておきましょう。総合栄養食以外のものを犬の食事に加えるのでしたら，その量は1日に必要なエネルギー量の10％以内とされています。与える主食はこれらのカロリー分を差し引いた量です。

（2）しつけの立場から見た食事の与え方

犬の食事はしつけの立場からも，とても大切な時間です。食事の前には必ず号令をかけ，それに従ってから食事を与えるようにしてもらってください。

また食事のときに近づくと急いで食べたり，食べ物を守ろうとするような動きをする子犬は，将来食べているときに近づくと唸ったり，攻撃してきたりするようになる危険性があります。このような場合はフードを一度に全部与えず，食べている途中で追加するか，あるいは食べている最中に食器の中に好物を入れてあげるようにします。こうして家族が子犬の食器に近づくのは，食べ物を横取りするためではなく，食べ物を追加したり，もっとおいしいものを入れてくれるためなのだと教えます。

さらに家族が食事中にテーブルから食べ物を与える習慣を作らないこともアドバイスしてあげましょう。また食事は毎回食器に入れて与えるよりも，コングやビジーバディなどに入れて与えるとストレス発散ができ，いたずら予防にもなります（図❺）。

3．しつけ

からだの健康とともにとても大切なのがこころの健康です。犬も人と同様，こころとからだの両方が健全であって初めて幸せな生活を楽しむことができます。

近年人の医学でもさまざまなこころの病がクローズアップされていますが，人間が人間社会で生活する場合においてさえ，職場や学

校に馴染めず，適応障害と呼ばれるようなストレス反応が生じることがあります。犬でありながら人間社会で生活する家庭犬は，犬本来の社会とは全く異なる人間社会に適応して生きていかなければなりません。犬としてごく自然な行動も人間社会では受け入れられないこともしばしばあります。

そんな彼らが，生涯家族とともに幸せに暮らすためには，子犬の間の順応性の高い時期に，人間社会に適応できるように社会性を身につけさせる機会を与えておくことが重要です（図❻）。また犬は生涯にわたり，家族が歯ブラシやグルーミングなどの健康管理を行う必要があります。病気の早期発見も家族の観察力や犬との適切なふれあいがあってはじめて可能となります。犬がこのようなケアを快く受け入れてくれるようになるかどうかは子犬のときの対応が大きく影響します。さらに問題行動の予防のためにも家族が犬と適切なコミュニケーションをとり，信頼関係を築いておくことが重要です。

これらのことを家族に教育するために，動物病院でパピークラスを実施することが理想的です。犬は生涯を通じてさまざまな病気の予防や治療のために動物病院に訪れることになりますが，子犬の時期に，動物病院が恐ろしい場所と思うのと，楽しい場所と認識するのでは，のちのち大きな違いが生まれます。たとえば犬が本当に病気になったときに，病院に来ることそのものが大きなストレスになってしまうと，検査や治療も大きな苦痛を伴うことになるでしょうし，ストレスは病気の回復にもよくない影響を及ぼすことが分かっています。

パピークラスの担当者が動物病院のスタッフであれば，病気で病院を訪れた際にも，コミュニケーションが取りやすくなる上，子犬も安心するのでとても効果的です。パピークラスでは病院のスタッフが，子犬を診察台の上に乗せご褒美をあげたり，撫でたりします。病院に対してまだ警戒心を持っていない子犬はすぐに診察台の上に慣れ，そこでご褒美をもらったり触られることを楽しみ，病院が大好きになります（図❼）。

失敗しないために

1．勘違いをなくす

家族教育を行う際に難しいのは，こちらが間違ったことを言っているわけではなくとも家族に上手く伝わらないことがしばしばある点です。家族が勘違いしやすいところは共通している場合が多いのでその部分については，強調したり繰り返し伝えるように心がけてください。

たとえばフィラリア予防薬ですが，最終の投薬予定日にはすでに寒くなっている場合が多いので，この時点で蚊がいなければ与えなくてもよいと思われがちなのですが，前回投薬した日以降にまだ蚊

手技のコツ・ポイント

- 子犬が診察室に入ってきたら，まず動物の家族と楽しく話をします
- 子犬がリラックスしたところで好物をあげることを動物の家族に提案します（図❽）
- その後にやさしく聴診，検温，ワクチン接種などを行います（図❾）
- 処置が終わった後でもう一度好物などを与えて仲直りします
- 子犬の機嫌が直った後に診察室から出るようにします

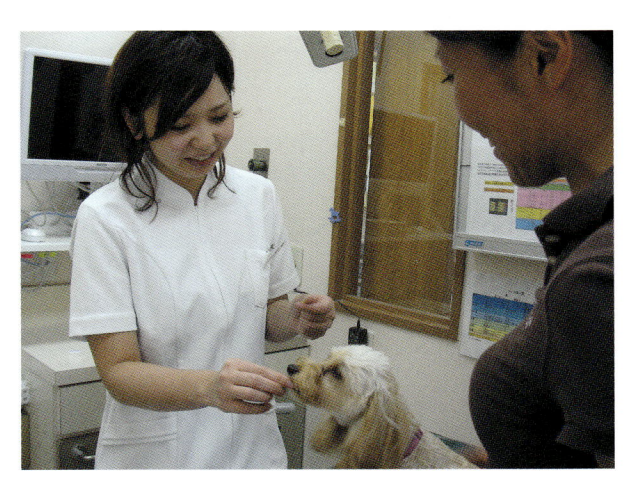

図❽　ご褒美をあげることを提案します

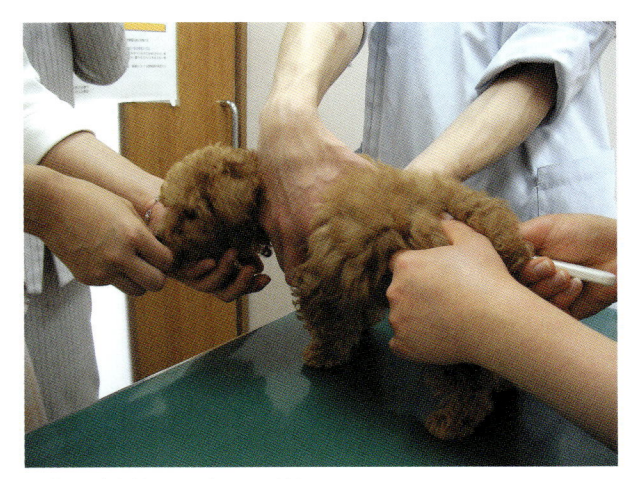

図❾　ご褒美をあげながら検温します

> **動物の家族に伝えるポイント**
>
> 予防
> ・犬は体調不良を自分で伝える手段を持ちえません
> ・健康で長生きしてもらうためには，予防できる病気はきちんと予防しましょう
> ・日頃から犬の様子をよく観察しましょう
> ・体中をみたり触ったりする習慣をつけましょう
>
> 食事
> ・バランスのよい食事を適切な量と回数与えましょう
> ・総合栄養食以外の食べ物は全体のカロリーの10％までとし，その分の総合栄養食を減らしましょう
> ・これらの食べ物はしつけのご褒美として与えるようにしましょう
>
> しつけ
> ・犬は我々人間とは違う生き物です
> ・犬の本来の習性を理解しそれに逆らうのではなくうまく利用しましょう
> ・するとお互いにストレスなくよい関係を築くことができるでしょう
> ・それをふまえ，具体的なしつけ方を伝えます

がいれば，このときに感染する可能性がありますので，次の投薬日にはすでに蚊がいなくなっていても必ず予防薬を与える必要があるということを理解してもらいましょう。

2．フォローアップは「1～2週間」

さらに我々がきちんと説明したつもりであっても，家族が間違って解釈してしまう場合もあります。たとえば痩せすぎの子犬の食事指導をした後，数カ月して来院したその子がすっかり肥満犬になっていたとしたらどうでしょうか？ 獣医師が診察した際に，再診に来てもらって治療効果を判定するのと同じように，動物看護士の皆さんも話をしたことに対して，必ずフォローアップをする習慣をつけてみるとよいと思います。たとえば「それでは1週間後にまた体重を計りましょう。」とか，「2週間たったらどんな様子か聞かせてください。」などです。

問題の種類にもよりますが，子犬の成長は早いので1カ月後というような長い観察時間は避けた方がよいでしょう。できれば1週間，長くとも2週間ぐらいの間によい方向に行っているかを確認し，その後もフォローアップする習慣をつけましょう。

3．穏やかにやさしく接する

子犬と家族に思いやりのある接し方を心がけましょう。我々にとっては日常茶飯事の出来事も動物病院にやってくる子犬とその家族にとっては不安や緊張を伴うものであり，生涯忘れられない出来事になることもあります。

家族の無愛想にみえる態度は多くの場合，緊張感や不安が原因です。できるだけ穏やかにやさしく接すること。忙しい日常業務の中でそれを意識して仕事をすることは楽ではありませんが，努めて意識することで家族とも子犬ともよい関係が築けると思います。

最初は時間がかかっても動物病院に来ることを嫌がらないように注意して接してあげることによって，将来の問題（病院に来るのを嫌がる，パニックを起こす，攻撃的になるなど）を予防することができ，結果的に時間や労力の節約になります。

動物病院のスタッフと家族とのよい関係が築けるので，以降も予防や治療に協力してもらいやすくなります。

村田香織（もみの木動物病院）

No. 04 採血・注射と保定法

アドバイス

伴侶動物医療の中でもよく用いられる検査治療手段として「採血」と「注射」があります。採血の主な目的は，血液検査を行うための材料（血液）を採取することです。注射の主な目的は，薬剤などを確実かつ速やかに血管内あるいは組織に到達させてその効き目を期待することです。そして動物の場合は，採血や注射を安全かつ適切に実施するために動物を「保定」するという行為が必要になります。この章ではこれらの必要不可欠な手技について説明します。

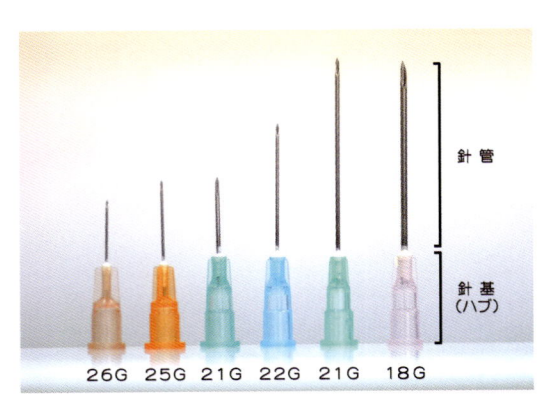

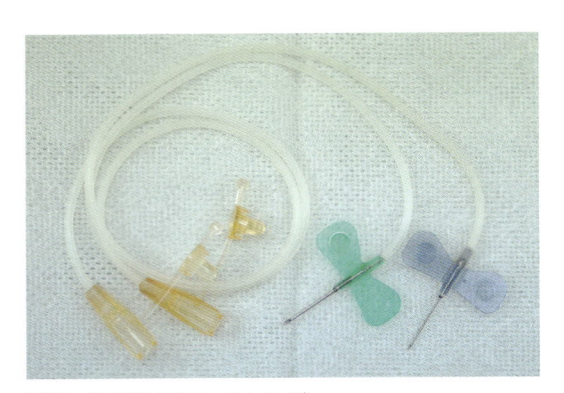

図❶　注射針各種

図❷　翼状針（図は21Gと25G）

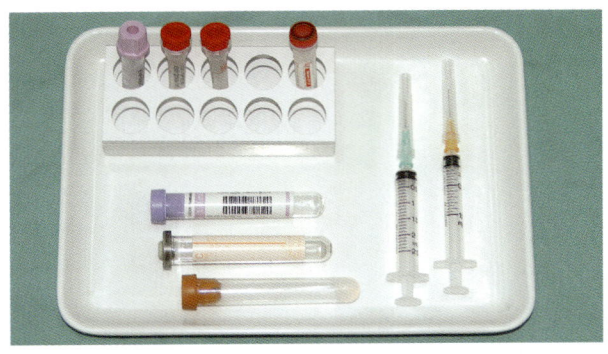

図❸　採血に必要な備品：シリンジ（注射筒）や注射針のほかに，CBC用・血液化学検査用・その他特殊検査用など各々決められた容器を準備します

準備するもの

- 注射針（18～26G）（図❶）もしくは翼状針（22～25G）（図❷）：針の太さをゲージ（G），長さをインチ（"）で表します
- シリンジ（注射筒）（1～60mL）
- アルコール綿（採血時）
- 各種必要な薬剤もしくは血液検査用各種容器
- 必要に応じて，エリザベスカラー・ネット・駆血帯・口輪など

手技の手順

1．採血・注射

（1）重要な備品の準備

　カルテ，シリンジ（注射筒），注射針，薬剤，血液を入れる検査用各種容器，アルコール綿，トレイ，注射針など感染性廃棄物容器など（図❸，❹）を用意します。

（2）実施者の手指の洗浄や保護

　実施者の手指が衛生的に保たれていることは常識です。同時に感染の可能性がある血液や触れるべきでない薬物（抗がん剤など）を扱う場合には手袋を着用します。

（3）各種の確認

・薬物の種類

　カルテや獣医師からの指示された薬物名を確認します。薬剤は薬事法で規制区分が決められており，その区分が容器の外側に表示されています。その中には「麻薬」「毒薬」「劇薬」「向精神薬」などがあり，特別な取り扱いが必要となります（図❺）。また，皮下・皮

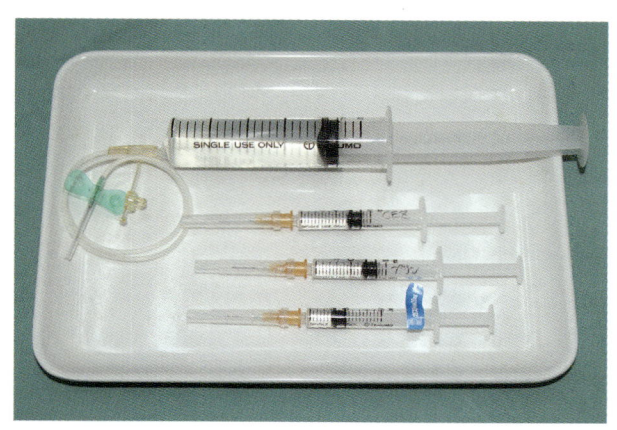

採血・注射と保定法

図❹ カルテや指示書を確認の上患者ごとにトレーなどにまとめると効率がよいと思います。ただし，患者名はもちろん，シリンジに入っている薬物も分かるよう記載します

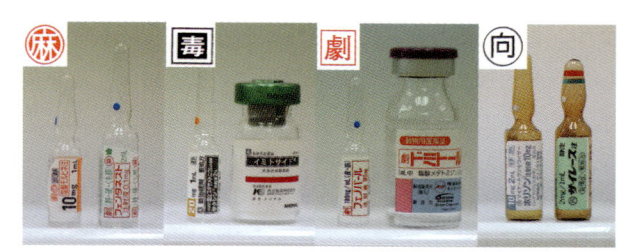

図❺ 左から「麻薬」「毒薬」「劇薬」「向精神薬」の各注射薬とその表記

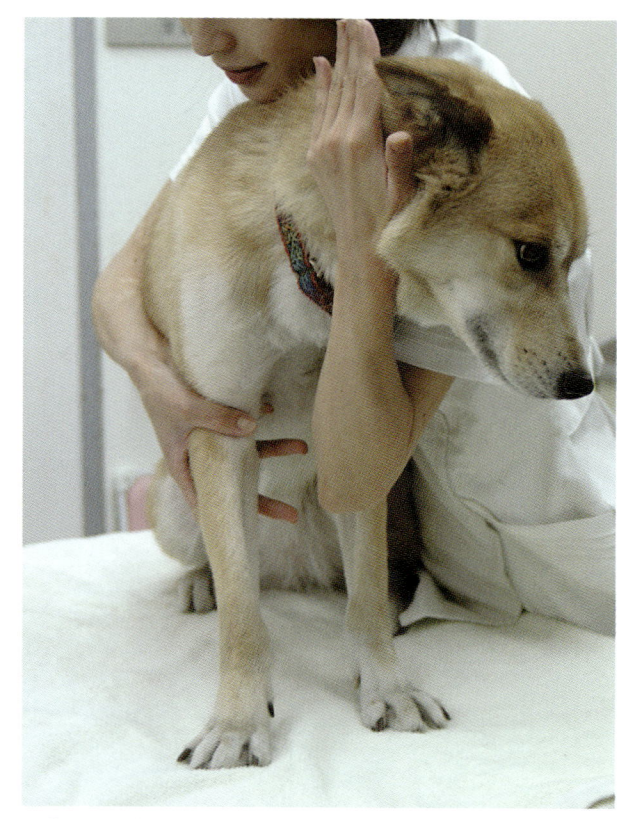

図❻ 橈側皮静脈からの採血時の保定（犬）

内・筋注用・静注用・点滴用などの区別もあり投与方法によっても種類を適切に選ぶ必要があります。
（特に注意が必要な薬剤については通常獣医師が扱います）

・投与量
　同じ名前で同じ大きさのアンプル・バイアルでも薬剤の含有量（濃度）が異なることがあるので注意が必要です。また，投与単位を勘違いしたり一桁計算間違いをするだけでも，薬物量が10倍以上も変わってしまうので注意が必要です。

・採血・注射部位
　採血部位は犬では橈側皮静脈（図❻），頸静脈，外側伏在静脈（図❼），猫ではその他に内側伏在静脈，大腿静脈などが使用されます。注射の投与経路には皮下・皮内・筋肉内（筋注）・静脈内（静注）などがあります。実際に使用される注射部位は皮下の場合は，頸部から臀部の背側，皮内はアレルギー検査の皮内試験に用いられるため面積を広範囲確保できる体壁の皮膚，筋注では後肢の半膜様筋，半腱様筋，腰仙椎束棘突起外側の筋肉，静注では橈側皮静脈，外側伏在静脈，内側伏在静脈などが使用されます。

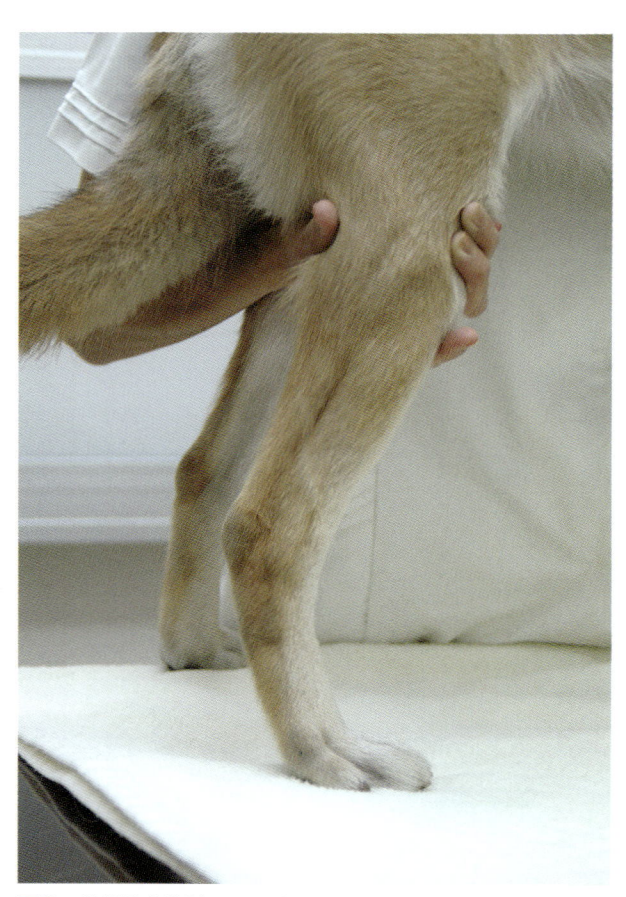

図❼ 外側伏在静脈からの採血時の保定（犬）

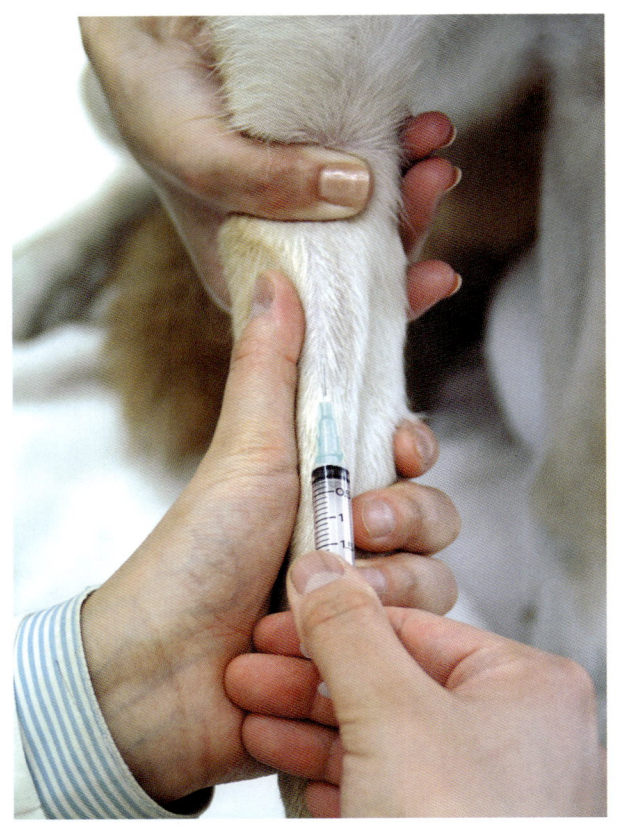

図❽ 橈側皮静脈への針の刺入（採血実施者の左右の手指に注目してください）

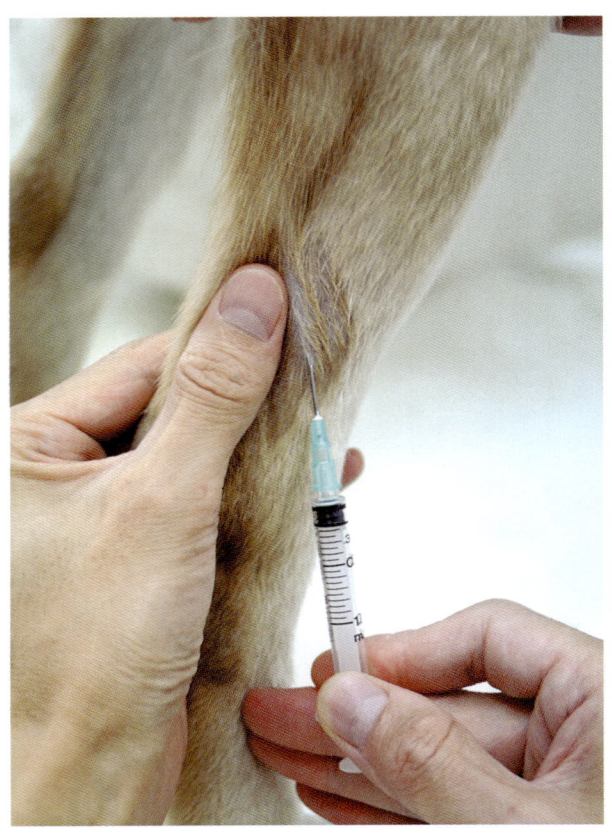

図❾ 外側伏在静脈への針の刺入（採血実施者の左右の手指に注目してください）

・適切な時間

注射・採血ともに1日何回，何時に実施するのか，何時間ごとに投与可能なのか，何を目安に注射・採血するのかなど患者の状態や薬理作用によって異なります。

・患者（動物）

何よりも患者を間違えることがあってはいけません。同一品種が同じ入院室にいる場合などは特に注意が必要です。首輪を利用したネームタグなど対応策を準備しておくことが大切です。

（4）動物の家族への説明

何のための薬剤でどのような効き目があるのか，何のためにどんな項目の検査をするのかなど，あらかじめ説明しておくことが大切です。また必要に応じて，実施にあたっての痛みや動物の不安について説明を加え，保定の必要性についても話しておくとよい場合があります。

（5）採血・注射の実施

最もよく行われる採血・皮下注射・筋肉注射について説明します。

・採血

① 採血部位をアルコール綿で濡らして，血管を触知しやすいようにします。四肢の場合は駆血された血管に平行して左手の親指を沿えて，針の刺入時に血管が押されて移動しないよう固定します（図❽，❾）。

② 刺すときには注射針の切り口面を上に向けて静脈の走行と一致させ，10～20度の角度で刺入します。血管に注射針が入った瞬間に針基（ハブ）へ血液が流れ込みますが，そこで刺入を止めずに，1～1.5cmぐらい刺入してからシリンジを静止し，そのあと内筒をゆっくり引いて採血を行います。

③ 予定の採血量がシリンジ内に確保できたら駆血を緩めてから，シリンジと注射針を同時に抜去します。抜去時は刺入部位に小さな綿花をあて，その上から指で軽く圧迫して止血します。数十秒以上は圧迫していた方が確実です。

・皮下注射

① 注射部位の被毛を分けて皮膚の表面を確認します。

② 利き手と逆の手で皮膚を軽くつまんで皮膚と筋肉の間の組織（皮下組織）の厚さを確認します。この際，動物の嫌がるようなつま

み方や触り方をしないように気をつけます。

③ 薬剤を注入する部位を決めたら，利き手で薬剤の入ったシリンジをしっかりと持って利き手の第3～5指を動物の皮膚に静かに置きます(固定します)(図❿, ⓫)。

④ 注射針の切り口面を上に向けて30～45度の角度で1～1.5cmぐらい刺入します(図⓬)。シリンジを固定したまま，使いやすい手や指で内筒を引いて血液の逆流がないことを確認してから薬剤を注入します。内筒を押す最初は勢いよく注入せず，丁寧に開始します。

⑤ 注入が終わったらシリンジを抜去して，注射部位に小さめの綿花をあて，その上から指で軽く圧迫します。容量の多い補液などをした場合はそのあと刺入部位からゆっくりと漏れてくることもあるので，数十秒以上圧迫すると安心です。

・筋肉注射
① 注射部位の被毛を分けて皮膚の表面を確認します。

② 利き手と逆の手で皮膚や筋肉を軽くつまんで筋肉の位置や厚さを確認し，また神経や血管が走行していると思われる部位も確認します。この際，動物の嫌がるようなつまみ方や触り方をしないよう気をつけます。

③ 薬剤を注入する部位を決めたら，利き手で薬剤の入ったシリンジをしっかりと持って利き手の第3～5指を動物の皮膚に静かに置きます(固定します)。注射針の切り口面を実施者側に向けて，針の先が予定した筋肉内に到達したと思われる位置まで刺入します(図⓬)。

④ シリンジを固定したまま，使いやすい手や指で内筒を引いて血液の逆流がないことを確認してから薬剤を注入します。内筒を押す最初は勢いよく注入せず，丁寧に開始します。

⑤ 注入が終わったらシリンジを抜去して，注射部位に小さめの綿花をあてその上から指で軽く圧迫します。

(6) 採血・注射後の患者の状態確認

採血部位から出血していないか，みた目の出血はないが皮下に血液が漏れて血液が貯まって腫れていないかなどチェックします。また薬剤の影響で予想外の症状が現れていないかどうかにも注意します。

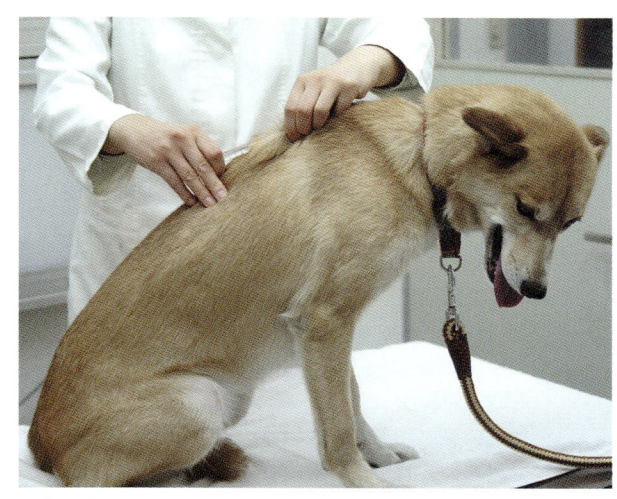

図❿　皮下注射の一般的に行われる部位

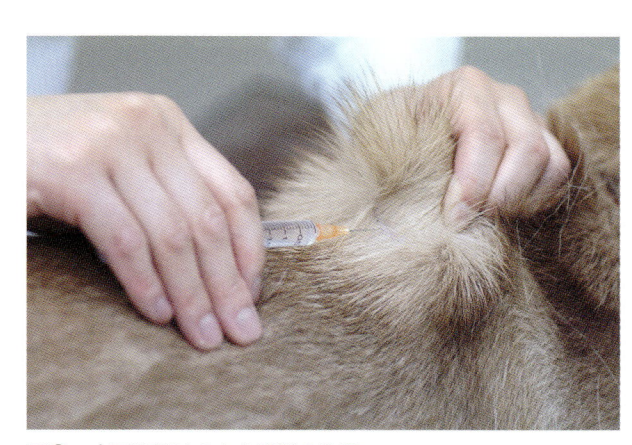

図⓫　皮下注射時の左右手指の位置

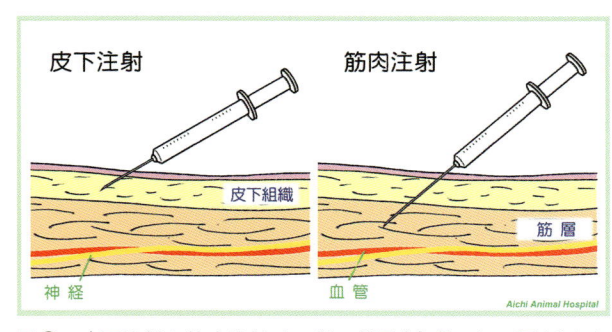

図⓬　皮下注射と筋肉注射時の針の位置(皮膚からの深さ)やシリンジの向きを表します

採血・注射と保定法

手技のコツ・ポイント

- 採血・注射ともにシリンジを持った手の第3〜5指を動物の皮膚に置いて(固定して)実施すると安定します
- 適切な保定がなされなければ,スムーズな採血・注射処置はできません
- 動物行動学的な知識も十分に活用し,動物のストレスを最小限にしてリラックスさせた状態で実施します
- 動物の家族がその場にいる際には,家族もリラックスしてもらえるよう考慮し,動物の性格なども前もって聞き取りをして把握しておきます
- 処置を行う場所(診察室や処置室)は静かで他の人や動物のいない環境にします(特に猫や神経質な犬の処置中,となりの部屋で掃除機をかけることなど論外です)

獣医師に伝えるポイント

- 薬剤の種類や検査項目を伝え確認します
- 採血・注射時の動物の状態を報告します
- エリザベスカラー・ネット・駆血帯などの使用について相談し指示を仰ぎます
- それでも採血・注射が実施困難な場合は無理せず早めに報告・相談をします
- 採血・注射の実施後の動物の状態(変化)を伝えます

（7）注射針,シリンジの廃棄

一度使用した注射針やシリンジポンプは医療廃棄物として適切な容器に捨てて処理します。

2．保定

動物病院内ではスタッフの安全確保と動物の過度なストレス軽減のためいつも「最小限でかつ効果的な保定」を心がけることが大切です。そして,医療行為のほとんどが動物にとって理解できないことなので,動物はいつも不安を感じているということを意識する必要があります。適切な保定にあたり,「動物」と「人」と「環境」の3つの要因の影響を受けます。

（1）動物

攻撃的な性格の犬の場合は強固な保定でスタッフの安全確保が大切ですが,やさしい性格の場合は強固にしすぎると動物に不安を与えてしまい,ときには逆に抵抗を強くさせてしまい攻撃的な行動を招いてしまうこともあります。同じ保定方法でも動物の痛みの程度や性格の違いを考慮して対応をコントロールします。

（2）人

スムーズで適切な採血はほとんど保定者の実力で決まるといえます。そして採血・注射の実施者も動物に対して丁寧な接し方をしなければ動物のストレスが増します。また,家族がその場に居ることがよい場合も悪い場合も両方あり得るのでその判断が必要です。

（3）環境

ほかの動物の鳴き声,物が落ちる音,掃除機など機械の音は多くの動物に不安を与え,驚いたり暴れる原因になります。少しでも動物が慣れている診察室・処置室などがあれば利用します。

基本的な保定法がいくつかあり,まずはそれらをマスターすることが大切です。加えて動物の種類や大きさ,保定者の持つ力や手のサイズなどによってアレンジも必要となります。それでも困難な場合は,動物とスタッフの負担を減らすために鎮静剤などを用いて化学的保定を実施します。

失敗しないために

（1）ひどく暴れた場合
　まずは無理に継続しないで少しでもリラックスできる場所で休ませます。そして暴れる原因が「恐怖」「不安」「痛み」そして「はしゃぎすぎ」のどれなのか，それ以外なのかを具体的に推測して対策をとります。必要に応じて薬物による保定を検討します。経過を獣医師に報告し相談します。

（2）採血部位で血液が漏れた場合
　血液が皮膚の外に出ている場合も皮下で血腫として貯まっている場合もまず採血部位を圧迫します。獣医師に報告・指示を仰ぎます。

（3）注射の途中で動物が動いて針が離れた場合
　実際に投与できた薬剤量を確認します。薬剤が皮膚に付着した場合や，静脈注射の場合は血管外に漏れた場合の危険性や具体的な対応策などは実施前に確認しておきます。獣医師に保定方法の変更など相談のうえ，再度残りを投与する場合は新しい注射針を使用します。

（4）動物が負傷した場合
　診察台からの落下やその他の理由で状態が悪くなった場合は，採血・注射を中止して動物の健康状態をチェックすると同時に獣医師に報告します。

（5）スタッフが負傷した場合
　採血・注射を中止して動物を安全な場所に移すと同時に負傷したスタッフを保護します。

（6）注射後に動物の状態が悪くなった場合
　すみやかに獣医師に報告すると同時に，バイタルサインを記録するなど動物の状態をチェックします。

吉村徳裕（あいち動物病院）

---

to family 動物の家族に伝えるポイント

- 採血や注射の目的を伝えます
- 検査項目や薬物の種類を伝えます
- 検査結果が出るまでの時間や薬剤の効果が期待できる時間を伝えます
- 今後の検査や注射の予定（必要性や回数など）を伝えます
- 保定の必要性・重要性を話します

No. 05 うさぎの保定

アドバイス

　伴侶動物として家庭で暮らすうさぎは近年少しずつ増えてきています。静かで繊細なうさぎの人気は高まっています。しかし，うさぎは犬や猫とは違って草食動物で，身体の構造も性質も動きも異なります。しかも，ストレスに非常に弱い動物であることが知られています。また，犬や猫に比べて，顔の表情の変化が乏しいので，うさぎ特有のストレスサインを見逃さずにいち早い対処を行なうようにしましょう。うさぎと接し，ハンドリングをするときには細心の注意をはらうことが必要です。

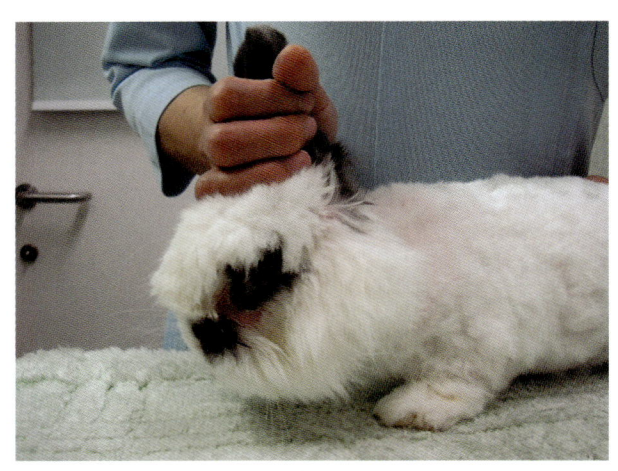

図❶　耳を持ち上げることは「厳禁」です

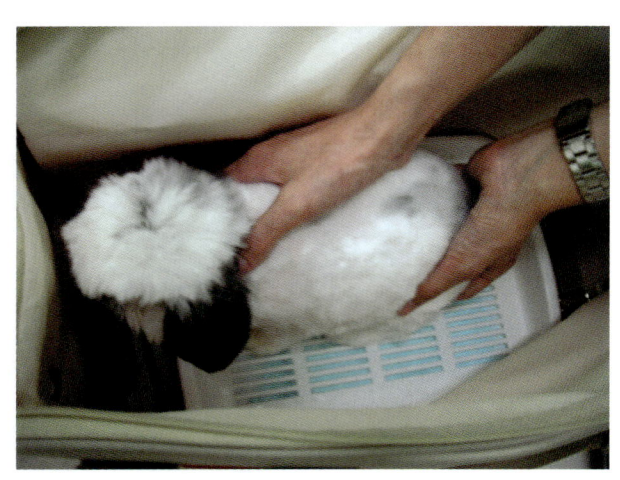

図❷　バスケットからの出し方

準備するもの

- ほどよい高さの診察台
- 滑り止め布マットやゴムマット
- 大きめのタオル
- 体重計
- かご
- エリザベスカラー
- 保定用の袋やタオル

手技の手順

1．はじめに

　うさぎの骨格は犬や猫に比べて華奢です。体重に対して骨格そのものの重量の占める割合も実際に少なく，骨質も薄いです。また，うさぎの体格は短い小さな前肢に比べて，強固で大きな後肢に特徴づけられます。後肢の筋肉はよく発達していて，敵からの逃走時には大地を蹴って速く走るのに役立つようにできています。特に上り坂は得意です。

　このうさぎの身体的特徴が，ときとして保定時のアンバランスな力のかかり具合から，脊椎骨折などを引き起こしてしまう原因にもなります。

2．うさぎを持ち上げるとき

　このような持ち上げ方をすることは最近ではないと思いますが，耳を持って持ち上げるということは絶対にしてはいけません（図❶）。

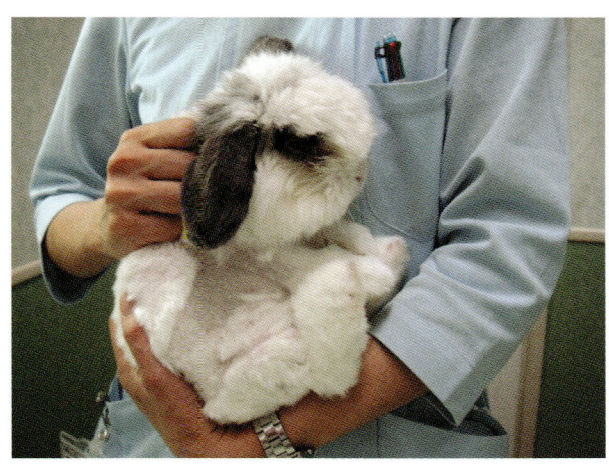

図❸　抱えたときの形。十分に前屈の状態にして背骨が伸びるようにした方が安全です

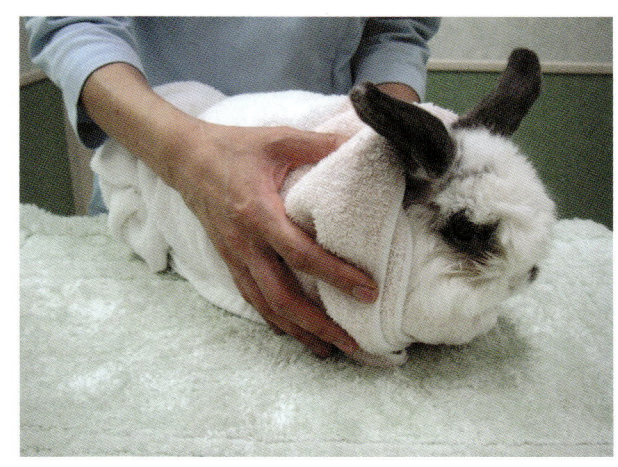

図❹　大きめのタオルでくるんで安定させます

3．うさぎの抱き方

　バスケットなどから出すときにも首筋と臀部を支えます。正しい持ち上げ方は，首の後ろの皮膚のたるみを大きくつかみ，もう片方の手で臀部全体を支えて，安定感のある形で支える方法です。バスケットなどから出すときにはうさぎの性格や動きが予測できない場合があります。まずバスケットを床の上においで保定者がかがんで行いましょう，万一の転落のリスクをなくしましょう（図❷）。

　抱えたときの形はこのようになります。無理のない支え方をしましょう。うさぎを十分に前屈の状態にして，背骨が伸びるようにした方が安全です（図❸）。

　抵抗したり，落ち着きがなく，暴れてしまう様子が少しでもあれば，大きめのタオルでくるんで安定させた状態で保定をするのがよいでしょう（図❹）。

4．移動

　うさぎを抱いて移動するときには「どんなに短い距離でも」保定者の身体にうさぎを密着させて，片方の腕でうさぎの腹部から臀部までを被うように抱え，もう片方の手で背中から首のあたりを保持して支えるとよいでしょう。このときうさぎの頭は腕の中に隠れるようにし，視界を遮って移動するとうさぎは精神的動揺が少なく，安心するでしょう（図❺）。

5．診察台

　うさぎを診察する台の上はあらかじめ，滑らない工夫をしておくことが重要です。うさぎは地面から後肢が離れると不安を感じ，いつもと違う動きをしたり，もがいたりする可能性が高くなります。そのうえ着地面が滑る素材だと，安定感を得るためにさらに動き，滑ったり後肢で蹴ったりする可能性が高くなり，うさぎも保定者も受傷する可能性が高くなります。

図❺　視界を遮って移動します

図❻　タオルよりも重みのある，滑ったりずれたりしないマット類を用意しましょう

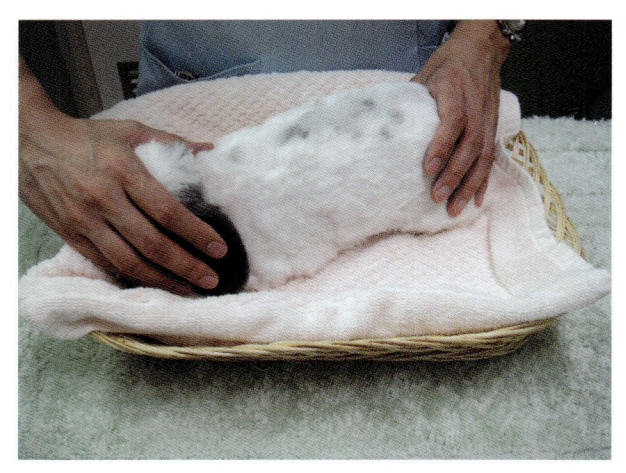

図❼ うさぎが十分に納まる大きさのかごに，さらにタオルなどを敷き体重計にのせるとより安全です

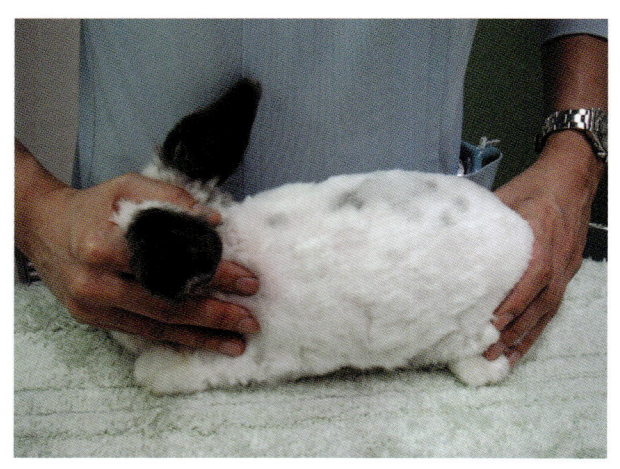

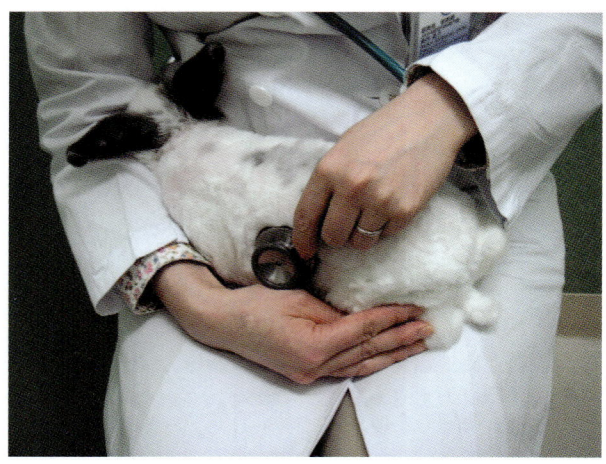

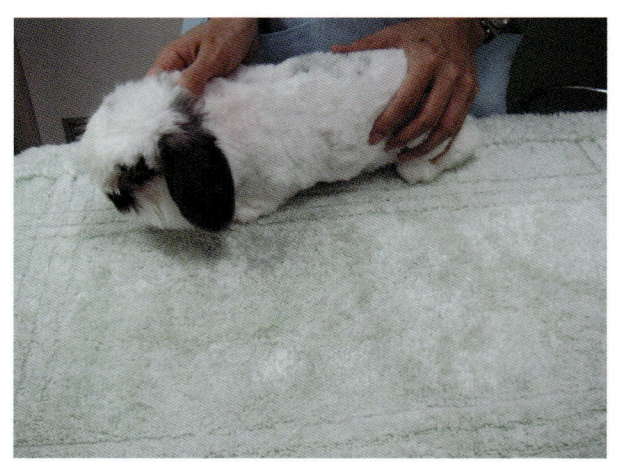

図❽ 優しく声をかけ，手を添え続けましょう

図❾ 診察台の上ではうさぎの頭部を手で被ってうさぎを安心させます。保定者は自分の腹部を使って，診察台との間に隙間を作らないようにします

図❿ 腹部の診察

診察台の上にはあらかじめ，ゴム製のマットや，タオルよりも重みのある毛足の短いひっかかりにくい布マットなど，滑ったり簡単にずれたりしないものを敷くなどして，滑り止め対策をしておきましょう。タオルよりも重みのあるマット類を用意しましょう（図❻）。

6．体重測定

体重測定時には，診察台が体重計になっている場合はそのまま測定可能です。もし体重測定器にのせてはかる必要がある場合には，うさぎが十分に納まる大きさのかごなどを用意して，そのなかに滑り止めのタオルなどを敷いてから測定するようにするとより安全です。手を離すときもそっと離して，うさぎをびっくりさせないようにして，その間目を絶対に離さずに見守ります（図❼）。常に補助ができる範囲で目を離さずに待機しましょう。

診察台の上に降ろすときも，そっと衝撃のないようにして，うさぎに声をかけながら常に優しく接しましょう。首の後ろ臀部のあたりには手を添え続けましょう（図❽）。

診察中の保定として，身体を診察しながらうさぎの頭部を手で被います。視界を遮ることで安心する場合が多いのです。実際には，うさぎによってもっとも安定する姿勢は少しずつ異なると思いますが，基本的な手技を踏まえながら最もよい保定の形を見いだしていきましょう。

診察台の上ではうさぎの頭部を手で被ってうさぎを安心させます。保定者は自分の腹部を使って，診察台との間に隙間を作らないようにします（図❾）。このままの形でできる診察をしてもよいですし，落ち着いた状態が得られれば，獣医師が座って膝の上で聴診したり触診をしてもよいでしょう（図❿）。あくまでこの方が落ち着く場合に限り推奨されます。

図⓫　保定者の両大腿部の溝にはまるように抱えると安定します

図⓬　体温の測定

図⓭　口腔内検査には耳鏡を用いて行うことが多いです

7. 腹部の診察

　うさぎをゆっくりと優しく回転させて，お腹を上にしてあやしながら姿勢を変えて，腹部がよく観察できるようにします。保定者の両大腿部の溝にはまるよう抱えると安定しやすいです（図⓫）。

8. 体温の測定

　うさぎが非常に強く抵抗を示す場合は無理をしない方がよいですが，多くの場合はこの姿勢でも安定できます。後肢でのキックを想定して片方の手で後肢を支えてもよいと思います。その場合もしも蹴ったとき，その反動がうさぎの脊椎に及ばないように注意して支えましょう。この姿勢は無理なく直腸温の測定を行うのにも適しています。

　体温計は硝子製のものは動いたときに割れる危険性があるので，使用しないようにしましょう。プラスチック製のものを使用するのがよいでしょう，必ず体温計にプローブを着けて潤滑油を塗って使用しましょう（図⓬）。

9. 口腔内の検査

　口腔内検査は図⓬に示した姿勢でも可能ですし，診察台の上で支えながら行うことも可能です。しかし通常はうさぎは口吻部を触れられることを好みません。声をかけながらそのうさぎが一番ストレスを感じにくい姿勢で行いましょう。口腔内検査には耳鏡を用いて行うことが多いです（図⓭）。

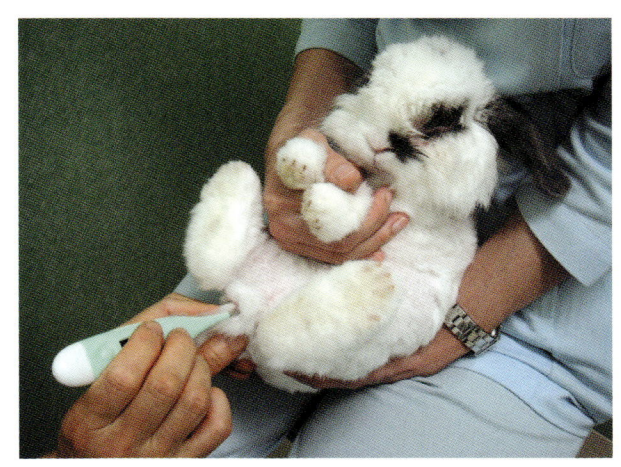

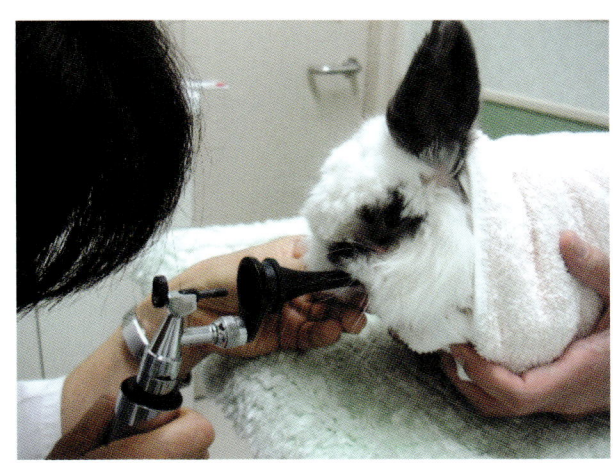

うさぎの保定

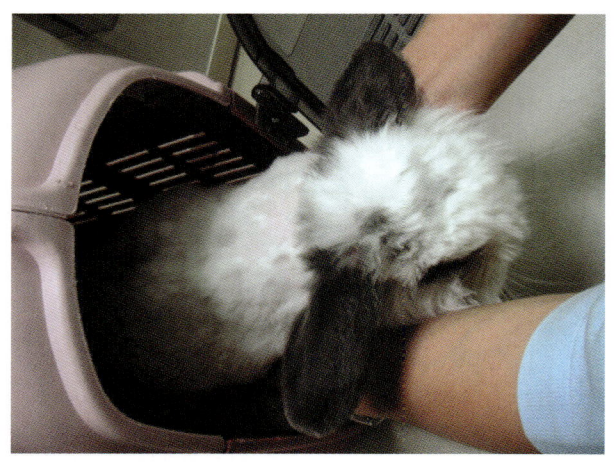

図⓮ バスケットやケージへの戻し方

図⓯ うさぎはストレスに弱く，大きく目を見開く独特の表情で，ときには目には瞬膜の突出もみられます

手技のコツ・ポイント

- うさぎはストレスに弱い動物です。目を大きく見開いたり，呼吸が荒くなったり，耳を後ろに反らせてぴったり寝かせていたり，目の瞬膜が突出したりする様子がみられたら，無理をして処置を続けず，一旦解放して休ませることも重要です（図⓯）
- 前述しましたが，後肢が発達していて後肢でのキック力が非常に強い動物です。うさぎが抵抗したり激しく動いたりしたときに背中に大きな反動がかかると腰脊椎骨折などを起こしやすいのです。ですから，保定のときに力で制御しようとしないで，うさぎの動きに合わせながら無理なくあやし，できるだけリラックスさせて保定することが重要です
- 口腔内チェックをするときに開口器を使う場合もありますが，慎重に使用しないと骨質そのものが強くないうさぎの顎に無理がかかることがあります
- 下顎骨の骨折などを二次的に起こす可能性もあるので，あくまでうさぎの様子，性格などを踏まえて獣医師の判断の下におこなうことになります

10. 経口投与

経口投与を行う場合は，仰向けの姿勢でもできますし，少し頭を起こした姿勢でも可能です。無理なく少量ずつ様子を確認しながら行うことが重要です。

11. バスケットやケージへの戻し方

うさぎを基本通り抱きかかえ，臀部までしっかり支えながら，頭からではなく，後ろから戻すことがポイントです。上開きのバスケットでも支えながら後肢から戻すようにします。うさぎの動きが激しいときなどはバスケットは床の上において，万が一の転落などのリスクをなくしましょう。

戻すときは後ろ向きにします。完全に中に入るまで支えを外さないようにしましょう（図⓮）。

12. 採血時の保定

うさぎの採血は耳の動静脈からの採血と犬や猫と同様に橈側皮静脈，頸静脈，外側伏在静脈から行うことができます。このときにはそれぞれに採血部位から無理なく採血ができるように前述した保定法を応用して行いましょう。うさぎが静かにリラックスしていればどの部位からの採血も十分にできます。

橈側皮静脈，外側伏在静脈や頸静脈の採血の保定はうさぎに必要な注意点を踏まえて形としては犬や猫の場合に準じます（耳からの採血ではあらかじめ耳介を暖めておくと採血しやすくなります。キシレンは検査数値に影響がでるので使用しない方がよいでしょう）。

中には猫の保定で使う保定袋やタオルなどを使って行った方がスムースという場合もあります。それもそれぞれのうさぎによって異なります。このイラストのような身体がすっぽり収まり，出したい

図⓰　チャック付き布袋の利用も場合によっては有効です

部分だけ出せるようなチャック付き布袋の利用も場合によっては有効でしょう（図⓰）。

失敗しないために

　予想以上にうさぎが興奮したり，ストレスサインを示したときには無理をせずに一旦落ち着くまで待ちましょう。しばらくクールダウンしてから再度行うのがよいでしょう。

　うさぎが抵抗したり恐怖でもがいてしまって，キックを連発することで無理な力が背中にかかり，脊椎の骨折などを起こしやすいことが知られています。

　こうしたことはあってはならないことですので，常にうさぎの動きをよくみて，力で抑える保定を絶対にしないことが大切です。うさぎを安心させ，あやし，優しくソフトに接してリラックスさせながら処置をするように心がけましょう。

> **勤務獣医師のための臨床テクニック　第2集**
>
> 第23章「ウサギの診療の基本」（斉藤邦史）に詳しい解説があります。ぜひご覧ください。

柴内晶子（赤坂動物病院）

to doctor 獣医師に伝えるポイント

- ハンドリングする中でいち早く気づいたうさぎの性質があればそれを伝えましょう。激しい動きをする場合，噛む場合，蹴る動作が多い場合などはあらかじめ伝えることで危険回避の対処をすることができます
- そのうさぎが嫌いな身体箇所や嫌いな姿勢などがわかったら知らせましょう。前述のポイントと同様の理由で有効な情報になります
- うさぎをケージやバスケットから出した時点での排泄，被毛の汚れなどなにか異常を感じたり，気づいたことは必ず伝えましょう。正しい診察や診断に役立ちます
- 診察中にうさぎのストレスサインに気づいたら必ず獣医師に速やかに伝えましょう。獣医師が診察部位に集中しているときに，獣医師はサインに気づくことができない場合もあります。そうした全体の状況を把握することは非常に重要な保定者の役割の一つです

to family 動物の家族に伝えるポイント

- うさぎはたいへんストレスに弱い動物であることを理解してもらうようにしましょう。診察，検査，治療のどの場面でも急な容態の変化も伴う可能性があります。細心の注意を払って診療に当たる姿勢を伝えましょう。そのために家族の協力も必要であることも伝えましょう。必要な診察や，検査などを家族が誤解してしまうような不用意な話し方は避けましょう。正しくうさぎの特性を理解して頂けるように，落ち着いた態度で適切に話しましょう
- うさぎのストレスの回避にできれば日頃から健康診断のための身体検査など，ストレスの度合いの低い診察での来院をしてもらって，動物病院に慣れてもらうようにお伝えするのもよいでしょう
- 入院などの際には必ずそれまで毎日食べていた食事を変えない様に同じものを家族に持参して頂きましょう。うさぎは食事を突然変えることで消化器症状を起こすことがあります。それも分かりやすく伝えましょう
- 入院の際には食事だけではなく，自宅での環境にできるだけ近いマテリアル（しきわらなど）を持参して頂くこともストレスの軽減につながります。そのことも伝えて協力してもらいましょう

うさぎの保定

No.06 糞便検査と尿検査

アドバイス

糞便検査は初診時の身体検査および健康診断の一部として，また下痢などの消化器疾患時のスクリーニング検査の一部として行われます。顕微鏡と少しの準備で行える簡単な検査です。この検査で分かることは，消化管内寄生虫感染の有無，消化管内細菌の分布，消化状態などがあります。

尿検査は膀胱炎，腎不全などの泌尿器疾患および糖尿病などの内臓疾患を診断する際によく用いられますが，健康診断の一部として，身体検査で診断がつかない場合のスクリーニング検査の一部としても行われます。

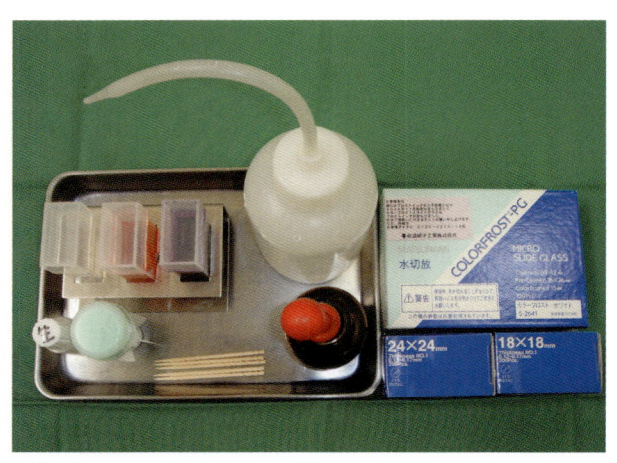

図❶ 糞便検査で準備するもの

図❷ 生理食塩水，ニューメチレンブルー染色液を滴下し，糞便を希釈します

糞便検査

準備するもの（図❶）

- 顕微鏡
- スライドグラス
- カバーグラス（18mm×18mmおよび24mm×24mm）
- 生理食塩水
- ニューメチレンブルー染色液
- 飽和食塩水
- 爪楊枝
- 血液塗抹用ライトギムザ簡易染色キット（ヘマカラーなど）
- 封入剤
- 50％硫酸亜鉛溶液
- 遠心分離器
- キャピラリーピペット
- 漏斗
- ガーゼ
- フェカライザー
- 金属製のバット

手技の手順

（1）肉眼的検査
以下の項目をチェックします
- 糞便量
- 固さ
- 色
- 臭気
- 粘液成分の付着の有無
- 血液成分の混入・付着
- 寄生虫虫体の出現

（2）顕微鏡検査－直接法
- 爪楊枝を用いてスライドグラスの上に2カ所少量の便をのせます。
- 一方を生理食塩水で希釈し，一方をニューメチレンブルー染色液で希釈します（図❷）
- 18mm×18mmのカバーグラスを載せます
- 対物レンズ10倍および40倍で鏡検します。まず生理食塩水で希釈した側で寄生虫の卵，コクシジウムのオーシスト，ジアルジアなどの原虫やらせん菌の出現の有無を確認します（図❸）
- また未消化筋線維の出現の有無も確認します（図❹）
- ニューメチレンブルー染色液側で白血球や粘膜上皮細胞の出現の有無の確認や，出現している細菌の形態を観察します

（3）顕微鏡検査－飽和食塩水浮遊法
- フェカライザーの内筒を用いて，便を採取します
- 外筒の目印の部分まで飽和食塩水を軽く注ぎます
- 便の入った内筒を外筒に軽くはめてから，回転させることによって食塩水で便を希釈します
- 内筒をしっかりはめ込んでから，飽和食塩水をいっぱいのところまで入れます
- 24mm×24mmのカバーグラスをのせます
- 20分後カバーグラスを取り，スライドグラスにのせて鏡検します

（4）顕微鏡検査－硫酸亜鉛遠心浮遊法
- 糞便0.5gを水2～3mLに溶解します
- 水を加えて10mLにします
- ガーゼで濾過します
- 濾過した液体を遠心分離器で2000rpmで2分間遠心します
- 上清を捨てます
- 沈渣を硫酸亜鉛溶液で溶解します（上から2cm位まで加えます）
- 遠心後の液面からスポイトで少量吸い取ってスライドグラスに垂らします

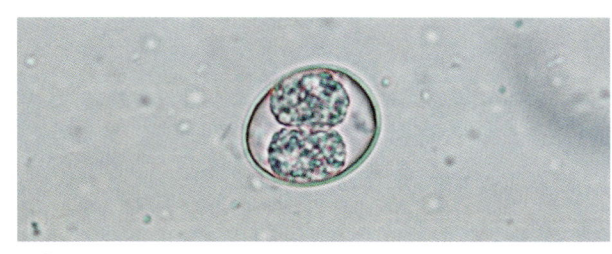

図❸　コクシジウムのオーシスト

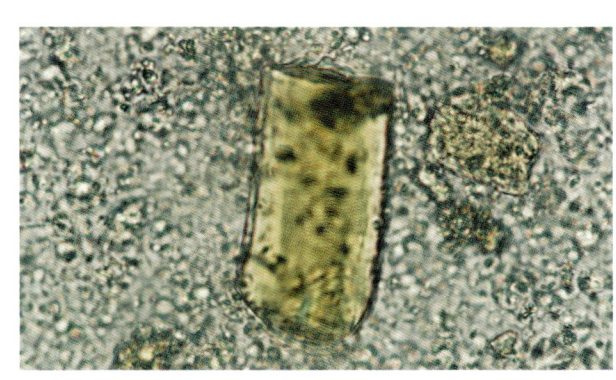

図❹　未消化筋繊維の出現の有無を確認します

手技のコツ・ポイント

- 顕微鏡の操作に慣れることです。コントラストの付け方しだいで標本の見え方がだいぶ変わります
- 主な寄生虫の虫卵および原虫のオーシスト，シストの形態を覚えることです。顕微鏡のそばに寄生虫アトラスを貼っておくか，手元に置いておくことをお勧めします
- 直接塗抹法での便の希釈は新聞紙の上で文字が透けて見えるくらいにします（図❷）
- 出血，炎症細胞の出現確認，細菌の形態観察には血液塗抹染色キットを使用する方法が便利です
- 簡易染色キットの固定液，および染色液はこまめに変えます。あるいは血液・細胞診とは別に用意することをお勧めします
- 簡易染色キットで染色する際，血液標本などに比べて染色しにくいため，各液に約1分ずつ漬けたままにした方がよく染まります
- 硫酸亜鉛遠心浮遊法は寄生虫卵，ジアルジアのシストの検出に優れた方法です
- 周囲を汚染させないため，また，人獣共通感染症の可能性も考えて糞便希釈などはグローブを装着し，バットの上で行います。検査後の検体も医療廃棄物として適切に処分します（図❺）

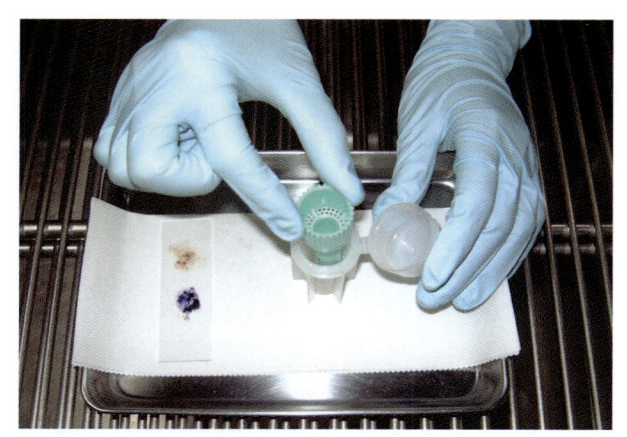

図❺ 糞便検査は検査用グローブを装着し，バットの上で行います

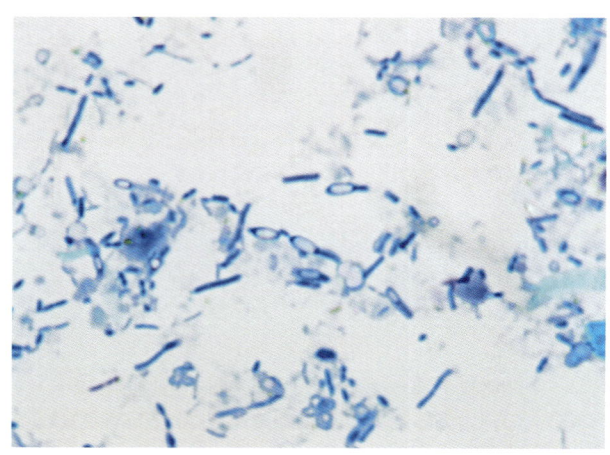

図❻ 糞便塗抹（ヘマカラー染色）
芽胞を有する桿菌が多数出現しています

・カバーグラスを載せて，鏡検を行います

（5）糞便塗抹染色（血液塗抹染色キットを使用する方法）

・糞便を用いて，スライドグラス上に塗抹標本をつくります
・血液塗抹用の簡易染色キット（ヘマカラーなど）で固定，染色します
・乾燥後，カバーグラスで封入し鏡検します
・出血（赤血球）・炎症細胞（白血球）の検出の有無を観察します
・細菌の形態を観察します。桿菌，球菌，らせん菌が多く出現しているかどうか調べます
・芽胞を有する桿菌が多く出現してないかどうかも調べます（図❻）

失敗しないために

・標本作製を失敗したときはもう一度つくり直します
・糞便を直接触ってしまった場合は手術用の手指消毒剤で洗浄します
・糞便で周囲を汚染させてしまった場合は速やかに拭き取り，塩素系消毒剤で消毒します

獣医師に伝えるポイント

・顕微鏡所見を伝える前に，肉眼的所見を伝えます（血液が混じっている・粘液が付着している・水様であるなど）
・直接塗抹法および浮遊法では虫卵，オーシスト，シストの出現の有無を伝えます
・糞便塗抹染色では異常な形態の細菌の出現（芽胞を有するなど）の有無，出血（赤血球）・炎症細胞（白血球）の出現の有無を伝えます
・分からないことや判別不能な場合は獣医師に相談します

動物の家族に伝えるポイント

・検査用の便を持参していただく際，なるべく新鮮な便の方が検査が正確に行えることを伝えます
・感染していた寄生虫（あるいは可能性のある細菌）（以下病原体）の名称を伝えます。できればアトラスなどをお見せしながら説明すると効果的です
・寄生虫感染の簡単な病態生理をお伝えします（たとえばコクシジウムは腸の粘膜を破壊し，出血便を起こすなど）
・病原体が人と動物の共通感染症でないかどうかも衛生上大切なことです
・病原体が同居している動物へ感染するかどうかも重要です
・獣医師の指示のもとで治療方法および更なる検査の必要の有無を伝えます

尿検査

手技の手順

準備するもの(図❼)

- 10mL試験管(スピッツ管)
- 尿検査用試験紙(マルチスティックなど)
- 屈折計
- 遠心分離器
- カバーグラス
- スライドグラス
- キャピラリーピペット(スポイト)
- 顕微鏡

・採尿した尿をスピッツ管に移します
・まず色調,透明度,臭いを記録します
・尿試験紙を使用して,尿の化学的性状を測定します。試験紙のケースの色調表と照らし合わせて記録します(pH,タンパク,尿糖,ケトン,潜血,ビリルビン)(図❽,表)
・遠心分離器にて1500rpmで5分間回します
・上清を一滴とり,尿比重を屈折計で測定します
・試験管を素早く逆さにして上清を捨てます
・残ったわずかな上清と尿沈渣を攪拌させます
・この液体をスライドグラスに一滴採り,カバーグラスで封入します
・対物レンズ10倍で鏡検し,標本全体を検索します。円柱が出現していれば1視野あたりの数を記録します(/LPF)

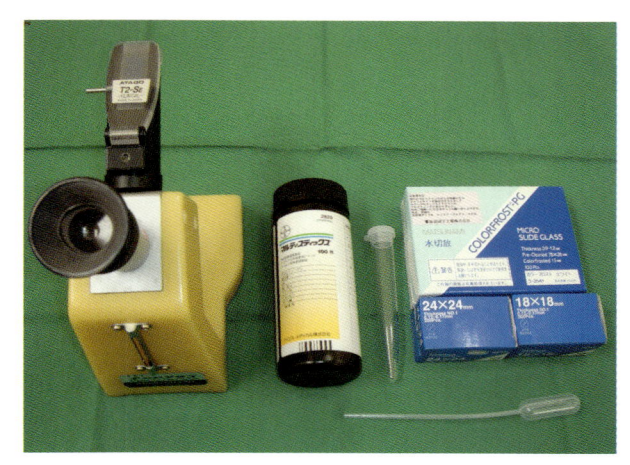

図❼ 尿検査で準備するもの

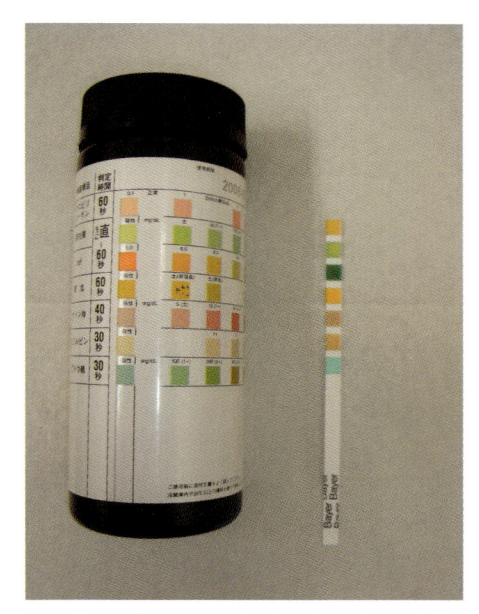

図❽ 尿検査用試験紙で化学的性状を検査します

表 尿検査の参考基準値

	犬	猫
pH	6〜7	6〜7
蛋白	−(〜+)*	−(〜+)*
潜血	−	−
ビリルビン	−〜+**	−
グルコース	−	−
ケトン体	−	−
比重	1.030〜1.050	1.035〜1.060

* 尿比重が1.050以上では+になることもあります
** 尿比重が1.020以上では+になることもあります

- 対物レンズ40倍で鏡検し，円柱の種類を確認します（図❾）。赤血球，白血球，上皮細胞，結晶などが出現していれば，種類と数を記録します（／HPF）（図❿，⓫）

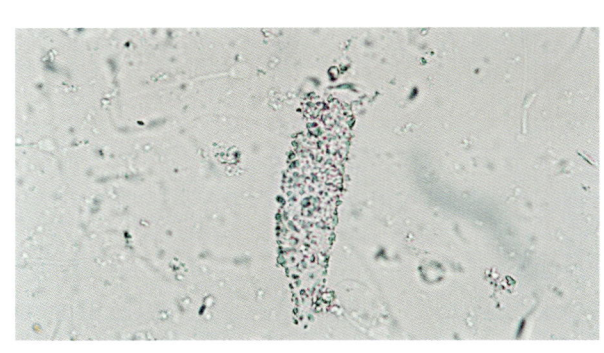

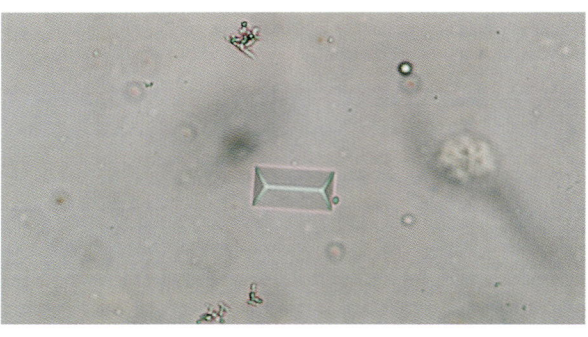

図❾　顆粒円柱

図❿　ストルバイト結晶

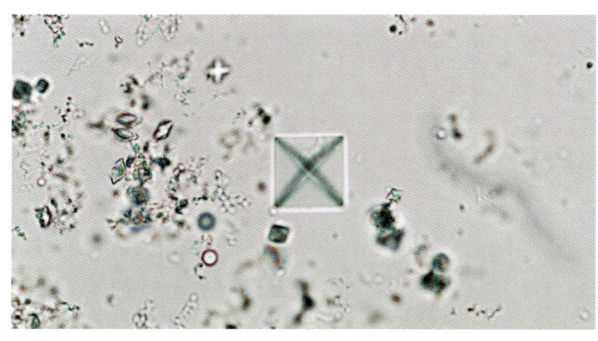

図⓫　シュウ酸カルシウム結晶

手技のコツ・ポイント

- なるべく新鮮な尿を調べます。すぐに検査できない場合は冷蔵保存します
- 色調，透明度，沈渣の判定表，ファーマット化された報告書を作成しておくと，院内で所見が統一できます
- 尿試験紙の各項目の判定時間はメーカーの指示に必ず従います。また判定は明るい場所で行います。試験紙を短冊状に半分に切って使用するのは厳禁です
- 尿沈渣が壊れるのを防ぐために，遠心分離器のブレーキは使用しないようにします
- 便検査同様に尿沈渣のアトラスを顕微鏡のそばにおいておくと，診断に役立ちます

獣医師に伝えるポイント

- 色調，透明度，比重の異常があればまず伝えます
- 試験紙での異常も伝えます。尿糖，ケトン体の陽性反応は糖尿病の重症患者である場合が多いので特に重要です
- 沈渣での結晶，円柱の出現および種類についても伝えます
- 他の検査同様に分からないことがあればすぐに獣医師に相談します

動物の家族に伝えるポイント

- 泌尿器系に病気の有無，あるいは糖尿病のような内臓疾患の有無を調べるためという尿検査の目的を簡単に伝えます
- 来院の予約電話の際に血尿や尿が多いといった主訴の場合，尿が採れれば持参するようにお願いします
- 尿を持参してもらう場合は，なるべく新鮮な尿検体が検査結果が正確であることを伝えます

失敗しないために

- 便検査同様に標本作製に失敗した場合は，速やかに再作成します
- しかし，糞便に比べて採取できる検体量が少なく，再度尿を採取するには手間がかかるためより注意を要します

草野道夫（くさの動物病院）

No. 07 血液塗抹標本のチェックポイント

> ### アドバイス
>
> CBCの中で血液塗抹標本の観察は必須の検査です。血液塗抹を観察するかしないかで，CBCの情報量は大きく異なるのです。白血球や赤血球の異常な形態の細胞を，器械は判定することができないのです。
>
> 急性炎症の指標である桿状核好中球や中毒性変化も器械では検出できません。病気を診断することは獣医師の役目であり，看護士の皆さんは，異常な細胞に出会ったときにそれを正しく記録し，あるいは疑問があれば獣医師に声をかければよいのです。

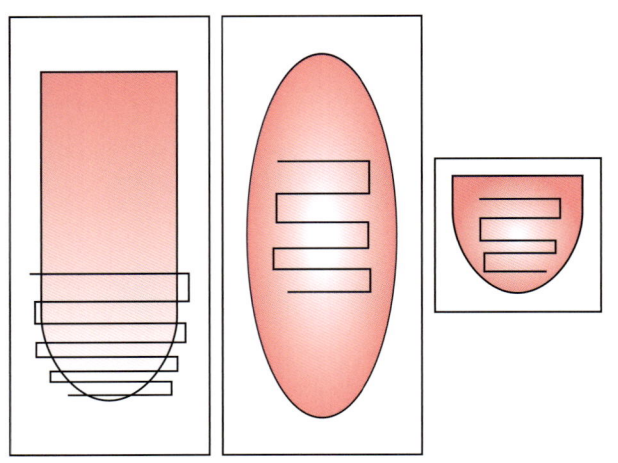

図❶ 塗抹標本は比較的薄い部分を観察します

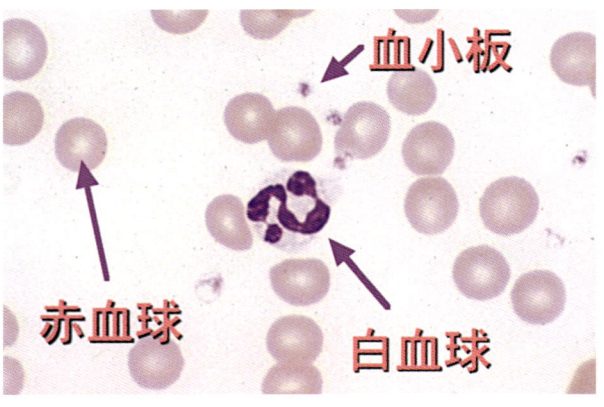

図❷ 犬の血液塗抹ライト・ギムザ染色標本上の血小板，白血球，赤血球の正常像

準備するもの

- 顕微鏡…広視野，4倍，10倍，20倍，40倍，100倍の対物レンズ
- 血液塗抹標本…ライト・ギムザ染色後封入したもの
- 血液細胞アトラス

器具・器材の一覧表

- ライト液(Merck)，ギムザ液(Merck)，pH6.4 染色用リン酸バッファー，試験管(10mL以上)，ピペットまたは注射筒，染色用容器，ドライヤー，スライドグラス，封入剤(ビオライト)，封入剤用の容器，キシロール(xylol)，メタノール，キシロール用容器，染色用ピンセット

手技の手順

1．塗抹標本の観察部位

塗抹の作り方によって観察部位は異なります。それぞれ薄い部分を選んで鏡検します(図❶)。塗抹標本では，血小板，白血球，赤血球の3系統について観察を行います(図❷)。忘れやすい血小板から始め，赤血球，白血球の順に観察するのがよいでしょう。

2．血小板の異常は？

血小板は，直径が約3μm前後の無核の円盤状の小体で，ライト・ギムザ染色では，透明に近い淡青色の細胞質と，その中に赤紫色の顆粒の塊がみられます。大きさは，直径が約1μmから赤血球の2倍の大きさ程度(直径15μm)まで様々です。とくに猫では大型

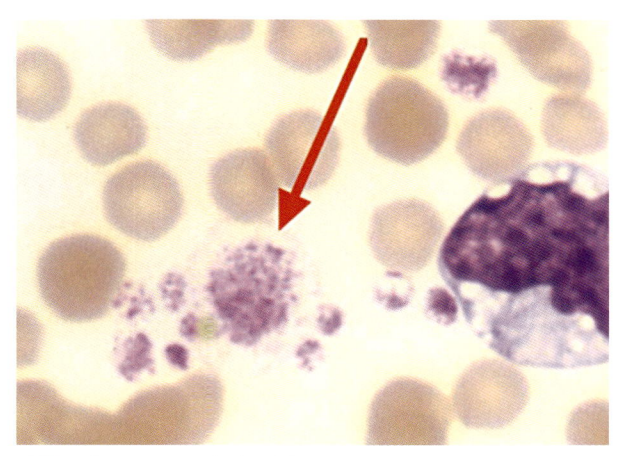

図❸　猫でみられた大型血小板

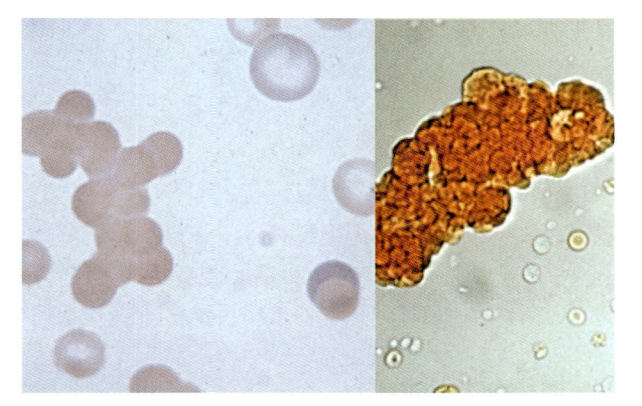

図❹　金平糖状赤血球

図❺　左は塗抹標本上，右は血液そのままを鏡検した，自己凝集

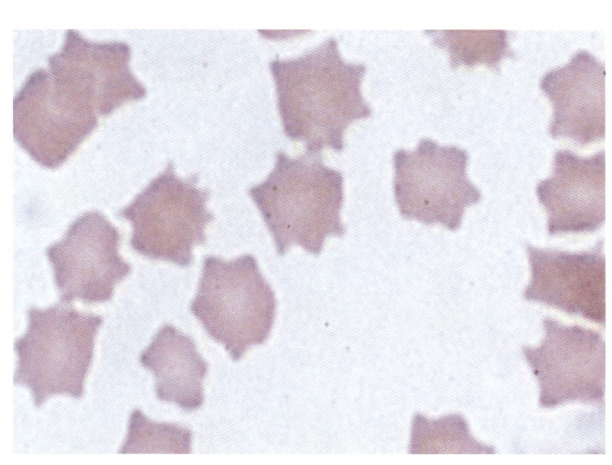

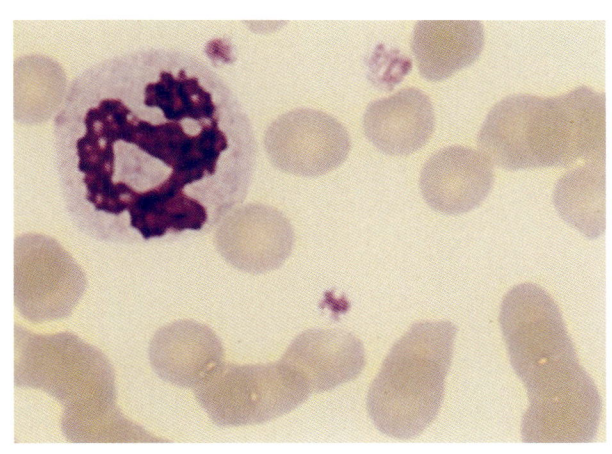

図❻　赤血球連銭形成

の血小板によく遭遇します（図❸）。

3．赤血球系の異常は？

（1）金平糖状赤血球

　血液材料の放置により赤血球内のエネルギーがなくなってしまった状態，あるいはEDTAに対して血液が少なすぎたことよる収縮で，塗抹作成時のアーティファクトと考えられます。ほぼ均一な太いトゲが赤血球上にみられるのが特徴です（図❹）。次からはEDTAチューブに入れる血液の量に注意して，素早く塗抹を作りましょう。

（2）赤血球自己凝集と連銭形成

　自己凝集は，自己免疫性溶血性貧血（AIHA）を疑う重大な異常です。赤血球が立体的にいくつもくっついた状態です（図❺）。連銭形成は血漿蛋白濃度の上昇によるもので，赤血球は1列につながりますが，塗抹を作るときにすぐに乾かさなかった場合にもみられます（図❻）。

図❼　赤血球多染性と大小不同と有核赤血球

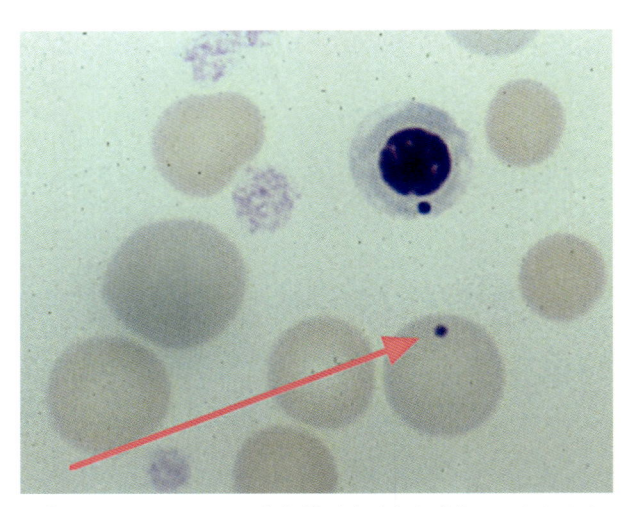

図❽　ハウエルジョリー小体（矢印）が赤血球内にみられます。上の有核赤血球の細胞質にもみられています

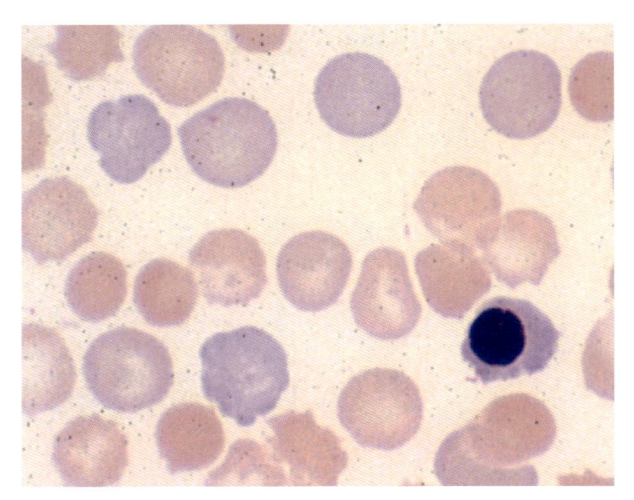

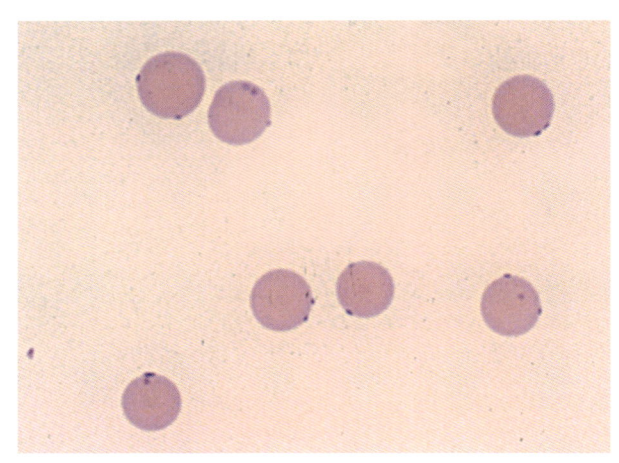

図❾　猫の赤血球にみられたヘモプラズマ

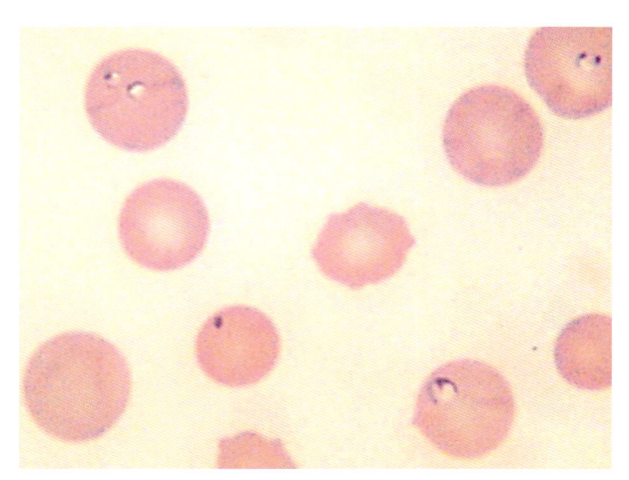

図❿　犬の赤血球にみられたバベシア・ギブソニ

（3）貧血に対する再生反応

　出血や赤血球の破壊（溶血）による貧血がある場合，骨髄は若い赤血球をどんどん作ります。このような若い赤血球が増えると，赤血球の多染性と大小不同がみられるようになります（図❼）。また核を持った有核赤血球（NRBC）（別名：赤芽球）もみられます（図❼）。ハウエルジョリー小体は，ライト・ギムザ染色で核と同じ濃い紫色に染まる小型円形の点状構造で，核の一部が残ったものと考えられています（図❽）。赤血球の再生があるときには増加しますが，正常の血液中にも少数みられます。しかしながら，多染性と大小不同がみられないような非再生性貧血で増加している場合には異常所見です。

（4）貧血の原因に関連した異常所見

　マイコプラズマの一種のヘモプラズマ・フェリス（ヘモバルトネラ）は猫の赤血球の外側にきわめて小さい黒色物として，あるいは赤血球の上に単独あるいは連鎖状に認められます（図❾）。ゴミと間違えてはいけません。バベシア・ギブソニは，赤血球に寄生する原虫で，九州をはじめ近畿地方に多いとされていましたが，本州でも青森まで確認されています。塗抹上では見落としてしまうほどの小点としてみえますが，塗抹の薄い部分で，広がった赤血球上で探すと目玉のようにみえます（図❿）。

　猫のハインツ小体は，赤血球の中のヘモグロビンが変性して凝集したもので，通常のライトギムザ染色では，赤血球の中の染まらない透明部分，あるいは飛び出した無色構造物としてみえます（図⓫）。アセトアミノフェンやメチレンブルーといった薬物中毒，さらに半生のキャットフードに含まれるプロピレングリコールでハインツ小体が多くみられ，激しい溶血性貧血が起こります。犬のタマネギ，ネギ中毒もハインツ小体性溶血性貧血を起こしますが，犬のハイン

図⓫　猫の赤血球にみられたハインツ小体

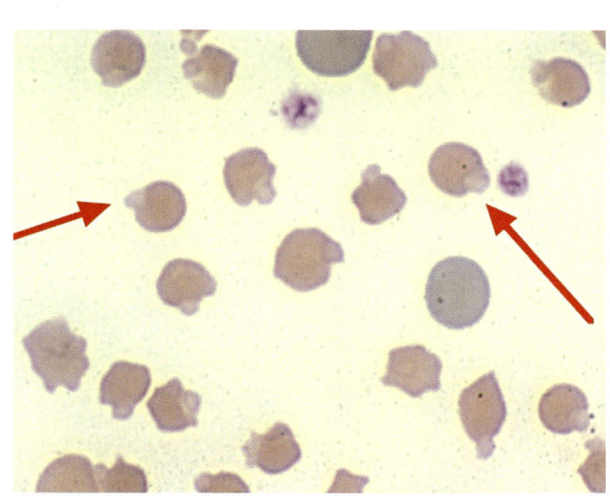

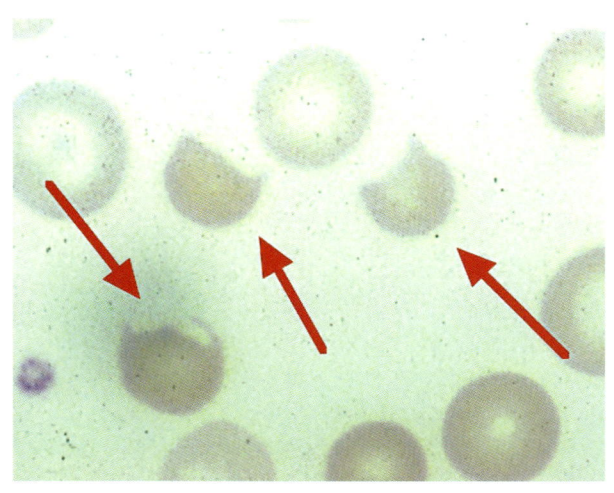

図⓬　猫の赤血球にみられたハインツ小体（ヘルメット細胞）

ツ小体は，はっきりした粒状物を作らないことが多く，むしろ赤血球の膜の一部がちぎれて，ヘルメット型赤血球が多くみられます（図⓬）。

　球状赤血球は小型で厚みを増した赤血球で，50％以上出現していれば免疫介在性溶血性貧血（IHA）または自己免疫性溶血性貧血（AIHA）と言えるほどのに特徴的な所見となりますが，バベシア症など他の溶血性貧血でも少数みられることがあり，さらに形態的に間違いやすい奇形赤血球もあるので獣医師に確認してもらってください。

　これを探すには，塗抹の厚みが適切な部分を鏡検します。塗抹が非常に薄い部分では赤血球全部が薄く広がり，ふつう赤血球では真ん中にみえるへこみの部分のセントラルペーラーがみられないので，みんな球状にみえてしまいます。また厚い部分では赤血球がやや立体的に厚みをもって塗抹されているため，球状赤血球がみえにくいのです。

　したがってその中間の，正常赤血球にセントラルペーラーがみえる部分で，その中に直径の小さなやや厚みを持った球状の赤血球がみえる場合，球状赤血球と判定します（図⓭）。セントラルペーラーがみえずに，小型で色は濃くみえるものが球状赤血球です。猫では赤血球のほとんどでセントラルペーラーがみえず，しかも小型であるので，球状赤血球の検出は難しいものです。

　しかしながら，セントラルペーラーが比較的はっきりした猫や，高度の球状赤血球症があるものでは，検出されることがあります（図⓮）。

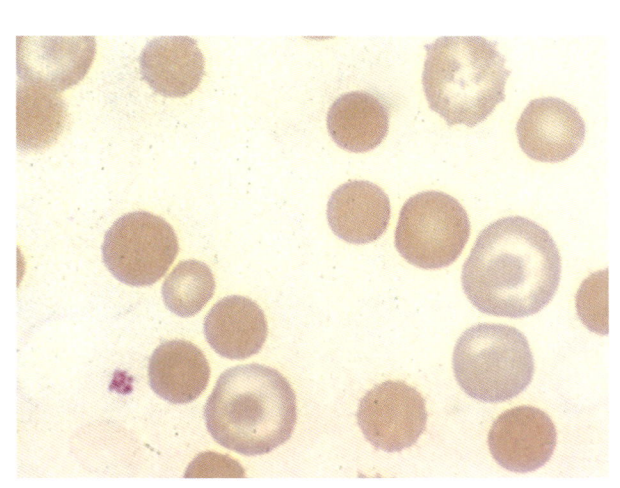

図⓭　犬のIHAでみられた球状赤血球

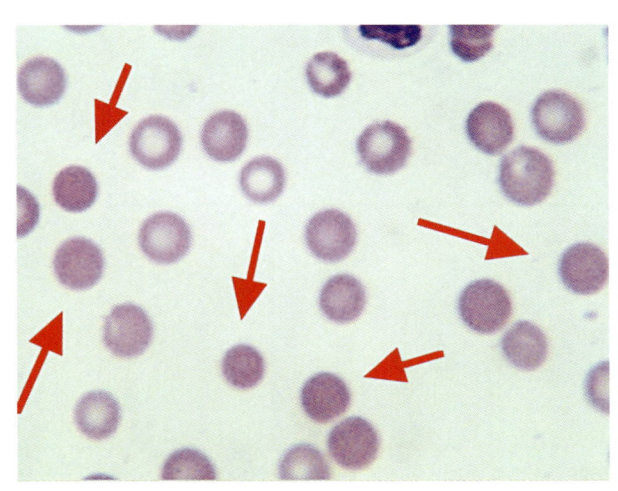

図⓮　この猫では周囲の赤血球にはセントラルペーラーがみられるため球状赤血球が明らかです

血液塗抹標本のチェックポイント

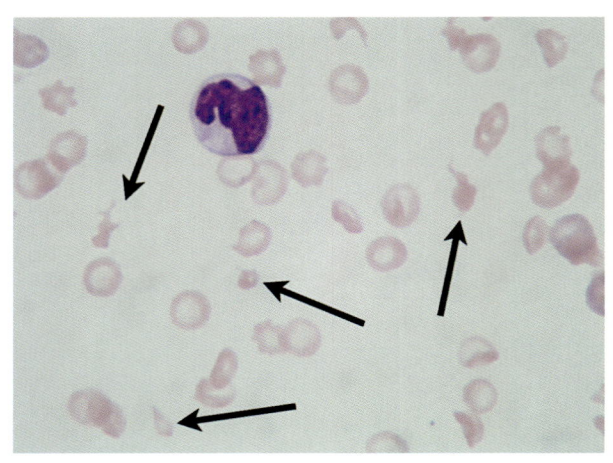

図⑮ DICという激しい病気では分断赤血球が多くみられ、血小板が減ります

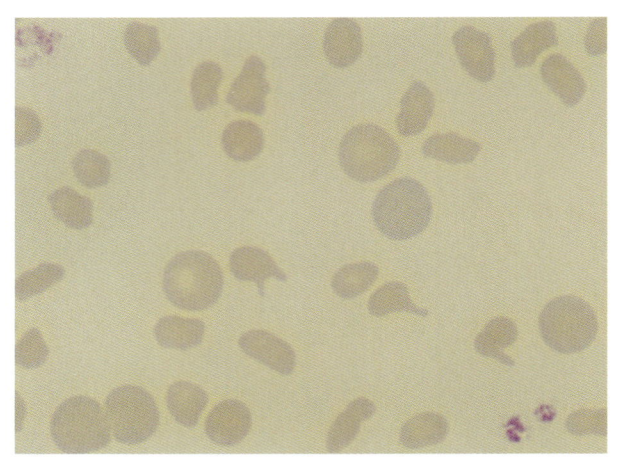

図⑯ 重度の肝リピドーシスに伴ってみられた有棘赤血球

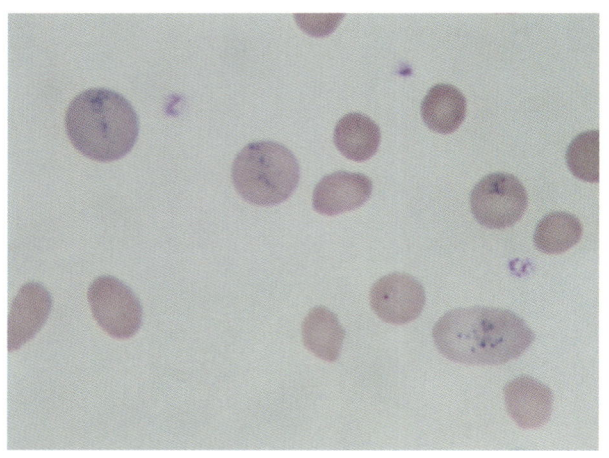

図⑰ 猫の赤血球にみられた好塩基性斑点

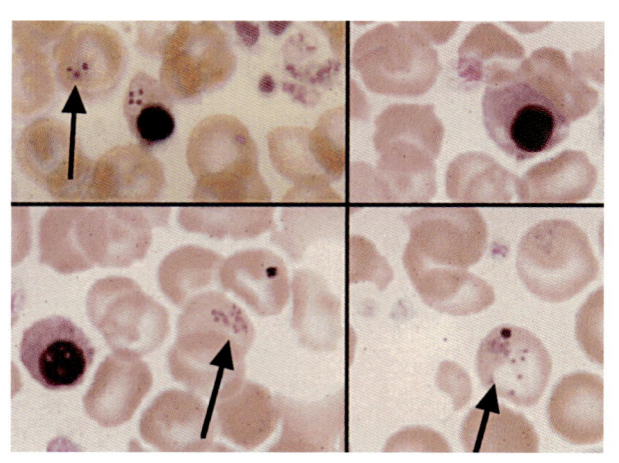

図⑱ 犬の赤血球にみられた好塩基性斑点

　輪郭に異常を持った赤血球を奇形赤血球と呼びます。赤血球破壊が進んでいる状態（溶血性貧血，DIC）でみられる赤血球破片などは重要ですので，獣医師に分断赤血球があると報告しましょう（図⑮）。脂質異常が起こるような重度の肝疾患でも，表面に長いトゲを持った有棘赤血球がみられます（図⑯）。

（5）その他の異常所見

　好塩基性斑点を持った赤血球は，猫では貧血に対する高度の反応時に出現するので，とくに大きな異常ではありません（図⑰）。犬では貧血を伴わずに赤芽球が出現することとあわせて，鉛中毒の特徴所見となるので重要です（図⑱）。セントラルペーラー中心部に盛り上がりを持つ標的赤血球は，様々な貧血時にみられるようになります。また鉄欠乏性貧血では，セントラルペーラーの拡大した菲薄赤血球が出現します（図⑲）。

　多染性を伴わない（非再生性貧血）赤血球の大小不同（図⑳），さらに赤芽球の出現は，骨髄における腫瘍性変化やFeLVの感染を思わせる所見であり，重大な異常です。子犬のジステンパーでは赤血球および白血球内に封入体がみられることがあります。赤血球内封入体は様々な形態ですが，典型的な円形のものはハウエルジョリー小体よりも大きく，薄い赤紫色に染まります。また形がくずれたもの，網目状になったものなど様々あります。ほとんどの場合，多染性赤血球内に出現します（図㉑）。

4．白血球系の異常は？

（1）左方移動

　骨髄での白血球の分化成熟を示した模式図では，左側に幼若な白血球が示されています。すなわち左側から，骨髄芽球，前骨髄球，骨髄球，後骨髄球，桿状核球，分葉核球の順に分化過程が示されているので，この図で左側のものが増える状態を左方移動と呼

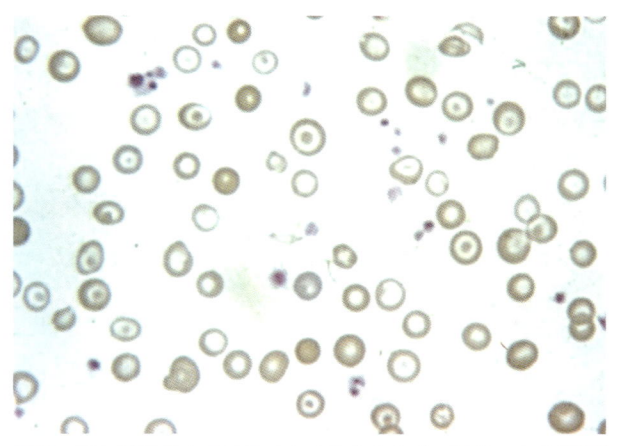

図⑲　鉄欠乏性貧血の特徴である菲薄赤血球。標的赤血球（目玉のようにみえる）も増加しています

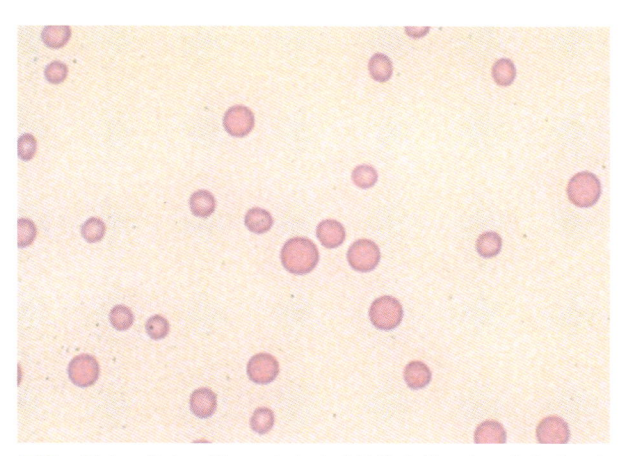

図⑳　重度の貧血の猫でみられた多染性を伴わない赤血球の大小不同

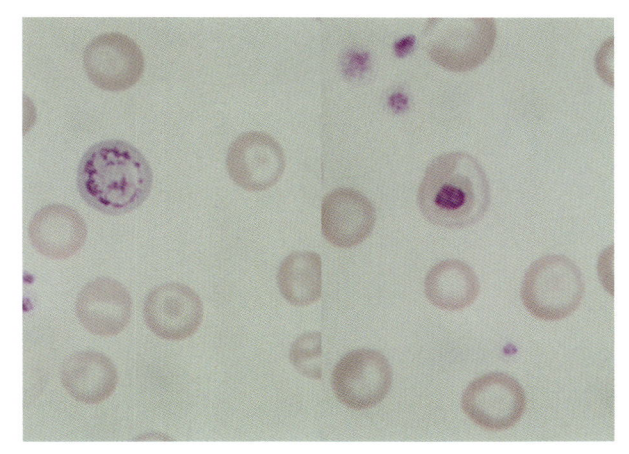

図㉑　犬の赤血球にみられたジステンパーウイルス封入体

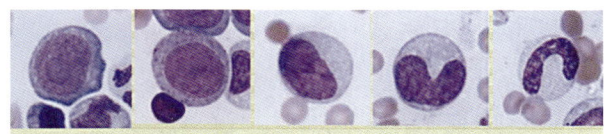

骨髄芽球　前骨髄球　骨髄球　後骨髄球　桿状核球
図㉒　骨髄での好中球分化成熟の各段階

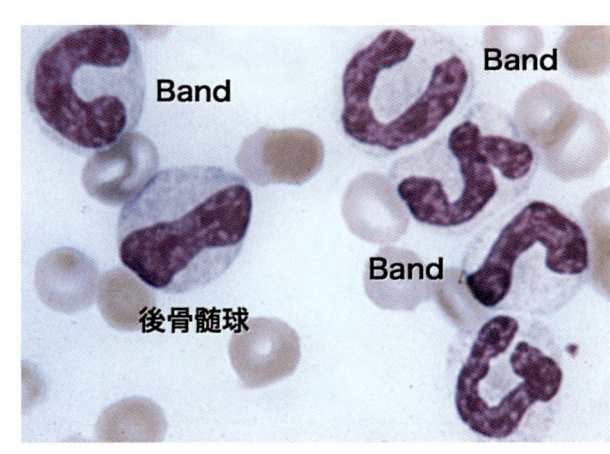

図㉓　後骨髄球，桿状核好中球（Band）の頻繁な出現を伴う再生性左方移動

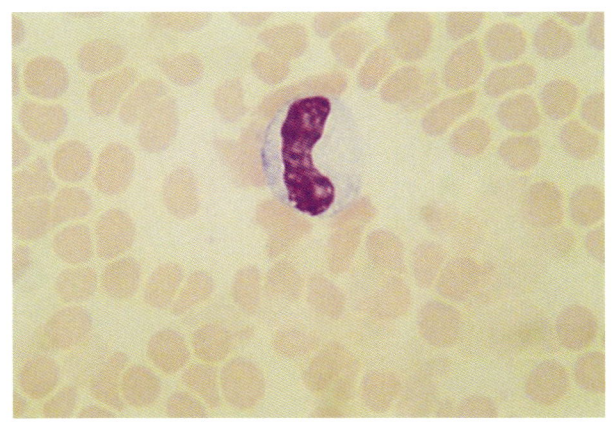

図㉔　変性性左方移動で出現した後骨髄球

んでいます（図㉒）。

　左方移動には，再生性左方移動と，変性性左方移動があります。再生性左方移動とは，好中球増加による白血球増加症で，幼若好中球系細胞の出現を伴うものをさします。その程度は，軽度：桿状核好中球（Band）の出現（＞300/μL，ただしWBC＞40000/μLでは桿状核好中球上限は1000/μLとする），中等度：桿状核，後骨髄球の出現，高度：骨髄球，前骨髄球，まれに骨髄芽球出現を伴うもの，と定義されます。

　一般に若いものが出現しても，その分布は成熟型ほど多い正常のピラミッド状分布となりますが，激しい左方移動では幼若細胞総数が成熟細胞数を上回る場合もあります（図㉓）。変性性左方移動とは，白血球減少症，白血球数正常範囲内，あるいはわずかな増加で左方移動がみられ，多くの場合幼若細胞数が成熟細胞数を上回ります。これは骨髄の反応が十分でない状態で，敗血症や激しい細菌感染のように体が追いついていない状態です（図㉔）。

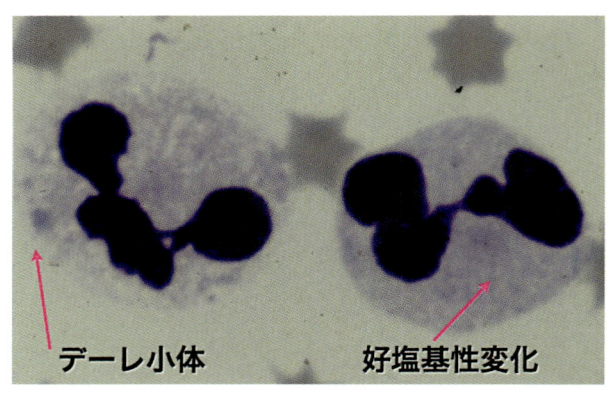

図㉕ 細胞質のデーレ小体と好塩基性変化を示す中毒性好中球

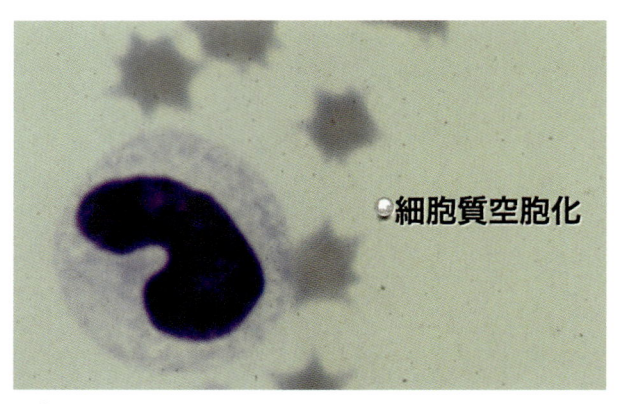

図㉖ 細胞質の空胞化を示す中毒性好中球

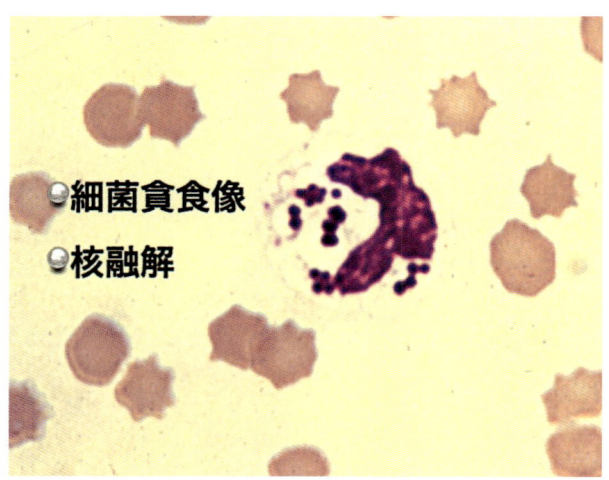

図㉗ 末梢血好中球にみられた細菌貪食像と核融解性変化

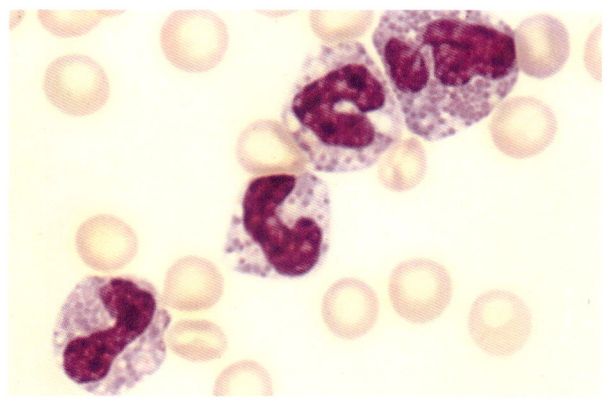

図㉘ 犬でみられた好酸球増加症

（2）好中球の中毒性変化

　細菌感染などで好中球の需要が高まり，骨髄の造血環境が悪化した場合，再生性左方移動または変性性左方移動と一緒に中毒性変化と呼ばれる形態異常が認められることがあります。正常好中球では，発達したクロマチン結節を持つ分葉が3～4分葉に進んだ核がみられ，細胞質は薄いピンク色で非顆粒状にみえますが，軽度の中毒性変化では細胞質に変化がみられます。これには，好塩基性細胞質とデーレ小体が含まれ，これらの所見がみられた際には，とくに細菌感染に関連した炎症が考えられます。

　細胞質の濃紺色の汚れのようにみえるものがデーレ小体です（図㉕）。中毒性変化がさらに強くなったものでは，細胞質がグレーに染まる好塩基性（図㉕）が強くなり，泡沫状の細胞質，すなわち空胞変性もみられるようになります（図㉖）。敗血症の症例では，まれに細菌貪食像を示す好中球が末梢血中に出現することがあります（図㉗）。

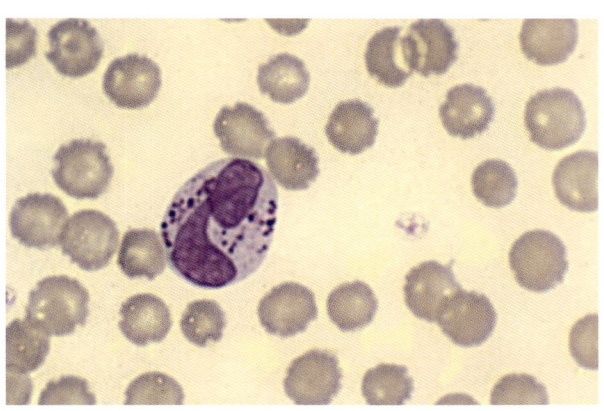

図㉙ 犬では末梢血には好塩基球は普通みられないので、出現の場合は何らかの異常があります

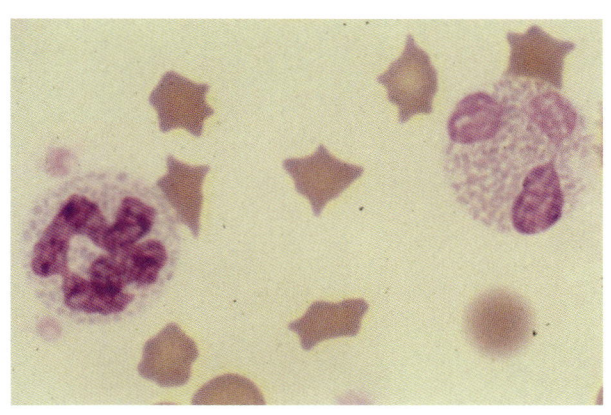

図㉚ 左側の猫の好塩基球はラベンダー色の丸い顆粒が特徴。右は好酸球

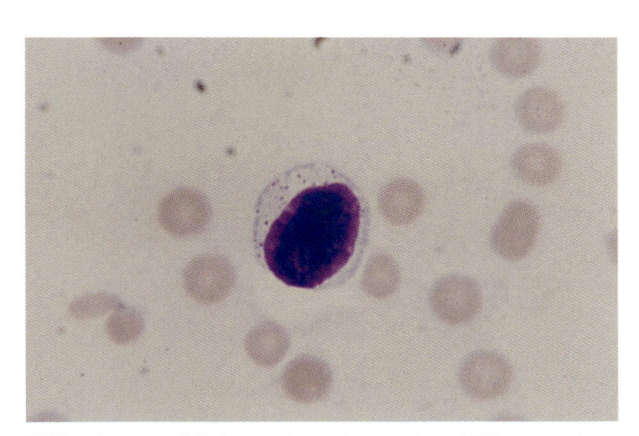

図㉛ ウイルス感染症でよくみられるアズール顆粒リンパ球

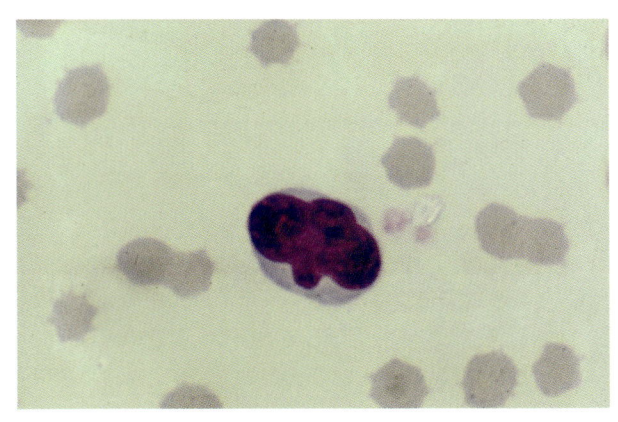

図㉜ 異型リンパ球は、形が通常と違うもので、免疫反応で出現します

（3）好酸球と好塩基球の増加症

好酸球も骨髄で産生されますが、血液中での滞在時間は30分と短いもので、すぐに組織の方に出て行って仕事をします。機能としては、寄生虫感染、アレルギー（過敏症）への参加があります。ただし、リンパ腫、肥満細胞腫、卵巣腫瘍、腫瘍転移などで増加することもあります。好酸球増加症があれば正しく記録しましょう（図㉘）。

好塩基球も骨髄で産生され、機能は肥満細胞と同様のヒスタミンなどの起炎物質放出と思われているため、過敏症反応などで増加することが予想されます。さらに高脂血症での増加が知られています。通常は1個もみられないのが普通なので、みられた場合は記録しましょう（図㉙）。猫では、とくに過敏症反応とは考えられない病態でも、何らかの症状を示す猫には頻繁に観察されるので、それほど特異性はありませんが、やはり何らかの病気の可能性があります（図㉚）。

（4）リンパ球の異常

感染症への反応では、核は十分成熟し、細胞質にアズール好性の微細な顆粒を持ったアズール顆粒リンパ球が出現することがあります（図㉛）。免疫刺激で出現し、幼若な形態を持ったものを、一般に異型リンパ球と呼びます。これは反応性のものなので、悪性細胞ではありません（図㉜）。形態だけで区別が困難な場合もあるので獣医師に確認してもらいましょう。

No. 07

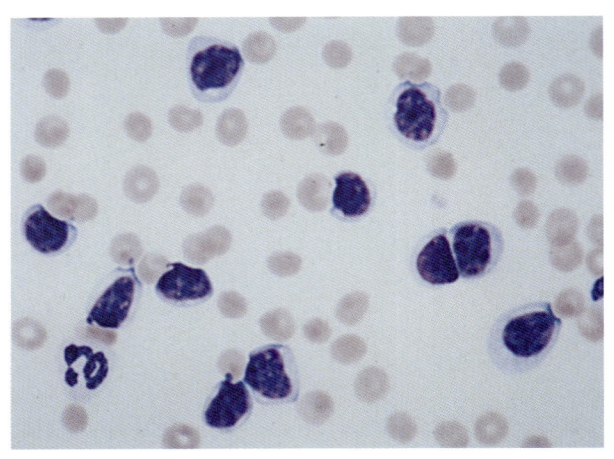

図㉝ 慢性リンパ球性白血病（CLL）でみられた成熟リンパ球の著明な増加

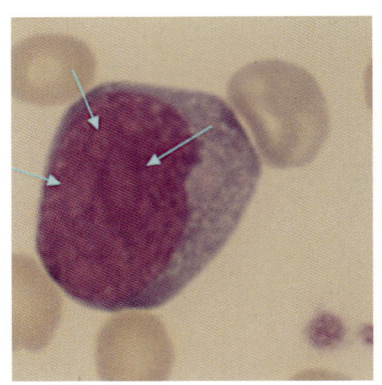

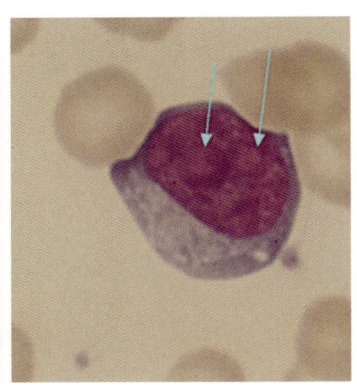

図㉞ 犬の多中心型リンパ腫のステージVで出現した，核小体明瞭なリンパ系芽細胞

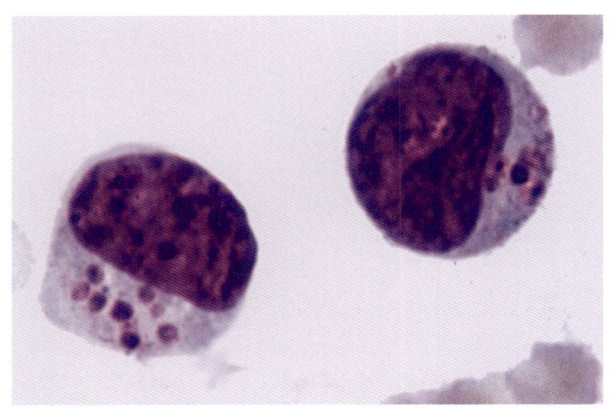

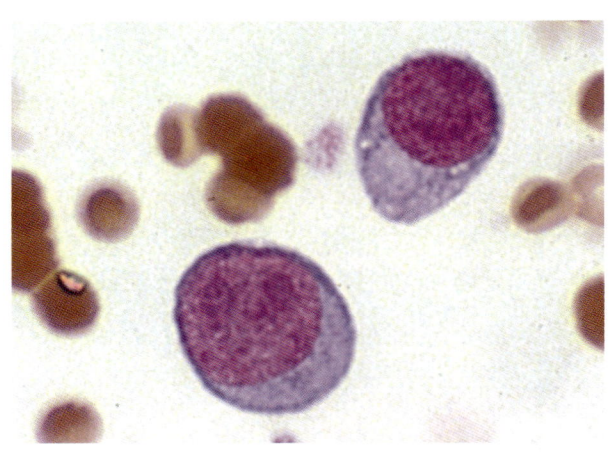

図㉟ 大型の細胞質顆粒を持つ大型のリンパ球は大顆粒リンパ球と呼ばれます

図㊱ 分類不能芽細胞の出現は腫瘍性疾患を示唆します

> **手技のコツ・ポイント**
> - 正しい塗抹の作り方，正しい染色が必須です．顕微鏡の使い方にも慣れておく必要があります
> - 正常形態はよく理解しておいてください
> - 塗抹を鏡検しないと完全な血液検査にはなりません

　成熟リンパ球がものすごく増えるのは，慢性リンパ球性白血病（CLL）を示唆する所見です（図㉝）。幼若なリンパ系芽細胞や前リンパ球の増加は，リンパ腫の末期や急性リンパ芽球性白血病を示唆する所見となります。これらのリンパ球は異常リンパ球と呼び，反応性のものとは区別します。犬の多中心型リンパ腫の末期に出現する細胞は，明瞭な核小体を持った大型の幼若細胞です（図㉞）。また猫に比較的よくみられるリンパ系腫瘍として，大型の赤紫色顆粒を持った大型リンパ球が出現するものがあります。このようなリンパ球を大顆粒リンパ球（LGL）と呼びます（図㉟）。

（5）分類不能芽細胞

　末期のリンパ腫に加え，骨髄原発の白血病では腫瘍性細胞が血中に多く出現します。核小体を持った幼若細胞（芽細胞）が出現した場合には腫瘍性変化を疑い，すぐに獣医師による確認が必要です（図㊱）。

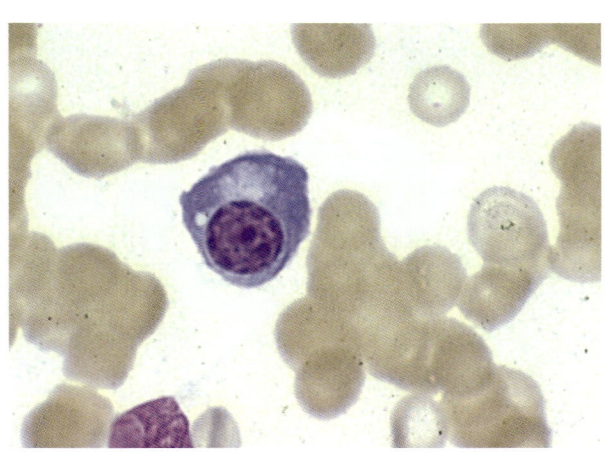

図㊲ 多発性骨髄腫の犬の末梢血にみられたプラズマ細胞と赤血球連銭形成

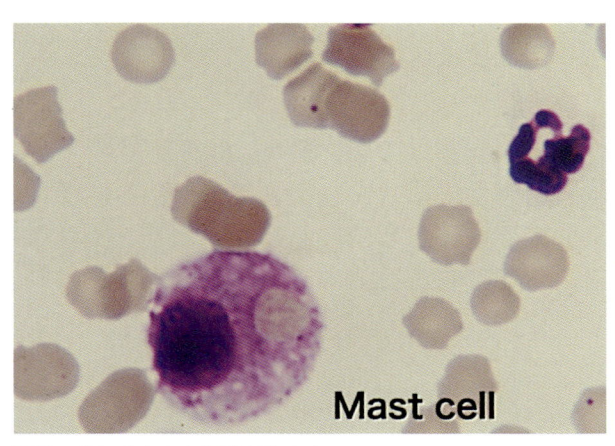

図㊳ 猫にみられた肥満細胞血症

（6）その他の異常細胞

プラズマ細胞の末梢血への出現と高蛋白血症は，多発性骨髄腫などプラズマ細胞関連の腫瘍を示唆する所見です。高蛋白血症の結果，赤血球連銭形成もみられます（図㊲）。肥満細胞（Mast cell）の複数出現は，内臓型肥満細胞腫や肥満細胞腫の全身転移を示唆する所見です（図㊳）。ただし少数の肥満細胞は炎症性疾患でも出現するので注意が必要です。

犬のジステンパーウイルス感染に伴い，赤血球または白血球に封入体がみられることがあります。これらの封入体は好中球，単球，リンパ球にみられます（図㊴）。

石田卓夫（赤坂動物病院，医療ディレクター）

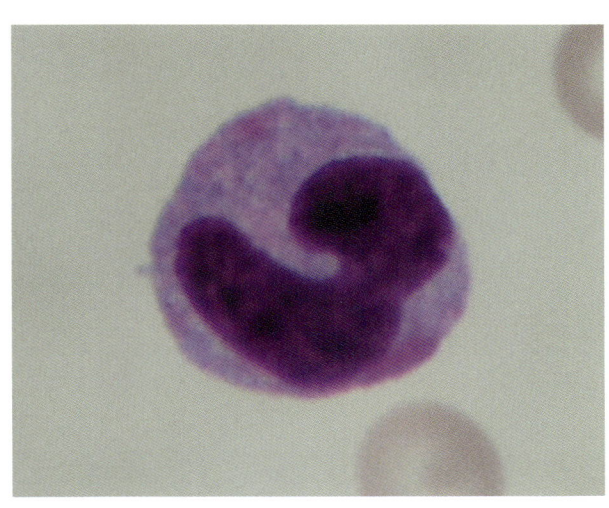

図㊴ このライト・ギムザ染色では犬ジステンパーウイルス封入体は赤紫色にみえます

No. 08 細胞診で異常な細胞がみられたら

> **アドバイス**
>
> 医学領域では，細胞診は細胞診断士という資格があって，医師の仕事ではありません。ですから，看護士の皆さんも講習を受けたり同僚に教えてもらったりして，異常な細胞をみつけることはすぐにできるようになると思います。異常な細胞に出会ったときには，それを正しく記録し，そして確認してもらうために獣医師に声をかければよいのです。

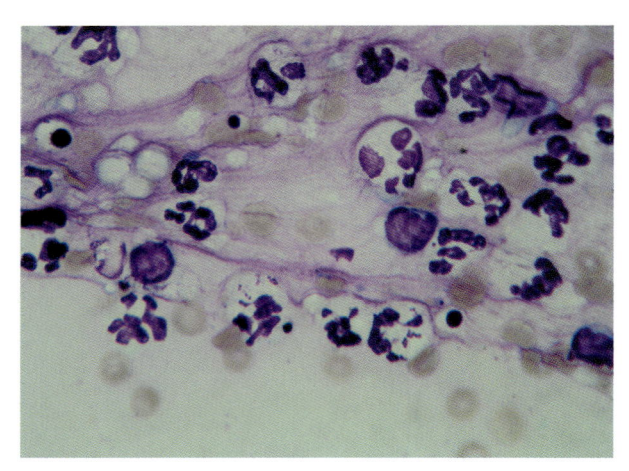

図❶ 急性化膿性炎症（細菌性）。好中球核の変性と細菌貪食像

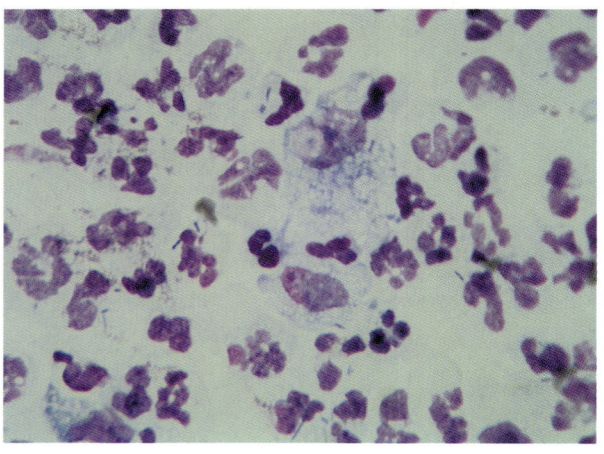

図❷ やや慢性期に入った化膿性炎症（細菌性炎症）。細菌はわずかにみられるがマクロファージも出現しています

準備するもの

- 顕微鏡 広視野，4倍，10倍，20倍，40倍，100倍の対物レンズ
- 血液塗抹標本 ライト・ギムザ染色後封入したもの
- 細胞診アトラス

器具・器材の一覧表

- ライト液（Merck），ギムザ液（Merck），pH6.4 染色用リン酸バッファー，試験管（10mL以上），ピペットまたは注射筒，染色用容器，ドライヤー，スライドグラス，封入剤（ビオライト），封入剤用の容器，キシロール（xylol），メタノール，キシロール用容器，染色用ピンセット

手技の手順

1．炎症なのか腫瘍なのか？

病変は便宜的に，炎症，腫瘍，また炎症と腫瘍の混合というように分けられます。細胞診で比較的はっきり分かるものは，炎症の有無，炎症の種類，悪性腫瘍の存在です。良性増殖はそうであることはわかるのですが，果たして過形成なのか，良性腫瘍なのかは，細胞診では判定できません。まずもって鏡検の最初に，腫瘍か炎症か，あるいはその混合かを判定するとよいでしょう。

おおまかなインプレッションとして，単一形態の細胞が増えていれば，炎症以外の増殖性変化と考えられ，単一形態の中で細胞のばらつきすなわち多形性があれば悪性腫瘍が疑われます。

後に述べる悪性所見を探し，それがあれば悪性腫瘍と確定でき，またなければ良性腫瘍か過形成と考えます。また炎症の場合は細胞集団がミックス（ほとんど好中球ばかりの急性化膿性炎症を除く）であることが多いでしょう（図❶〜❾）。

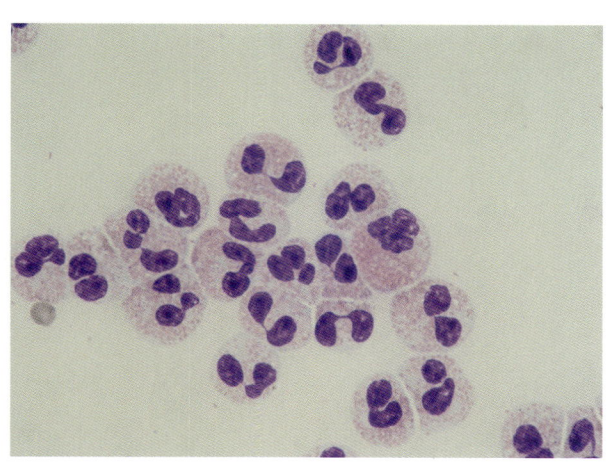

図❸　好酸球性炎症。好酸球ばかりがみられます

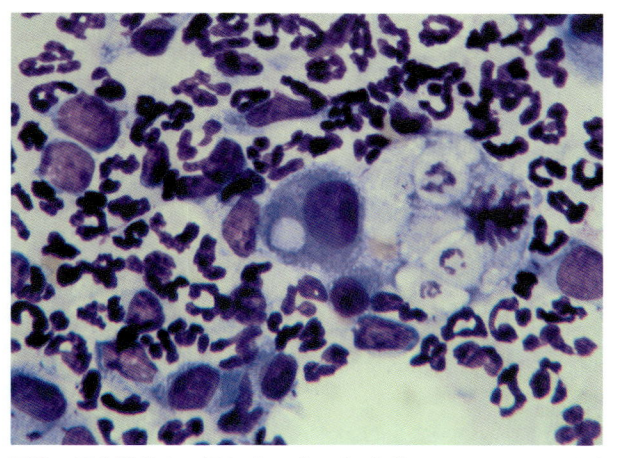

図❹　混合型炎症。好中球，プラズマ細胞，マクロファージがみられます

図❺　混合型炎症。好中球，プラズマ細胞，マクロファージがみられます

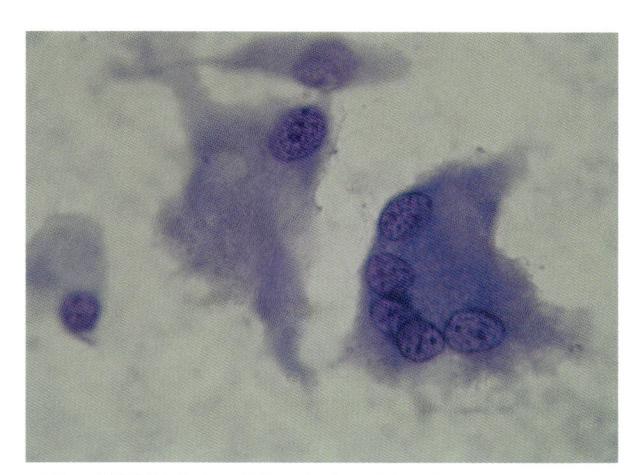

図❻　肉芽腫性炎症。異物巨細胞を腫瘍細胞と間違えないようにします

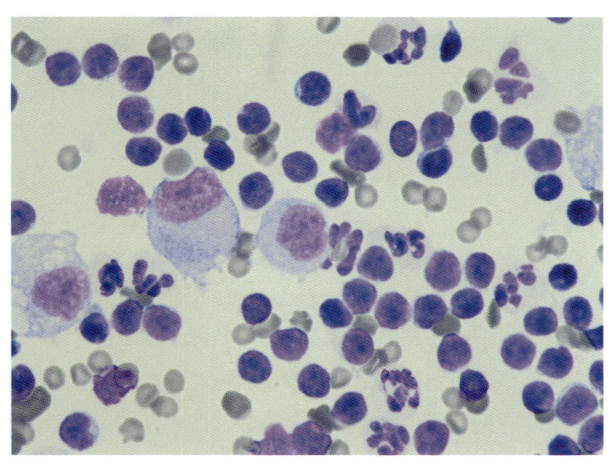

図❼　乳び胸でみられる慢性炎症。乳びからのリンパ球に加え好中球性，マクロファージ性炎症がみられます

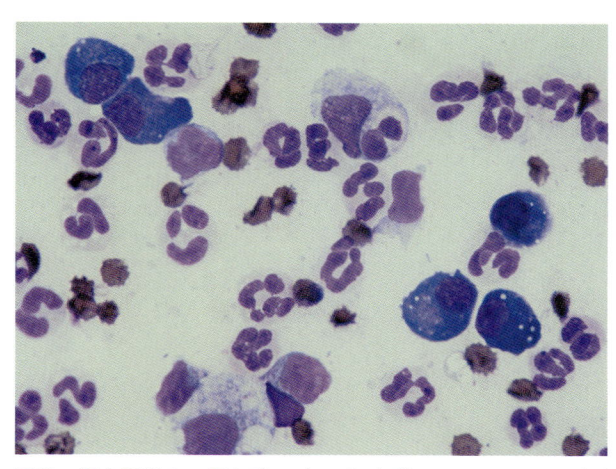

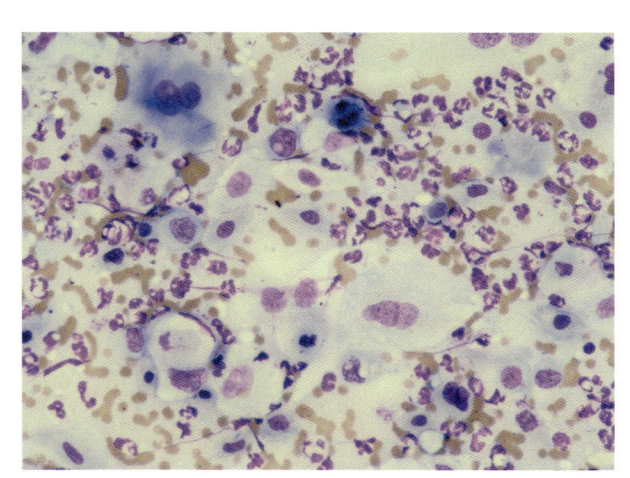

図❽　腫瘍と炎症の混合。扁平上皮癌と化膿性炎症がみられます

細胞診で異常な細胞がみられたら

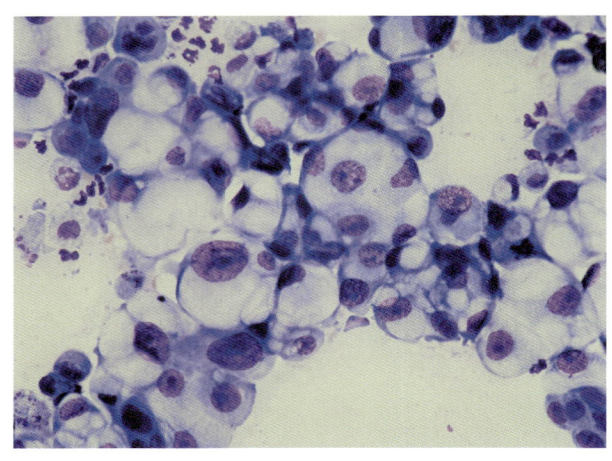

図❾　腫瘍と炎症の混合。癌性胸膜炎では癌細胞の塊と炎症細胞

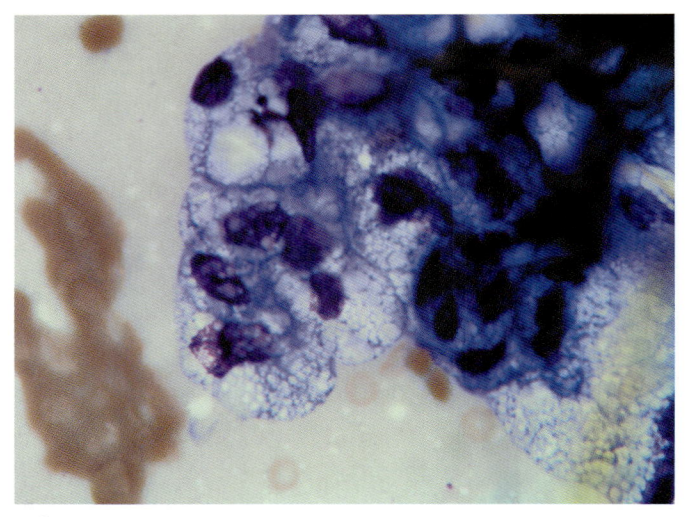

図❿　過形成。皮脂腺過形成

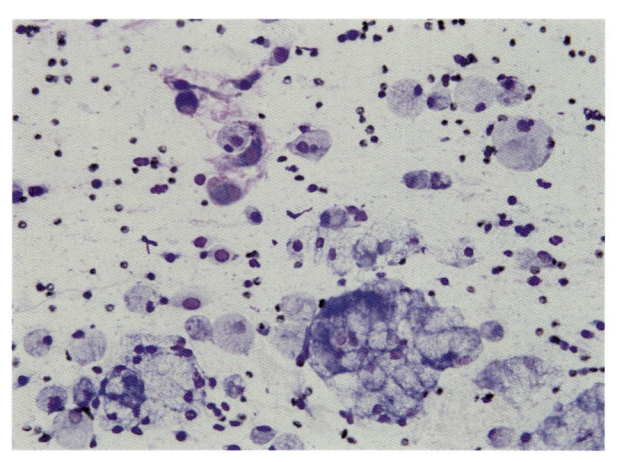

図⓫　過形成。唾液腺過形成

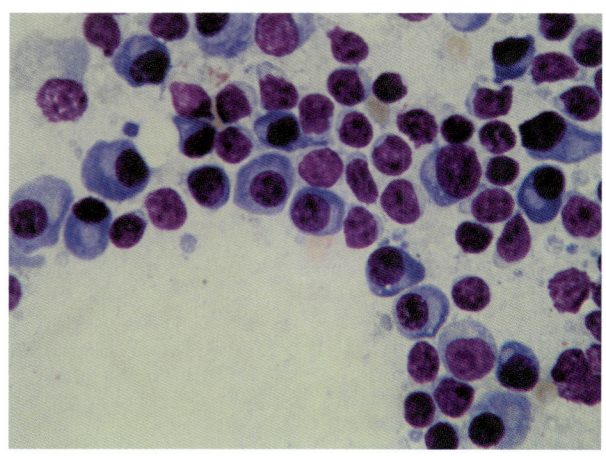

図⓬　過形成。リンパ節反応性過形成。プラズマ細胞の増加が特徴

2．過形成とは？

　過形成は正常組織の過剰な増殖ですが，一般に統率がとれていて，あるところで停止するため，非常に大きな腫瘤を形成することはありません。普通は正常の臓器のサイズの肥大として認められます。その特徴は，増殖所見や幼若所見は認められますが，異型性や悪性所見は認められないということです。すなわち，増殖所見として分裂像や，明瞭な核小体，細胞質の好塩基性，若干の大型化などはみられるかも知れないけれども，細胞は正常組織にみられる細胞の形態を保ち，後に述べるような悪性所見はみられないはずです（図❿～⓬）。

　例としては皮膚における皮脂腺過形成がありますが，これを悪性病変ではないだろうと評価することは比較的容易であるのに対して，過形成なのか，良性の皮脂腺腫なのか鑑別することは不可能でしょう。同様に尿中に多量の前立腺上皮をみた場合，異型性（悪性所見）に乏しければ過形成とも考えられるのですが，必ずしも腫瘍は除外できないのです。

　その他の過形成の例としては，非炎症性の漏出液腹水や胸水に出現する反応性中皮細胞があります。これは腹膜，胸膜の表面を被う中皮細胞が過形成を起こして，水の中に浮かびながら増殖したもので，一見腫瘍細胞と間違えそうな形態をとります。注意深く観察すると，悪性所見のうち一番重要な核の悪性所見がないことが分かります（図⓭）。細胞診で過形成であろうと考えるのは問題ないのですが，しかしながら，良性，悪性を含めて腫瘍を完全に除外するためには病理学的検査が必要となります。

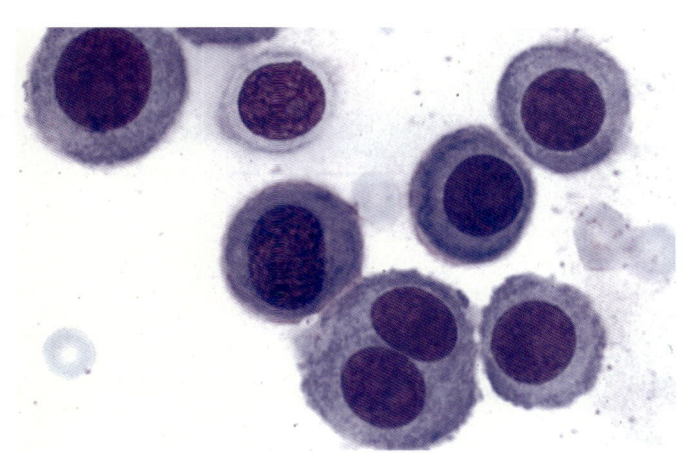

図⓭　過形成。中皮細胞過形成。変性漏出液腹水中で中皮細胞が良性の反応性増殖

表❶　全体所見からの悪性の指標

大量の細胞（予想に反して）
単一の細胞群（予想に反して）
単一形態の中の多形性
そこにあるべきではない細胞の出現

3．悪性の病変は？

（1）細胞診は使えるか

　細胞診は，病変が悪性腫瘍かどうかを決定するのに有用です。悪性腫瘍の診断を適切に行うためには，悪性腫瘍細胞の形態学的特徴と，それらが非悪性腫瘍細胞とどのように違うのかを理解しておく必要があります。腫瘍とは，細胞の正常な増殖と再生を司る制御機構から逸脱した組織の増殖です。悪性腫瘍細胞の主な形態学的特徴は，細胞が未分化であることに由来しています。

　しかしながら，未分化という点では過形成も良性腫瘍も未分化な細胞を多く含んでいます。さらに細胞診では評価することのできない悪性所見もあることを忘れてはならないのです。細胞診で評価しているのは悪性所見の一部である細胞異型です。悪性所見には，もうひとつ組織学的に評価すべき構造異型というものが存在します。これには配列の異常，壊死の存在，浸潤性など様々あります。

　たとえば犬の乳腺癌の多くは，細胞診ではやや幼若な上皮集塊が多量にみられるという所見が主体で，細胞学的に重要な核の悪性所見をいくつも探そうとしても探せないことが多いのです。それでもこれらの病変は組織学的にみればかなりの構造異型を伴い，悪性と診断されることも多いのです。したがって細胞診では，分かることは分かる，そして分からないこともあると考えながら評価を進めた方がよいでしょう。

（2）全体所見

　細胞集団全体として悪性腫瘍が示唆されるかどうかの基準が，全体所見からの悪性の指標です（表❶）。これはあくまで診断上補助的に利用する所見であり，これだけで悪性と診断してはいけません。細胞集団の全体像は低倍率での観察から明らかになります。通常は

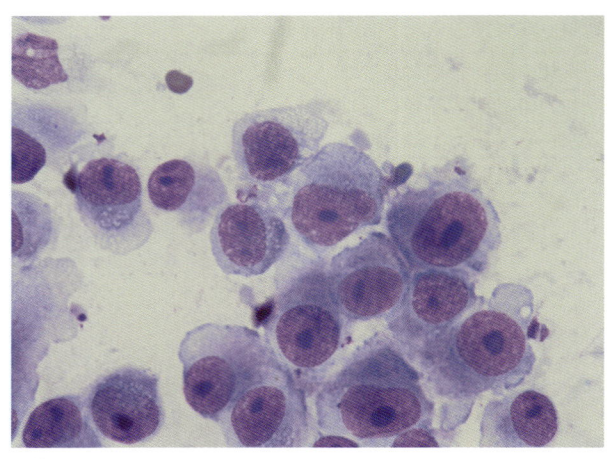

図⓮ 全体所見。細胞が多く採取されます

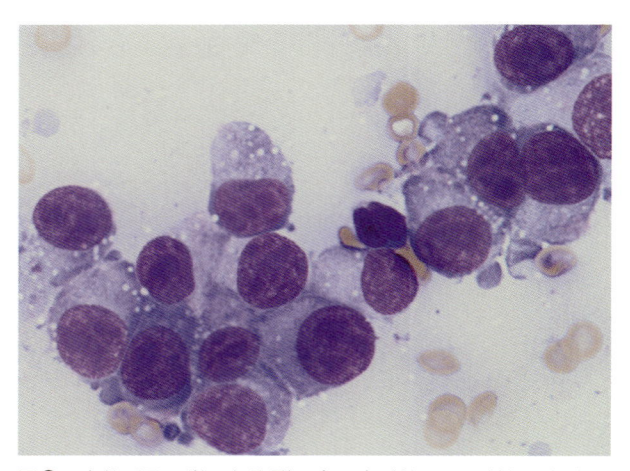

図⓯ 全体所見。単一細胞群の中の多形性。同じ種類の細胞ではあるが、少しずつ違います

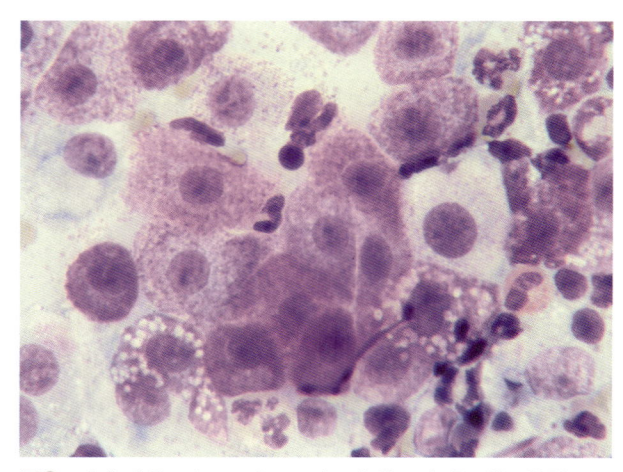

図⓰ 全体所見。あるべきではない細胞の出現。猫の脾臓の肥満細胞腫

表❷ 細胞輪郭の異常による悪性の指標

きわめて大型の細胞
奇怪な形状の細胞
細胞の異常な凝集

　細胞があまり得られない部位からの標本で細胞数が多い場合，腫瘍性変化を疑う所見になり，全体所見としては悪性の所見となります（図⓮）。

　同様に，ある部位から予想に反して単一の細胞群が得られた場合も，腫瘍を疑う十分な材料となり，さらに検索を続ける必要があるといえます。ここで予想に反してということは重要です。リンパ節の生検で単一の細胞群が得られるのは予想されることであり，したがってこれだけでは悪性所見とはいえないのです。むしろ単一の非炎症性細胞群が多形性（様々な形態が混じっている）を伴って出現した場合が，重要な全体所見からの悪性基準になります（単一形態の中の多形性）（図⓯）。

　また，そこにあるべきではない細胞が標本中に出ている場合，悪性腫瘍を疑うことが可能です。たとえばリンパ節吸引材料に，上皮性の細胞集塊あるいはメラニン色素を持った細胞がみられれば，それぞれ癌や悪性黒色腫の転移が考えられますし，腹水や胸水の中に扁平上皮細胞がみられれば，消化器系や呼吸器系の扁平上皮に変化できる性格をもった上皮の腫瘍化が強く疑われます。その他腫大した脾臓や，消化管の腫瘤から肥満細胞が検出されたり（図⓰），胸水中に癌を思わせる細胞集塊が検出されて，悪性腫瘍が発見されることがあります。

（3）細胞輪郭の異常

　細胞輪郭の異常は悪性を疑う次のレベルの指標となります（表❷）。腫瘍細胞には核の分裂異常，染色体の数の異常などが起こりやすくなっています。したがって2倍体の核（染色体数が2倍）を持った細胞などが出現しやすく，これが大小不同や多形性のひとつの原因となります。正常組織の細胞に比べて明らかに大型のものが出現する場合は，濃厚に悪性所見を疑う材料になります（図⓱）。

　そして，細胞が大型ならば，ふつうは核も大型になります。大型の細胞の分裂像がみられる場合，核が大きいということは染色体が大型化しているのではなく，きわめて多数の染色体を持っていることがふつうです。周辺に白血球などの炎症細胞が存在する場合には，サイズの比較も容易になります。奇怪な形態の細胞の出現は分かりやすい細胞輪郭の異常所見で，核の分裂異常，染色体の数の異常などに起因する形態異常です。

　すなわち，正常組織の細胞に比べて明らかにかけはなれた形態の

表❸ 核の悪性所見

核の大小不同（通常直径で2倍以上）
大小不同の核を含む多核細胞
核細胞質比のばらつき
大型の核小体（赤血球大以上）
異型核小体
複数（5個以上）の核小体
分裂頻度の著しい増加
異常分裂像
染色体数異常
核膜の不整
異常な核クロマチン結節

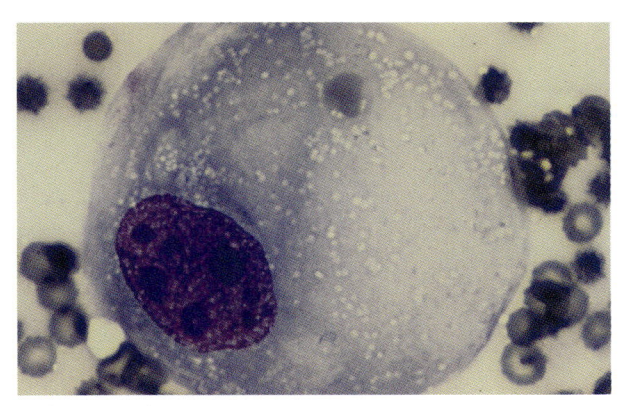

図⓱ 細胞輪郭。きわめて大型の細胞。赤血球と比べてみます

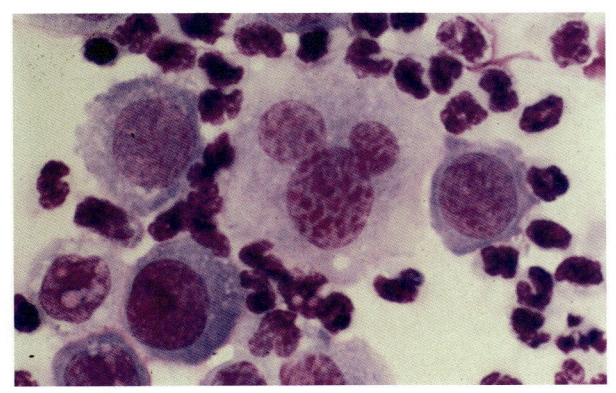

図⓲ 細胞輪郭。奇怪な細胞。ミッキーマウス細胞

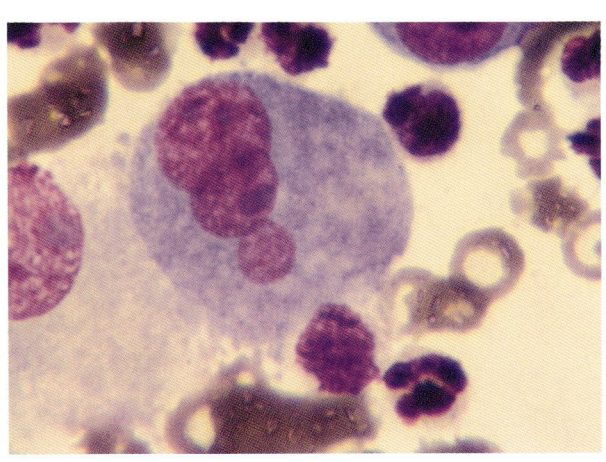

図⓳ 細胞輪郭。奇怪な細胞，だんご三兄弟細胞

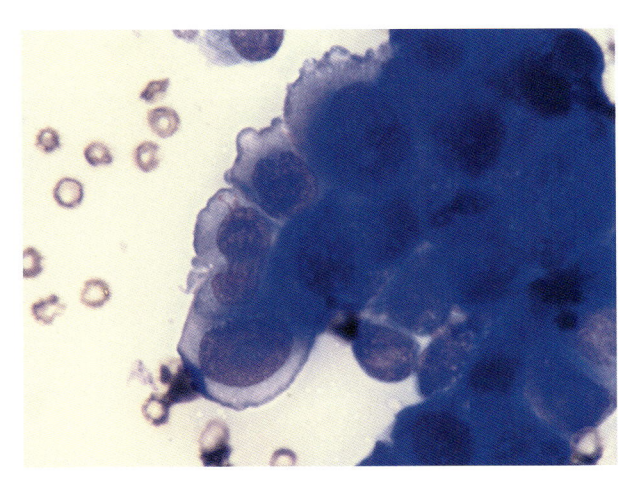

図⓴ 細胞輪郭。細胞の異常な凝集

細胞診で異常な細胞がみられたら

細胞が出現する場合，きわめて悪性度の高い腫瘍が予想されます。奇怪な細胞とは，異常な核クロマチンパターンを持つもの，細胞の輪郭が円形，紡錘形，四角形からかけはなれて，尻尾を持つもの，小突起をいくつも持つもの，ミッキーマウスの頭のようにみえる多核巨細胞，非常に不整な形態の核を複数持つ大型細胞などです（図⓲）。

奇怪な形態の本質は，核の異常，あるいは細胞質の形成異常にほかならないものです。細胞分裂の異常で多核細胞ができ，分裂の不均等で大核と小核ができ（図⓳），さらに核小体の異常，核クロマチンの異常が，全体的な異常形態をつくります。また，きわめて高い細胞密度で，細胞が異常に凝集しているものも，腺癌などでよくみられる所見です（図⓴）。非上皮型の細胞は，本来多くはとれないのが正常所見であり，これも多数が密に凝集してみられれば，悪性所見と考えられます。

（4）核の悪性所見

ここまでの所見は「悪性を疑う」といったものでしたが，以下に述べる核の悪性所見（表❸）は他の所見に比べきわめて重要で，悪性腫瘍の細胞学的診断の基本をなすものです。

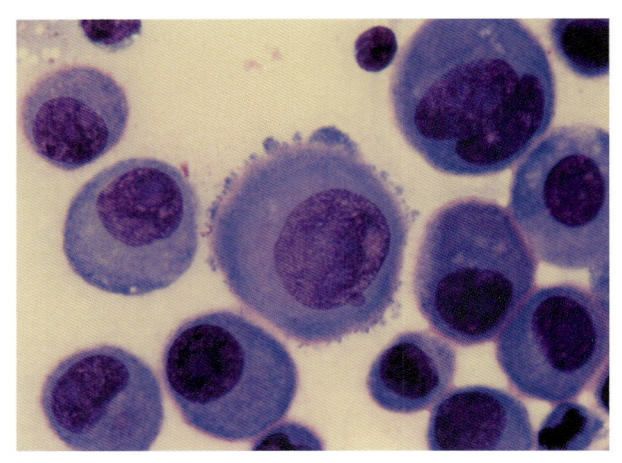

図㉑　核の悪性所見。核の大小不同

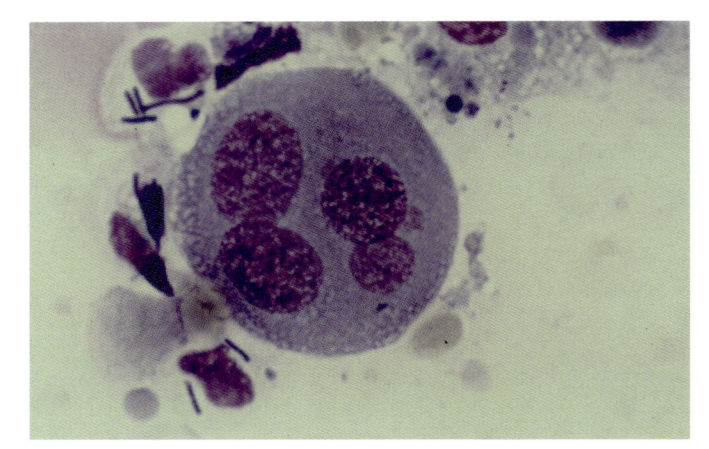

図㉒　核の悪性所見。大小不同の核を含む多核細胞

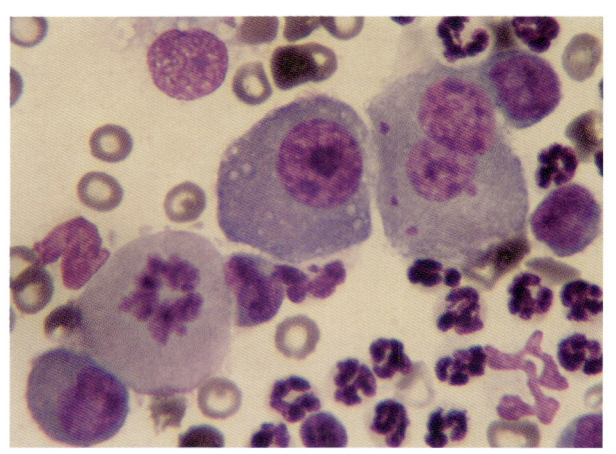

図㉓　核の悪性所見。核細胞質比のばらつき

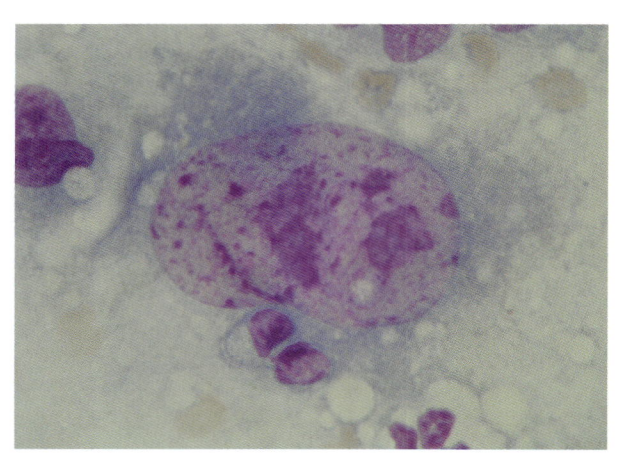

図㉔　核の悪性所見。大型の核小体

　悪性細胞における核の変化は，遺伝子あるいは染色体レベルにおける異常をおおまかに示すものと考えられます。しかしながら幼若化を示している過形成細胞においても，1～2個の悪性所見がみられたり，また単なる分裂の亢進が観察されることもあるので，ある細胞集団で悪性という診断が確定されるためには，通常は4～5個の悪性所見をもって悪性と判定しています。
　とくに，胸腔内，腹腔内の貯留液細胞診は，反応性中皮細胞と悪性中皮腫の鑑別を厳格に行うために，悪性所見5個をもって悪性と判定するのがよいでしょう。
　核の大小不同(図㉑)は，不均等分裂によって作られます。また，染色体が1，2本残って，それが核に戻った場合も微小な核が作られます。そしてその結果が，大小不同の核を含む多核細胞の出現です(図㉒)。
　核の大小不同がみられる場合は，核細胞質比のばらつき，すなわち細胞質の広いものと狭いものはよくみられます(図㉓)。核小体の異常は，悪性所見の中でも最も信頼性の高いものと考えられます。大型の核小体とは，赤血球直径以上のもの，すなわち6，7μmを超えるものをさします(図㉔)。
　異型核小体とは，正常の円形の核小体に対して，辺縁が不整なものをいいます。長円形や不整な切れ込みのあるものがよくみられます(図㉕)。過形成で分裂増殖の盛んな細胞の場合，核小体は小型のものが3，4個まではみられることがありますが，5個以上の核小体がみられた場合には悪性所見と判定されます(図㉖)。分裂像の存在自体は悪性像ではないのですが，分裂頻度の著しい増加は悪性所見とされます。
　たとえば油浸視野に複数の分裂像がみられるのは分裂頻度の増加と考えられます(図㉗)。核の大小不同など，細胞のばらつきを作る原因が異常な細胞分裂です。これには，多極分裂(通常は2分裂であるが3極，4極に分裂することもある)，染色体の粘稠度の変化を表すブリッジの形成(両極に分かれる際に糸を引いたようにみえ

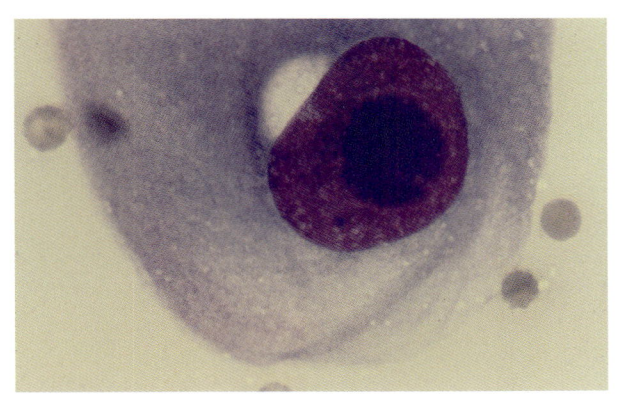

図㉕　核の悪性所見。異型核小体

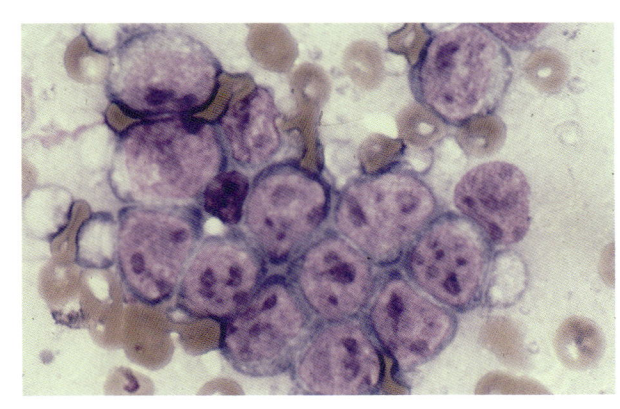

図㉖　核の悪性所見。複数（5個以上）の核小体

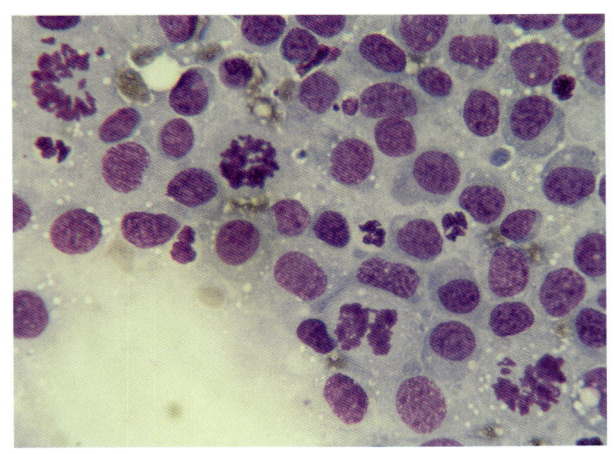

図㉗　核の悪性所見。分裂頻度の著しい増加

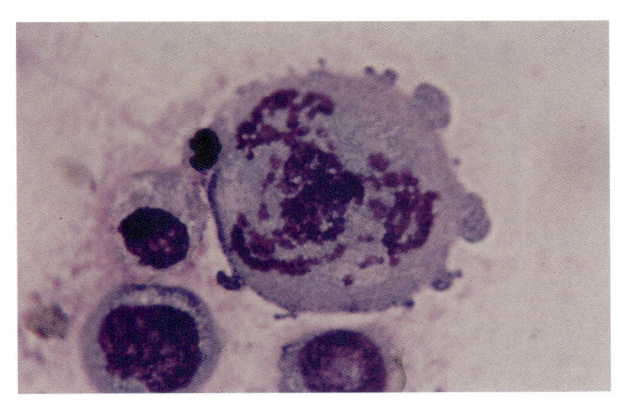

図㉘　核の悪性所見。異常分裂像

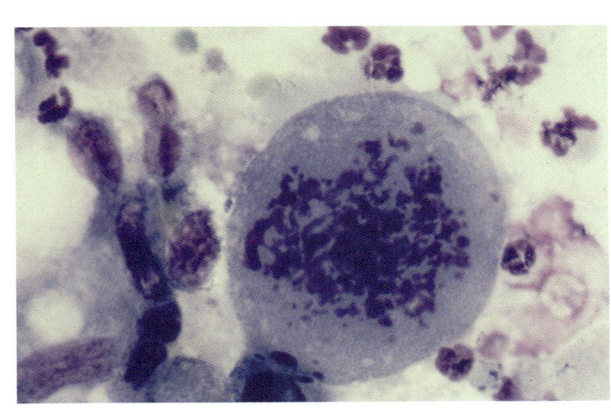

図㉙　核の悪性所見。染色体数異常

る），不均等分裂などがあります（図㉘）。体細胞（生殖細胞以外）は分裂の際に染色体数を倍にして，分裂後にはもとの染色体数となりますが，細胞分裂の異常で分裂期にあった核が分裂することなく休止期の核に戻れば，その核は倍数体となります。また核分裂後に細胞質分裂が伴わなければ，2核の細胞となります。このようにして，倍数体の核や多核細胞がつくられます。したがって，異常な染色体数を伴う分裂像も悪性所見のひとつとされます（図㉙）。

　核膜の不整所見とは，円形でも長円形でも本来スムーズであるはずの核の辺縁が，異常な出っ張りや切れ込みを示す場合をいいます（図㉚）。核クロマチン結節の異常とは，核の中にみえる網目の異常です。何をもって異常とするかは，その細胞の正常形態から離れた異常ですが，由来の分からない細胞の場合には，何が正常であるのか分からないのです。その場合には，どんな組織の細胞でもみられないような奇怪な網目構造，異常なクロマチン結節の形成などを悪性の基準とすればよいでしょう（図㉛）。

　通常は，これらの悪性所見が5つ以上観察されれば悪性と判定します。しかしながら，これらの悪性所見を5つ満たすことなく，事

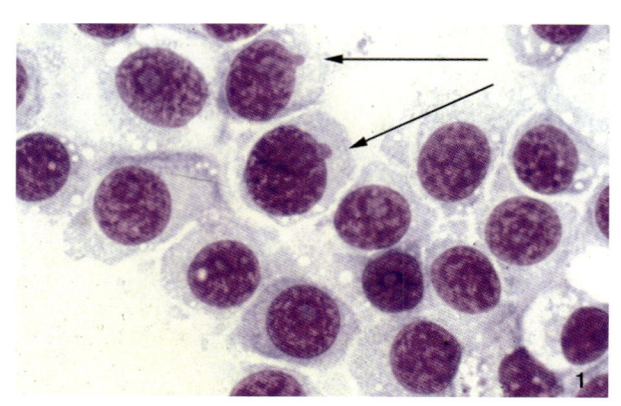

図㉚　核の悪性所見。核膜の不整

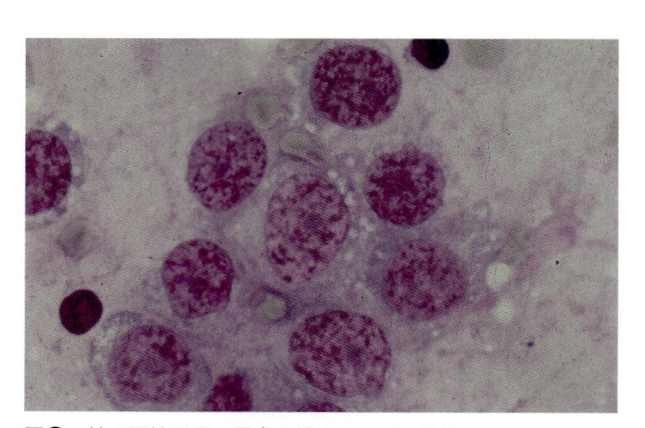

図㉛　核の悪性所見。異常な核クロマチン結節

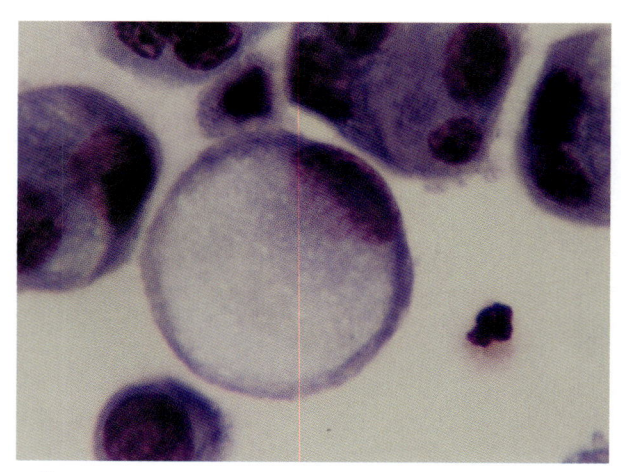

図㉜　細胞質所見。印環細胞。分泌腺上皮の腺癌

実上悪性である腫瘍も存在します。したがって，5つの所見を満たしたものは，まずもって悪性と判定しますが，所見を満たしていなくても悪性腫瘍と判定される場合があることを覚えておいてください。5つの悪性所見を満たさなくても悪性と判定できる腫瘍として，犬の肥満細胞腫（多数の出現自体が悪性所見であるし，顆粒のために核の詳細はみえにくい），リンパ腫（芽球比率＞30％で診断可能），一部の乳腺癌などがあります。

（5）細胞質の異常

細胞質の異常は悪性の第一の基準になりうるものではありません。したがって悪性の判定は主にこれまでにあげた基準，とくに核の所見によって行うべきです。しかしながら，核の悪性所見を持った細胞にしばしばみられる細胞質所見というものは存在するので，悪性の判定に補助的に使用することは可能です。

細胞質所見としては，好塩基性の細胞質，空胞形成，特殊な顆粒などがありますが，ときには細胞の由来の特定に有用となります。分泌腺上皮では細胞質に分泌物をため込んだ印環細胞（図㉜），黒

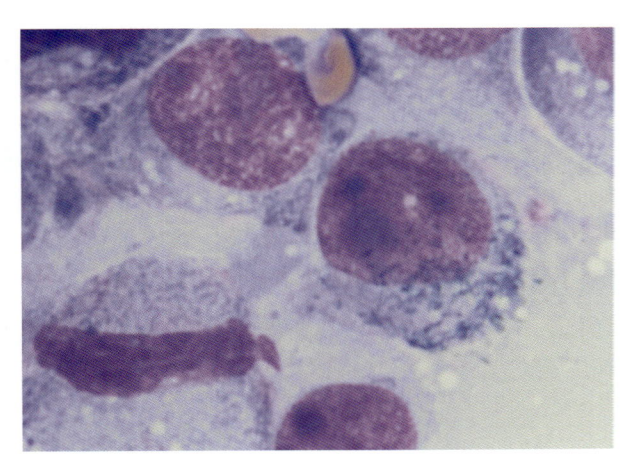

図㉝ 細胞質所見。メラニン産生細胞の腫瘍

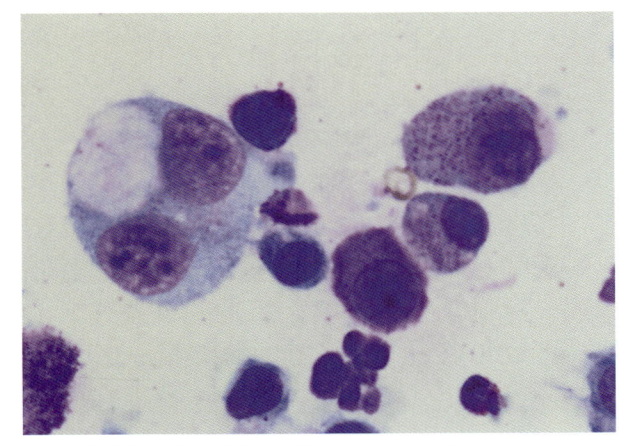

図㉞ 細胞質所見。肥満細胞腫のアズール好性顆粒

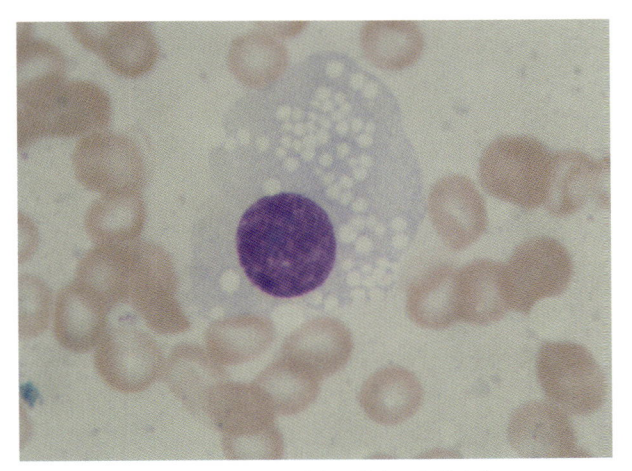

図㉟ 細胞質所見。内分泌腺腫瘍に特有の脂肪空胞

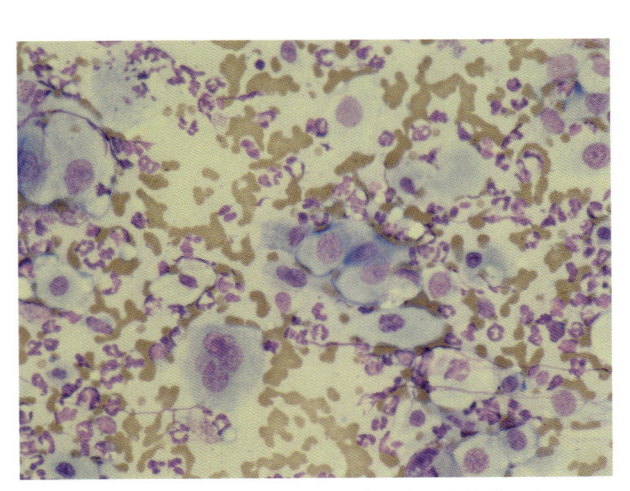

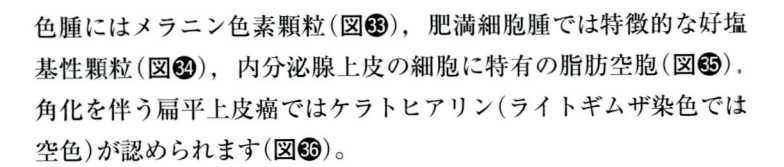

図㊱ 細胞質所見。扁平上皮癌に特有の広い細胞質とケラトヒアリンの空色

色腫にはメラニン色素顆粒(図㉝)、肥満細胞腫では特徴的な好塩基性顆粒(図㉞)、内分泌腺上皮の細胞に特有の脂肪空胞(図㉟)、角化を伴う扁平上皮癌ではケラトヒアリン(ライトギムザ染色では空色)が認められます(図㊱)。

石田卓夫(赤坂動物病院,医療ディレクター)

手技のコツ・ポイント

・正しい塗抹の作り方,正しい染色が必須です
・顕微鏡の使い方にも慣れておく必要があります
・看護士は診断まで行う必要はありません
・異常所見はいつでも獣医師に報告しましょう

No 09 定期健康診断と術前検査
－動物看護士が主体となって運営する「わんにゃんドック」の実施経験から－

アドバイス

　動物病院の仕事の内容や動物看護士の役割は，近年大きく変化しつつあります。これまでの動物病院の仕事は，病気の治療と予防注射が主要な業務でしたが，多くの動物の家族は，健康に関わる多様なサービスと，より質の高い医療を望む傾向にあります。そのような要望に応えるために，獣医師と獣医師以外の病院スタッフが力を合わせて業務を遂行することが必要になってきました。

　評判のよい動物病院には必ず優秀な「獣医師以外のスタッフ」（受付・動物看護士・トレーナーなど）がいて，そうでない動物病院と二極化する傾向にあります。

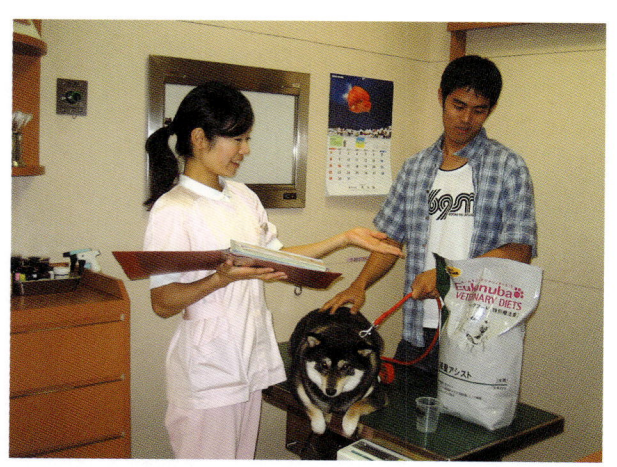

図❶　定期健康診断で肥満のお友達にダイエットの指導を行います。動物看護士の大切な仕事です（ウェルネスの代表例1）

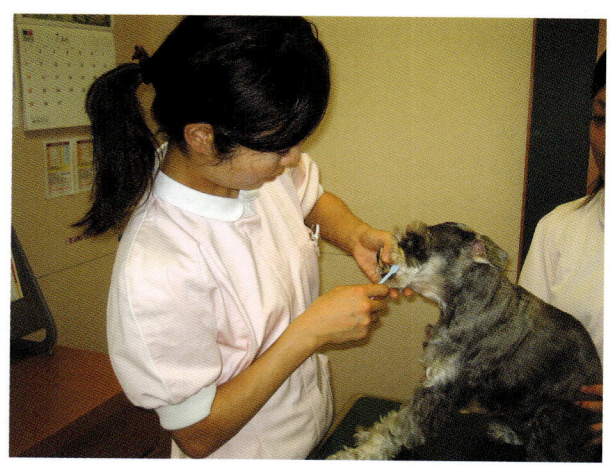

図❷　定期健康診断時に歯磨き法の指導をします。これも動物看護士の大切な仕事の一つです（ウェルネスの代表例2）

手技の手順

1．はじめに

　動物病院の使命として，質の高い獣医療を提供することは当たり前で，さらに様々な顧客サービスとして，定期健康診断，しつけ教室，リハビリテーション（整形外科手術後など），入院動物の手厚い看護体制などが要求され，これらを実践するためには動物看護士および獣医師以外のスタッフの協力が不可欠です。

　中でも，動物看護士が主役となって実践することが望ましい仕事が「定期健康診断」です。定期健康診断あるいは「わんにゃんドック」を病院の業務の一環として始めると，今まで脇役だった動物看護士が，多くの伴侶動物の健康管理に直接貢献していることを実感し，益々勤労意欲が増し，動物病院の発展にもつながります。

　定期健康診断を含めた健康の維持を目的とした様々な考え方・サービスを「ウェルネス」という言葉で表現します。ウェルネスとは「真の病気」以外の歯科疾患，寄生虫疾患，遺伝性疾患，肥満，生殖器疾患などを，日常健康管理・予防医療などによって可能な限り最適な健康状態に維持するための概念です。たとえば不妊・去勢手術は伴侶動物のウェルネスにおいて絶対必要な要素ですが，必ず全身麻酔処置が必要となります（図❶）。

　ウェルネスの概念が普及すると，真の病気ではなく健康な動物に，歯石除去や不妊・去勢手術などのために全身麻酔・外科処置を実施する機会が増加します。われわれ獣医師は，動物の家族にこのような処置を奨励すると同時に，全身麻酔や外科処置の安全性を強く保障しなければなりません。

　簡単な身体検査だけで麻酔や外科処置の安全性を保障することはできませんが，適切な術前検査を実施することで，100％絶対とは言えないまでも，ほぼ安全であることを動物の家族に説明し，麻酔または外科処置が必要なウェルネスケアーを実施することが可能となるのです。

　術前検査は，日常「健康診断・わんにゃんドック」のシステムを

理解し実行している動物看護士であれば簡単に実施することができます。つまり，定期健康診断の一部を実行するだけでよいのですから。

2．なぜ定期健康診断が必要か？

ウェルネスの概念を持って伴侶動物が健康で長生きできるように，動物病院が様々な健康管理を行うことが今後の獣医療の柱になることは間違いありません。大切な伴侶動物が末永く健康でいられるためには，微妙な体調の変化をキャッチして早期発見・早期治療を心がけるとともに，オーダーメイドの健康管理プログラム（品種特異性の疾患などに注目した）を動物の家族に提案する必要があります。たとえば，シーズーやキャバリアの健康診断では，心臓疾患・アトピー性皮膚炎，外耳炎などが多発しますので，これらの項目に注意を払い，早期発見・早期治療・維持管理を心がけます。僧帽弁閉鎖不全症は早期発見することにより，ACE阻害薬などの適切な進行予防を行うことが可能になります。

動物病院での日常の診療では，目前の病気に集中してしまい，長期の視点に立った健康管理をすることは現実的に不可能です。したがって，十分な時間を取って全身を丁寧に検査することができる定期健康診断を行うことが大切なのです。

すでに，定期健康診断を始めている動物病院も多いと思いますが，ここでは新たに定期健康診断システムをこれから本気で始めることを前提に導入方法も含めて解説します。

3．定期健康診断実施の準備

（1）動物の家族への啓発

定期健康診断およびウェルネスの重要性を動物病院のスタッフ全員が日常業務の中で常に意識しながら，動物の家族との会話の中で奨励・強調することが大切です。病気が進行した状態で治療を行うより，定期健康診断で早期診断・早期治療することで，病気が完治する確率が格段に向上し，しかもはるかに治療費が安くなることをアピールしてください。

たとえば歯周病をコントロールして健康な歯が維持できている伴侶動物の平均寿命はおよそ2年長いことなど，統計学上の実例を交えて話をすることも効果的です（図❷）。

・早期治療は治療コストが安い
・早期治療は完治の確率が高い
・歯が健康だと平均寿命がおよそ2年延びる……などのウェルネス情報を折にふれて動物の家族に情報提供する（健康診断では必ず歯のチェックをします）
・品種特異性疾患，遺伝性疾患の予言をして，早期進行予防（柴犬のアトピー，キャバリアの心臓疾患，M.ダックスの椎間板疾患な

図❸a　わんにゃんドックパンフレット見本，マイクロソフト・パブリッシャーで冊子印刷（A4用紙2分割，両面印刷）

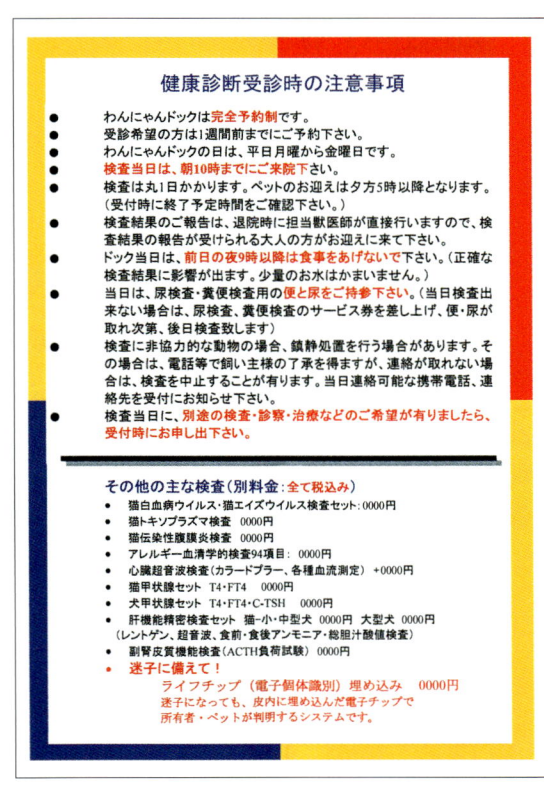

図❸b

図❸ c

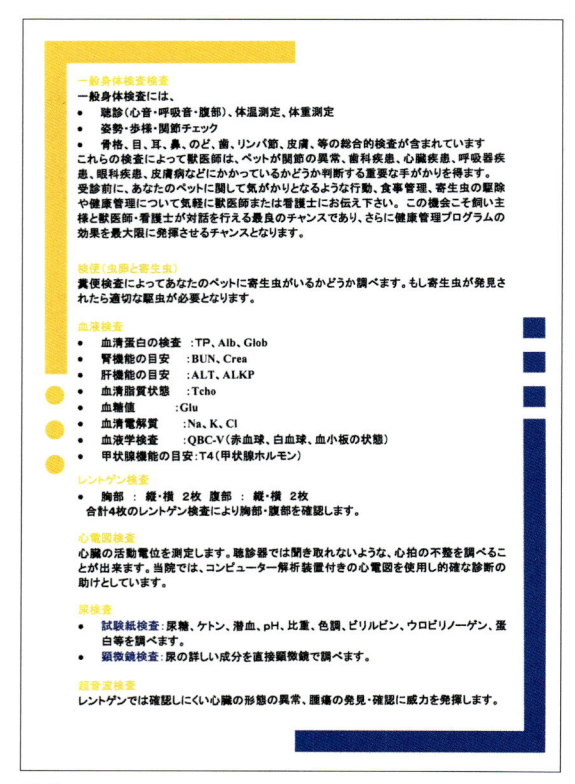

図❸ d

ど)
・年齢別で注目すべき疾患の予言(犬の僧帽弁疾患,猫の甲状腺機能亢進症)

(2) パンフレット作り(図❸ a,b,c,d)

　健康診断システム導入に当たってまず始めなければならない仕事は健康診断用のパンフレット作りです。パンフレットには,定期健康診断の必要性,検査項目とその意義,年齢別の検査コース内容の決定とコース別の料金設定など,定期健康診断システムを始める上で必要な全ての要素が網羅されます。

　当院のパンフレットを参照して,まずは自分の病院の規模・設備・人員に見合った定期健康診断のシステムとパンフレット作りを始めてください。私の病院のパンフレットの内容の80％以上は動物看護士達が相談をしながら原案を作りました。

　パンフレットは,定期的に内容を更新する必要がありますので,印刷業者に依頼するより,院内でパソコンとカラー・レーザープリンターを活用して作ることをお勧めします。マイクロソフトのパブリッシャーというソフトを利用し,A4版を半分に折りA5の大きさの冊子として両面印刷を利用して完成させると,非常に体裁のよいパンフレットが出来上がります。

　印刷物の在庫は意外に場所をとりますが,この方法なら必要部数を必要なだけ印刷すれば済みますので,小規模の動物病院には好都合です。両面冊子印刷を利用し,縦に留めることができる特殊なホッチキスを使用すると,ページ数の多い冊子も作ることができます。

・パンフレット作りは動物看護士が主導して始めます
・受付の目立つ場所に定期健康診断のパンフレットを置きます(図❹)
・診察室にもパンフレット(直接説明して手渡すことが重要)を置きます
・待合室に啓発用のポスター貼ります
・パソコンを活用します(印刷コスト削減,タイムリーな印刷物)
・パンフレットはカラーで印刷します
・院内パブリッシングは在庫スペースを節約し,常に最新情報を盛り込みます
・インターネット(メールマガジン,ホームページ)を活用します
・待合室で思わず手にしたくなる「わんにゃんドッグアルバム集」を置きます(図❺,❻)

(3) 割引制度のご案内

　定期健康診断は日常診療時の検査とは異なり,一括して健康な動物に実施するものですから,当然コストも人件費も普段の診療時より抑えることが可能です。この分は,総合的に料金を割り引きし

ても，病院経営に負担はかけません。当院では，日常診療料金から20〜30％引きの料金を目安にセット料金を設定しています。定期健康診断の途中で追加検査が必要な場合もしばしばありますので，オプション料金も明確にしておきます。料金設定では必ず，数ランクのバリエーションを用意します。また，献血動物・美容会員のポイントサービスとして，感謝をこめて健康診断をプレゼントすることもしています。

・日常診療時より低コストを強調します（20〜30％引き）
・セット料金はかならずA・B・Cコースなどのバリエーションを作ります（図❸d）
・オプション検査の規定を明確にします
・献血提供者，患者紹介者などへのサービスの一環として行います
・美容会員へのポイントサービスを行います

（4）DM（ダイレクトメール）の実施

一般にDMとは広告という概念の郵便物ですが，動物病院のDMは案内はがき，案内状という概念が適切だと思われます。広告とは不特定多数に宣伝することですが，案内とは特定のカテゴリーの顧客に適切な情報提供（インフォメーション）を行うことです。動物病院の受付用のパソコンソフトウエアはこの対象者の選択・検索に関して最強のツールとなります。是非，この検索システムを活用して，適切な情報・案内を提供してください。

定期健康診断のDMの対象は以下のような基準に従って，定期的に発送することをお勧めします。

・1歳時検診
・お誕生日検診
・フィラリア症検査時の同時サービス料金
・ワクチンDM時に同時に啓発します
・売上の高い顧客，来院頻度の高い顧客などをパソコンで検索して働きかけます

（5）完全予約制がポイント

定期健康診断は，完全予約制で行います。ほぼ1〜2名の動物看護士が数時間かけて実施するので，以下のような基準を設けて，時間的に余裕が取れる時期に予約を受け付けるようにしないと，日常の診療に影響が出ます。緊急性のある仕事ではなく，丁寧に実施すべき仕事ですから。また，ウイークデーの比較的暇な曜日や，仕事が比較的暇な季節にこのような新規の仕事が増えることで，売り上げに貢献し，さらに年間の売り上げが平均化することになります。

・仕事が混まないウィークデー（土曜を避ける）

図❹　待合室の受付に院内作成のパンフレットを置きます

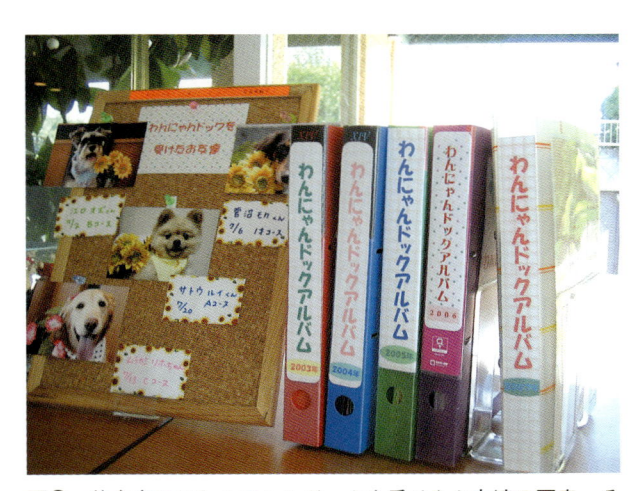

図❺　待合室にはわんにゃんドックを受けたお友達の写真，その脇には過去のアルバム集を置いておきます

図❻　過去のわんにゃんドックのアルバム集

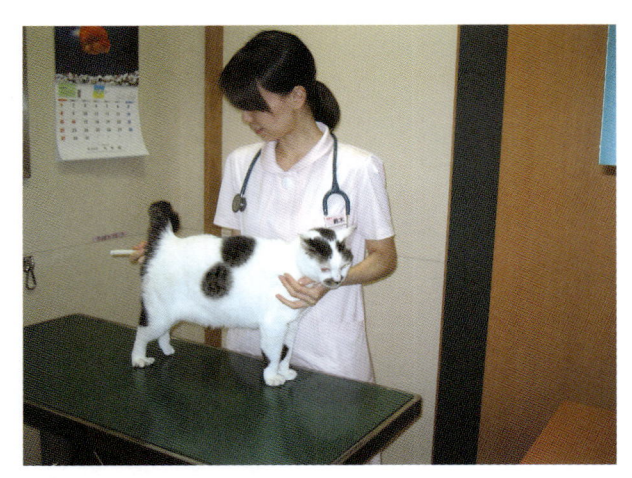

図❼　体温測定

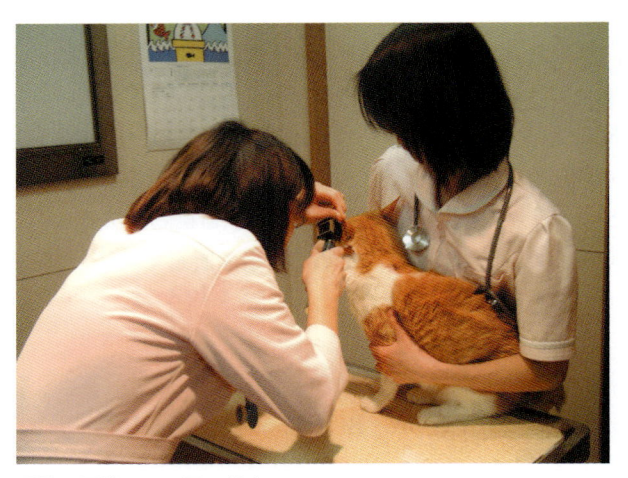

図❽　耳鏡による耳の検査

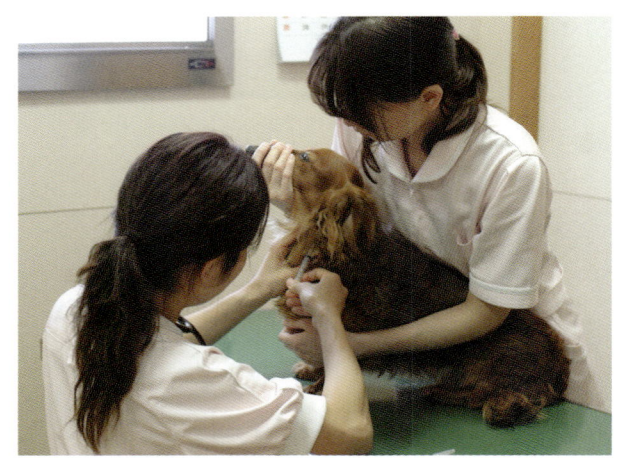

図❾　採血風景

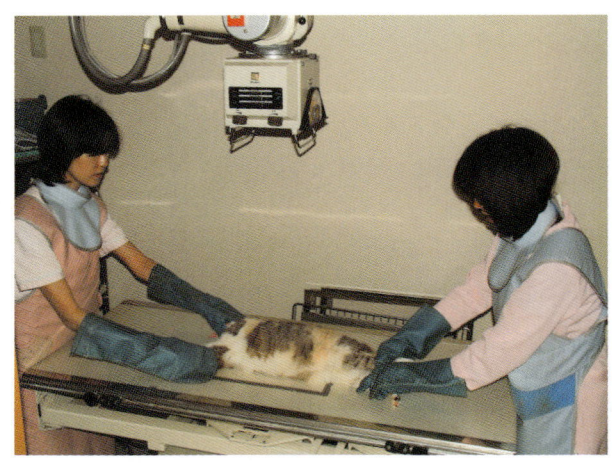

図❿　X線検査

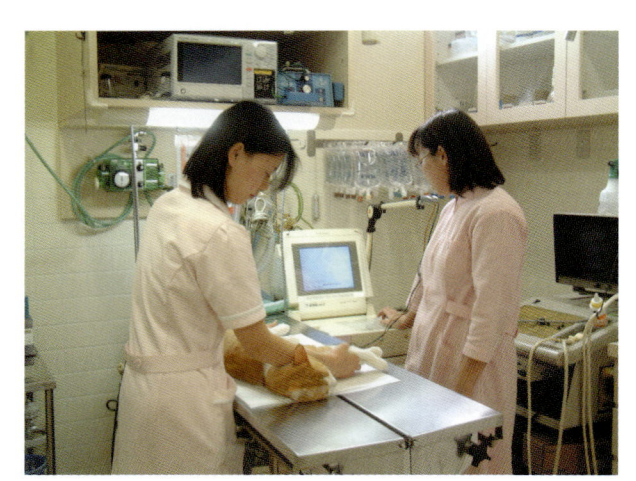

図⓫　心電図検査

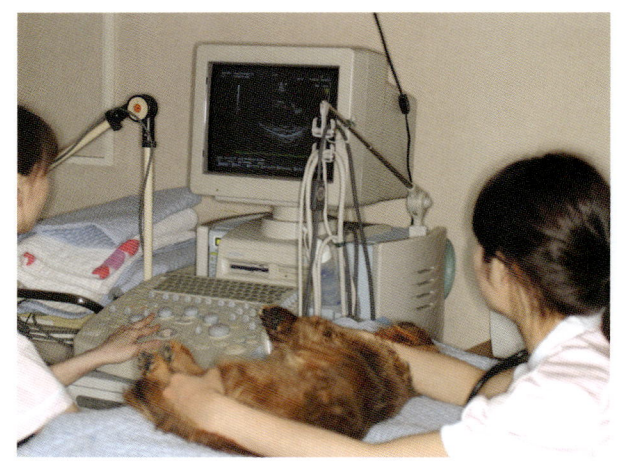

図⓬　超音波検査

・1～3月の病院が暇なとき
・動物病院が暇な季節の売上に貢献
・人件費の節約と年間売上の安定化

(6) 動物看護士の仕事

定期健康診断は，ほぼ90％の仕事を動物看護士が行うようにしてください。

動物看護士が健康診断を自主的に始めると，基本的な身体検査，血液検査，レントゲン検査，心電図検査，さらには超音波検査まで日常的に訓練されるようになり（つまり，身体検査や血液検査，糞便検査のトレーニングにも役立つ），病院運営にとってますますプラスになるはずです。また，動物看護士の仕事への自覚・自立性が確立されて，勤務意欲も向上します。すべての検査は獣医師が確認します。

(7) 検査の手順

定期健康診断で最も基本となる検査が，身体検査です。全身を丁寧に検査していきます。この手順は，身体検査用のシート（または専用カルテ）を必ず利用してください。各部分の検査が終了するたびにチェックする事で，検査漏れを最小限にすることができます。

・完全な身体検査（図❼，❽）
・血液検査（CBC・血液化学検査）（図❾）
・X線検査（図❿）
・心電図検査（図⓫）
・その他（腹部超音波検査，胸部超音波検査，ホルモン等特殊検査）（図⓬）
・検査当日の朝は絶食ですので，「お弁当」を持参して頂き，採血・レントゲンなど絶食が必要な検査が終了したら，食事をあげてください

(8) 報告書

検査結果の報告・説明は，定期健康診断の最も大切な仕事です。これらの説明は獣医師が必ず行ってください（図⓭，⓮）。検査当日のお迎えのときに全ての説明を行う方法と，別の日にじっくり説明する方法があります。各動物病院の状況に合わせてどちらか決めてください。当日に結果が判明すると，動物の家族は時間の節約ができて喜びますが，獣医師はその前に動物看護士と打ち合わせを十分する時間が必要です。

多くの場合，歯石除去，不妊・去勢手術の必要性，腫瘍・イボなどのどれかが見つかります。結果報告のときにそれらを説明し，その場で手術等の予約が完了します。当然術前検査はこの定期健康診断で済んでいますから，非常にスムーズに，麻酔処置が必要なウ

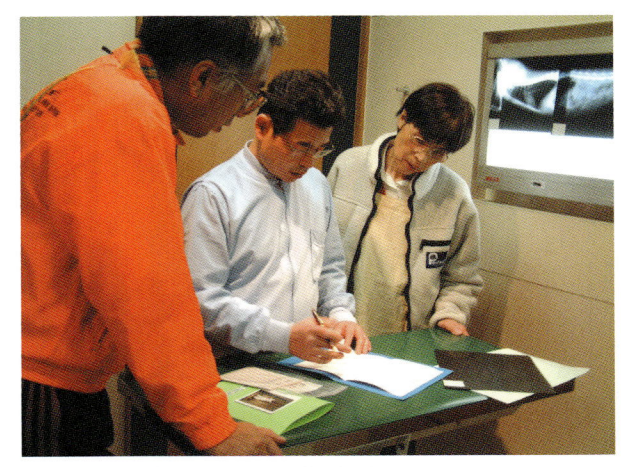

図⓭　最終検査結果の説明は獣医師がする

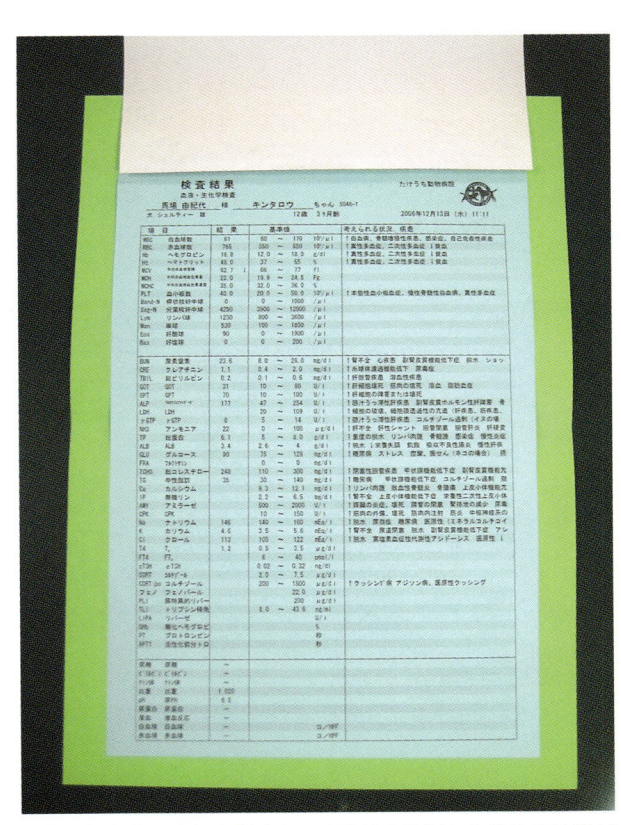

図⓮　報告書の表紙を開くと，血液検査結果と身体検査結果がファイルされ，上の白い紙は健康診断書です（図⓲に拡大表示されています）

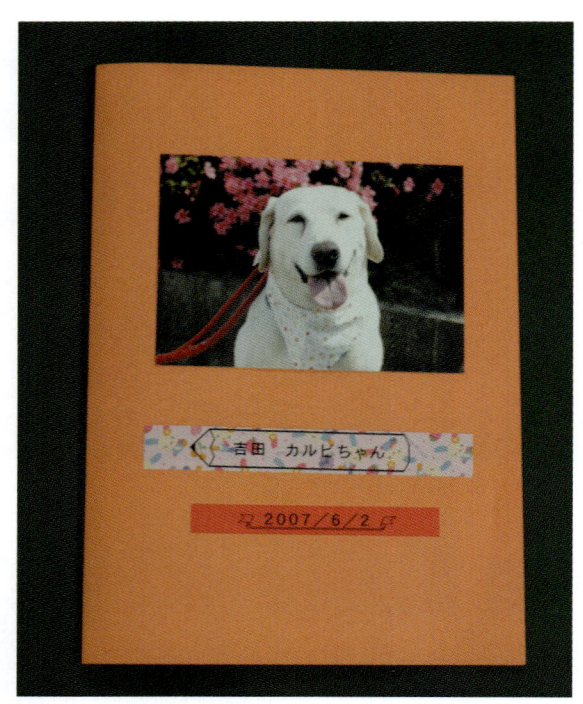

図⓯ 検査結果報告書の表紙，記念撮影写真を表紙に貼ると喜ばれます

図⓰ わんにゃんドックで撮影したステキな家族の写真です

図⓱ クリスマスシーズンにはそれにふさわしい装いで，わんにゃんドック記念撮影をおこないます

ェルネスプランの実施が可能になります。

・形としてみえる物を渡します(綺麗な報告書を作る)(図⓯，⓲)
・記念撮影をして次回の健康診断にお誘いします(図⓰，⓱)
・最終診断と説明は必ず獣医師が行います
・病気が見つかったら，早期の適切な治療開始を伝えます(図⓳)

(9) 術前検査

　術前検査に関しての概念は(図⓳)を参考にしてください。定期健康診断を理解できれば，何も問題はありません。ただし，コストを最小限に抑えるため，血液検査は6項目(図⓳)に限定することが一般的ですが，高齢動物，ハイリスク動物の場合は，検査項目を適宜増やしてください。

　血液学検査のCBC(完全血球計算)とは，いわゆる血球計算機で白血球数，赤血球数，ヘモグロビン，血球容積，血小板などを数的にカウントするだけでなく，白血球の分類，血球・血小板の形態を顕微鏡で目視して評価する事を指します。CBCは動物看護士ができることが理想ですので，ぜひ挑戦してください。

(10) まとめ

　当院では，毎朝朝礼を行っています。これは，業務開始15分前の8時45分から9時までに手際よく実施されます。司会は全員が順番で行い，受付，動物看護士，勤務獣医師の区別はありません。当日の予定の確認をまず行います。手術，「わんにゃんドック」の予定，送迎，往診，美容などの確認で始まり，外来治療助手，入院治療担当者，入院動物の世話担当者の確認をします。また，本日退院予定動物の確認，入院動物の状況確認もします。

　動物病院の全ての業務が「獣医師以外のスタッフ」と獣医師の共同作業で進めるためには，スタッフ全員が当日の状況を把握しておく必要があるためです。

　今回ご紹介した「定期健康診断／わんにゃんドック」の内容で特に留意して頂きたい点は，健康診断の実施は動物看護士が主体で，院長や勤務獣医師の仕事をできるだけ増やさないことです。院長や獣医師の仕事を増やさずに，売上の向上と病院イメージの向上が計れることが分かると，ますます院長は動物看護士の重要性を理解し，健康診断業務に協力してくれるようになるでしょう。

竹内和義（たけうち動物病院）

健康診断書　　19年　6月　4日

オーナー名：竹内様　　ペット名：クリスくん　　年齢：9歳　7ヶ月　　体重：5.20kg　　体温：38.3℃

全身状態	正常 / ~~異常~~	栄養状態 正・⊖　　歩様 ⊖・異　　姿勢 ⊖・異 その他　やや肥満気味
皮膚	正常 / ~~異常~~	毛の状態 正・⊖　　爪の状態 ⊖・異　　皮膚の状態 正・⊖ 外部寄生虫 ⊖・異　　　　　　その他　毛の脱毛
筋・骨格	⊙正常 / 異常	頭部の位置 ⊖・異　　跛行 ⊖・異　　関節 ⊖・異 その他
循環器	正常 / ~~異常~~	脈拍 ⊖・異　84 回/min　　聴診 正・⊖　わずかな心雑音　グレード 1/6〜2/6
呼吸器	⊙正常 / 異常	鼻腔 ⊖・異　　呼吸聴診 ⊖・異　60 回/min その他
消化器	⊙正常 / 異常	口腔内 ⊖・異　　聴診（腸ぜん動音） ⊖・異 肛門の状態 ⊖・異　　肛門線 ⊖・異
泌尿生殖器	⊙正常 / 異常	精巣部の状態 正・異　　その他　去勢手術済み
眼	正常 / ~~異常~~	角膜 ⊖・異　　結膜 ⊖・異　　眼瞼 ⊖・異 瞳孔 ⊖・異　　その他　白内障初期
耳	正常 / ~~異常~~	耳介 正・⊖　　耳道 正・⊖　　感染、ダニ ⊖・異 その他　耳介に皮膚炎あり
口腔・歯	正常 / ~~異常~~	歯 ⊖・異　　歯石 正・⊖　上顎重度　歯肉炎 正・⊖　中等度 口臭 正・⊖　その他　　　　　　下顎奥歯重度
リンパ節	⊙正常 / 異常	下顎リンパ ⊖・異　　浅頚リンパ ⊖・異　　腋窩リンパ ⊖・異 鼠径リンパ ⊖・異　　膝窩リンパ ⊖・異
検便・虫卵		直接法：＋（　　　　）・⊖　　浮遊法：＋（　　　　）・⊖
尿検査 （穿刺）		<尿検査データ> ウロビリ：−　　潜血：−　　ビリルビン：−　　ケトン：− ブドウ糖：−　　タンパク：−　　PHメーター：7.0　　PH：7.5 比重：オーバー　色：黄色 <沈渣> 移行上皮細胞：0〜1]/HPF　　　　白血球：1〜2]/HPF 扁平上皮細胞：稀　　　　　　　赤血球：稀 細菌：−　　結晶：−　　脂肪滴：＋
コメント		◎クリスくんは肥満気味です。肥満は足腰に負担をかけるので十分注意しましょう。 ◎心臓にわずかな雑音がありました。 ◎白内障が始まっています。進行を遅らせる点眼を始めましょう。また暗いところでは見えずらくなるので、お散歩は明るいうちに済ませましょう。 ◎お耳の奥に汚れがありました。本日はお掃除済みです。 ◎重度の歯石の付着と、歯肉炎がありました。一度、麻酔をかけての歯石除去をしてお口の中をきれいにしてみてはいかがでしょうか？ ◎毛の脱毛が見られました。また、耳介に皮膚炎がありました。詳しくは院長よりお話があります。 ◎血液検査では甲状腺の機能を示す値が低めでした。詳しくは院長よりお話があります。

図⓲　健康診断書例

定期健康診断と術前検査

麻酔・手術前スクリーニング検査同意書

ウェルネス動物病院
院長・獣医師：竹内　和義

　当院では，麻酔・手術を安全に実施するために最低限下記の血液検査を必ず実施致します。多くの麻酔薬は肝臓および腎臓から体外に排泄されます。したがって，これらの臓器が健康であることを事前に確認しておく必要があります。また血球数（赤血球・白血球・血小板など）が正常範囲内にあることは体の組織が正常に機能・治癒するためには不可欠ですので，検査します。

（検査項目）
1. CBC（完全血球計算）：白血球数，赤血球数，ヘモグロビン，血球容積，血小板などの数と形態
2. GPT：肝臓の障害の程度の指標
3. ALKP（アルカリフォスファターゼ）：肝胆道系，骨，副腎の異常で上昇
4. TP（血清総蛋白）とAlb（血清アルブミン）：血清蛋白のバランスと肝臓機能の指標
5. BUNとCre（血清尿素窒素とクレアチニン）：腎機能の指標
6. Glu（血糖値）：血糖値は糖尿病などで上昇します。

これらの項目の検査費用は　　○,○○○円　　です

もし，上記の検査項目の中で異常が発見された場合は，下記に列挙した対処法の中から適宜選択して頂きます。
1. 後日に麻酔・手術処置を延期する
2. 原因を究明するために，追加検査を実施する
3. 麻酔・手術を敢行するが，麻酔薬や手術・処置法を変更する

　これら全ての検査が正常でも，麻酔による有害反応を完全に否定することはできませんが，あなたのペットは健康状態に問題なく，麻酔・手術に対しての危険性が低いことを意味します。血液検査項目や麻酔に関してさらに詳しくお知りになりたい場合は気軽にご相談ください。当院の獣医師およびスタッフはそのようなご質問に喜んで対応させて頂きます。

血液検査承諾のご署名：＿＿＿＿＿＿＿＿＿＿＿＿＿＿＿＿＿＿印＿＿＿

本日連絡可能な電話番号：＿＿＿＿＿＿（　　　）＿＿＿＿＿＿＿

　　　ＦＡＸ番号：＿＿＿＿＿＿（　　　）＿＿＿＿＿＿＿

検査に同意されない場合はこちらにご署名ください：＿＿＿＿＿＿＿＿＿＿＿＿＿

注）どのような麻酔でも，重大な危険が発生する可能性はあります。当院では，より安全に麻酔を実施するために多くの情報・知識を収集・準備しております。

　当院では最新鋭の院内検査機器を設備していますので，血液検査結果は30分程度で迅速に判明します。もしその場で検査結果をお知りになりたい場合はお申し付けください。その他の場合は，検査結果に異常がある場合のみ当院よりご連絡差し上げますので，予約・予定通り手術・入院当日に朝食を絶食して，午前10時までにご来院ください。

図⓳　麻酔・手術前スクリーニング検査同意書例

好評発売中

カラーアトラス
エキゾチックアニマル
哺乳類編

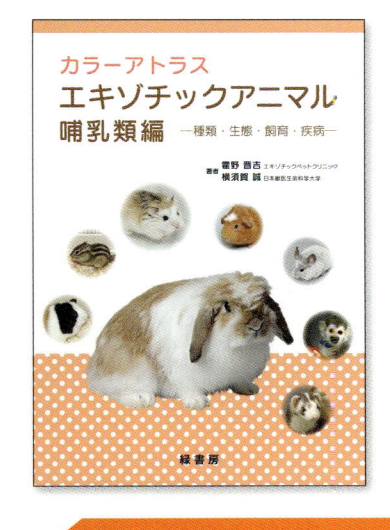

著者
霍野 晋吉 エキゾチックペットクリニック
横須賀 誠 日本獣医生命科学大学

B5判　384頁　オールカラー
定価：本体4,800円（税別）
ISBN978-4-89531-131-1

代表的なエキゾチックアニマル（哺乳類）を網羅した動物病院必備のカラーアトラス大百科！

エキゾチックアニマル（哺乳類）について体系的に学ぶことができる、画期的なカラーアトラス。各動物の種類から生態、特徴、飼育情報、検査や代表的な疾病まで、豊富な写真・図表とともに徹底解説。小動物獣医師、動物看護師がエキゾチックアニマルについて学ぶための入門書としての活用はもちろん、飼い主への飼育アドバイスやインフォームド・コンセントなど、動物病院現場で役立つ実用的な情報が満載！

INDEX

- マウス Mouse
- ラット Rat
- シマリス Chipmunk
- プレーリードッグ Prairie dog
- ジリス Ground squirrel
- モルモット Guinea pig
- **ハムスター Hamster**
- チンチラ Chinchilla
- ウサギ Rabbit
- ハリネズミ Hedgehog
- フクロモモンガ Sugar glider
- フェレット Ferret
- 小型サル Monkey

本書の構成
- 分類・生態・寿命
- 種類・品種
- 特徴
- 飼育・ケア
- 検査・投薬／疾病

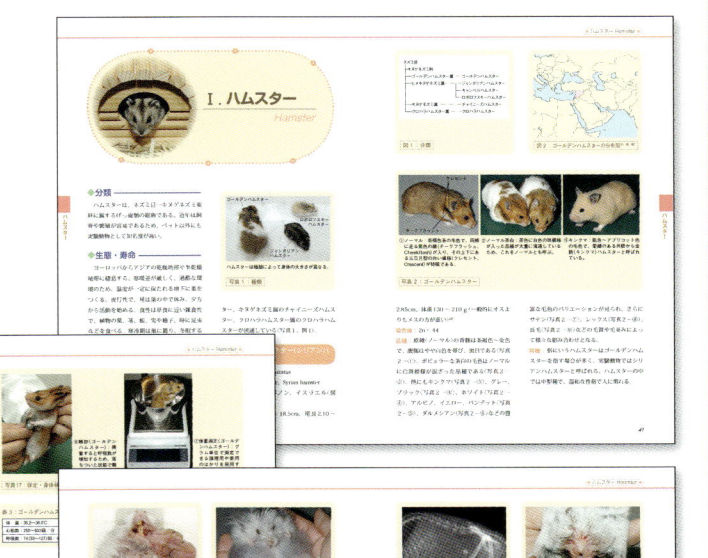

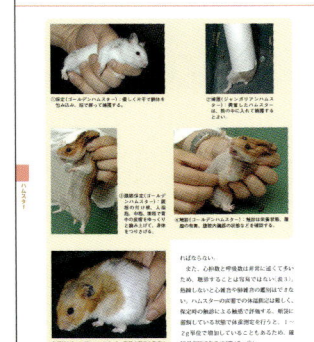

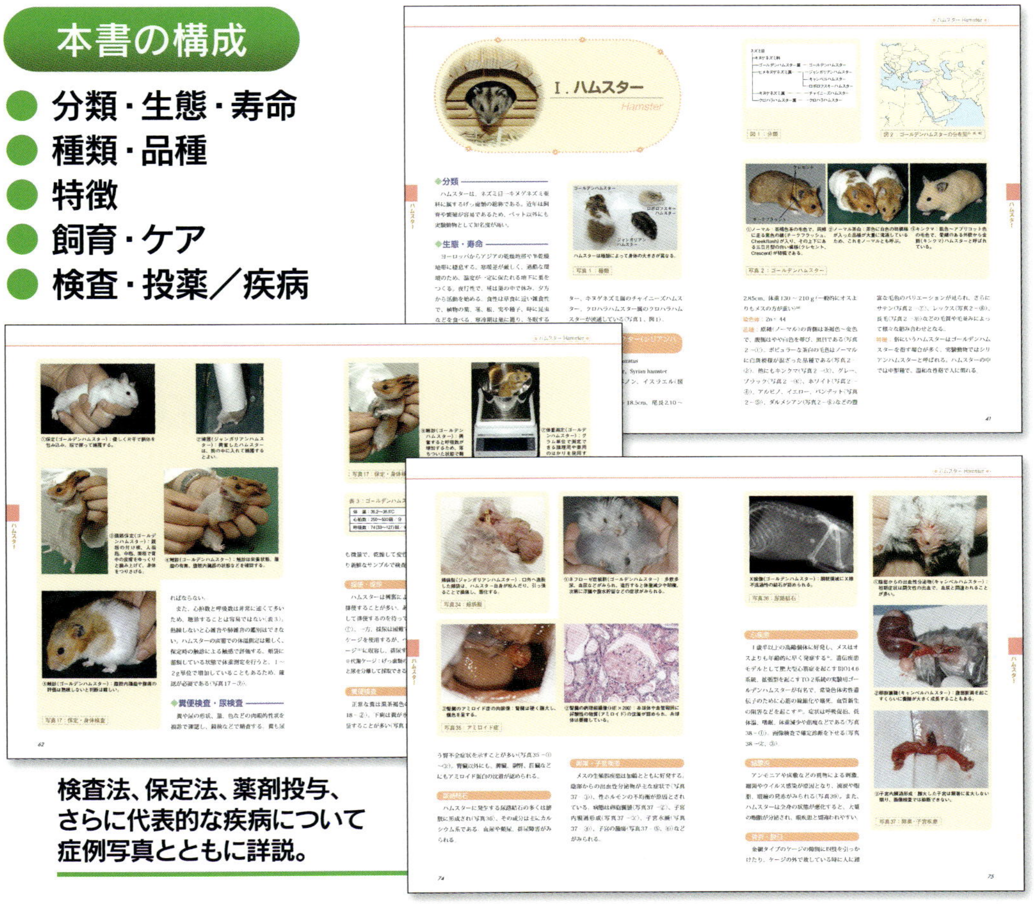

検査法、保定法、薬剤投与、さらに代表的な疾病について症例写真とともに詳説。

- 約400ページにおよぶ圧倒的な情報量
- 1,400点超の豊富なカラー写真・図表を収録
- エキゾチックアニマル専門家による詳細な解説

株式会社 緑書房　Midori Shobo Co.,Ltd

〒103-0004　東京都中央区東日本橋2-8-3　東日本橋グリーンビル
販売部　TEL.03-6833-0560　FAX.03-6833-0566
webショップ　http://www.pet-honpo.com

No.10 検査センターへの検体の出し方

> **アドバイス**
>
> 　臨床検査をすべて院内で行うことはできません。したがって，外部の臨床検査を専門に行っている会社（検査センター）に検査を依頼することになります。これを通常「検査を外注する」または，「外注検査」といいます。外注検査を依頼する方法は大きく 2 通りあります。ひとつは検査センター側から取りに来てもらう方法，もうひとつは検体を送る方法。ここでは主に検体を送るときに注意すべきことについて説明します。

表❶　抗凝固剤と主な検査項目

抗凝固剤	主な検査項目
EDTA	コルチゾール，ACTH，CBCなど
ヘパリン	ウイルス検査，血液化学検査など
クエン酸ナトリウム	凝固機能検査など

表❷　遠心条件

$$回転数(rpm) = \sqrt{\frac{遠心力(G)}{1118 \times 半径(cm)}} \times 10^5$$

G：血清・血漿分離に必要な遠心力
半径：遠心器の回転半径

★回転数のおおよその目安（半径：ローター中心部～管底）

半径(cm)	回転数(rpm)	半径(cm)	回転数(rpm)
10	4,200	22	2,600
12	3,800	24	2,700
14	3,500	26	2,600
16	3,300	28	2,500
18	3,100	30	2,400
20	3,000		

準備するもの

- **採血および専用採取容器**
  項目毎に指定された抗凝固剤を使用しなければ，正しい検査結果を得ることができません（表❶）

- **検体送付容器**
  輸送中に検体が漏れない容器，各検体に適した容器を選択してください

- **クッション剤**
  コットンやエアークッションなどで輸送中の衝撃を抑えます

- **保冷剤**
  冷蔵/凍結など，項目に適した温度で輸送し，夏期はどれも冷蔵が基本です

- **チャック付きビニール袋**
  血液/組織検体，どちらにも使用し，輸送中の漏れに対処します

器具の一覧表

- **遠心器**
  遠心器は，正しい診断に不可欠です。小型で卓上型の簡便なものもあります。必要な遠心力は器機により異なります（表❷）

- **分注用ピペット**
  少量の血清や血漿などを測り採るにはシリンジよりピペットの方が安全です。

- **深型密閉容器（タッパー）**
  大きな組織を固定するには深めのタッパーなどが便利です。必ず密閉できるものを用意してください

手技の手順

1. 検体の種類

臨床外注検査には検査項目に応じた検体が多くありますが，大きく分けて4つあります。
①血液検体……内分泌検査，特殊ウイルス検査など
②ガラススライド標本……細胞診，血液/骨髄塗抹検査など
③組織……病理組織検査など
④ぬぐい液など……細菌培養

検体には，その種類によって「やってはいけないこと」「やらなければいけないこと」というルールがあります。このルールを守らないと検査自体が全く意味を持たないものになってしまうことがありますので，検体を採取する前に必ず確認してください。

(1) 抗凝固剤のポイント

血液を使用する検査項目の中で，何の処理もせずに外注できる項目はほとんどありません。多くの項目は，抗凝固剤を加え遠心分離し，血漿または血清の状態で検査を依頼します。血漿検体で検査を依頼する場合，項目によって使用する抗凝固剤（採血管）が指定されており，もし間違ったものを使用した場合，検査結果が無効となり採血からやり直しをしなければならないこともあります（**表❶**）。

もちろん，血清検体が指定されている場合は，抗凝固剤を使用してはいけません。数種類ある抗凝固剤を検査項目に応じて選択することは，正しい検査結果を得るための第1歩です。

また，同じ検査項目でも検査センターにより測定方法が異なることがあり，使用する抗凝固剤も異なることがあります。必ず，外注する検査センターで指定されている抗凝固剤を使用してください。抗凝固剤が入った容量の異なる採血管が販売されていますので，必要に応じて用意し，使い分けてください。

なお，人医の検査センターでは，項目ごとに指定された抗凝固剤入りの「採血管」を用意しているところがあります。ごくまれにしか依頼しない検査項目，たとえばパラソルモン（PTH）などは，「アプロチニン」という薬剤が入った採血管を使用して検査を依頼しますが（**図❶**），このアプロチニンは有効期限が短く，大量に用意していても無駄になるだけです。このように「ごくまれに使用する」採血管は検査センターで用意していることがありますので，問い合わせてみてください。

さらに，項目によっては「冷却遠心」を必要とするものもあります。ACTHやPTHなどがそうです。これらの注意事項は検査センターが発行している検査案内に掲載されていますので，確認してください。

抗凝固剤の入った採血管は，ほぼ各社共通で色が決まっています（**図❷**）。

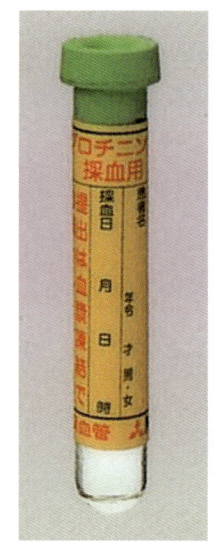

図❶ アプロチニン-EDTA容器

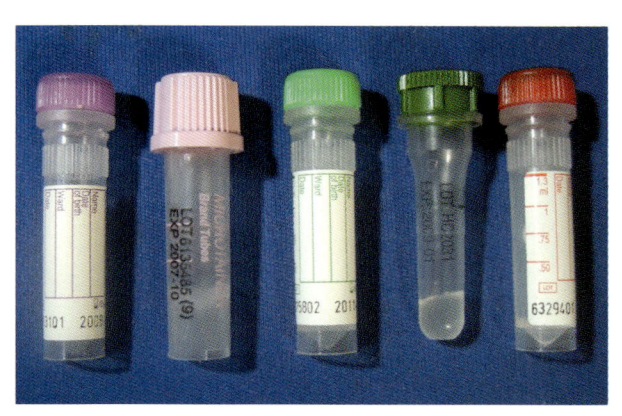

図❷ マイクロチューブ，採血量の少ない場合に使用します
左からEDTA3K1.3mL，EDTA-2K0.5mL，ヘパリン-リチウム1.3mL，ヘパリン-リチウム0.5mL，分離剤容器1.3mL

No 10

図❸ クエン酸Na真空採血管。シリンジから血液を分注する場合は必ず蓋を開きます
注意：規定より血液が多ければ凝固時間は短縮し，逆に少なければ延長します

・EDTA　…藤色（ピンク）
・ヘパリン…緑色
・クエン酸…黒色（図❸）

　EDTAは電解質イオンと結合した状態で存在しているので，EDTA-2KやEDTA-3K，EDTA-2Naといった表示となっています。どれを使用しても検査自体に大きく影響がないものがほとんどですが，EDTA-3Kのみ液状となっています。その分若干血液が希釈されますが，一番溶けやすいという利点があります。

　同様にしてヘパリンはヘパリンナトリウムやヘパリンリチウムと表示されています。医療の現場において容易に手に入れることができ，血液化学検査時に主に使用されるヘパリンですが，ヘパリンナトリウムでは血中のNaと混同してしまい，正確に測ることができません。その点，Liは体内には存在しない物質ですので測定結果に影響がでることはありません。このことから，最近ではヘパリンリチウムを抗凝固剤として使用するようになりました。

　いずれの抗凝固剤も，血液との割合が決まっています。決められた量以上の血液を入れると凝固するばかりでなく，検査結果に影響を及ぼすこともあります。十分注意しましょう。

Q&A　抗凝固剤の間違い

Q 抗凝固剤を間違えてしまいました。この検体は捨てるしかないのでしょうか？

A いいえ。確かに指定された抗凝固剤以外では検査結果が全く信頼できないものになってしまう項目もありますが，多くの項目では意外と影響が少ないことがあります。信頼できる検査センターでは，抗凝固剤の種類による検査結果への影響を検討した数値を持っています。
検査結果に影響ないか，あるならどれぐらい影響があるのか検査センターに問い合わせてみてください。その上で獣医師と相談し，もう一度採血をするかどうか検討しましょう。

（2）ガラススライド標本

　血液や骨髄の塗抹標本，細胞診などガラススライドやカバーグラスに細胞を塗抹して検査を依頼することがあります。この場合，塗抹された標本をどれだけ早く固定するのかが重要です。固定の第一歩は完全な冷風による乾燥です。そのためにもドライヤーを使用しましょう。

　よい標本を作るため，正しい診断のために完全な固定が必要です。血液/骨髄塗抹，細胞診のどちらにも使用できるメタノール

(99.8％)が一般的に使用されています。水分を含んだメタノールでは固定している間に細胞が水分を吸収し膨化してしまうため，100％に近いメタノールを使用します。また，メタノールは容器を開封後，徐々に空気中の水分を取り込んでしまうため，使用しないときには必ず密栓し，水分の混入を極力避けます。

なお，一部の特殊染色を行う場合，メタノールによる固定標本では染色不良となり，診断ができない場合があります。塗抹したスライドを風乾させるだけでよい場合もあります。外注する検査センターなどで固定方法を確認してください。スライド標本は染色し，封入剤を使用して永久標本の状態で送付することが望ましいのですが，それができない場合は，最低でも塗抹した標本を完全に風乾させてください。尚，メタノール固定と染色との間で時間がたってしまうと染色が悪くなります。染色できない場合は風乾の状態でできるだけ早く送ります。

（3）組織

ガラススライド標本と同様，固定が不可欠です。固定にはホルマリンを使用します。「アルコールや生理食塩水などで，保存すればよい」という人もいますが，これは全くの誤りです。絶対に行ってはいけません。また，ホルマリンは組織を浸すとpHが変動しやすくなり，固定不良の原因となります。これを防ぐため緩衝液（他の物質を加えてもpHが比較的安定することができるよう調整された液体）を加えた10〜20％中性緩衝ホルマリン液（pH 7.4）を使用します。

そして組織はホルマリン液からはみ出さないようたっぷりの量に浸します。一般に「組織の体積の10倍量のホルマリン液で固定する」といわれています。ホルマリンの量は「ヒタヒタ」ではなく多めに，しかもたっぷりと使用してください（図❹）。

大きな組織では病変部に「しるし」をつけて依頼をすることがあります。部位を特定するには墨汁などを使用し，しるしをつけます。必ずホルマリンに浸す前に行ってください。

実際に固定する際には，容器にホルマリン液を満たしてから組織を浸してください。組織の上からホルマリンを注ぐと，結合力の弱い組織ははがれてしまいます。特に病的な組織はもろく，崩れやすくなっています。十分注意しましょう。

なお，ホルマリンは劇薬です。直接手で触れてはいけません。目に入ることはもちろん，気化したホルマリンを吸い込むことも危険です。必ずグローブ，マスク，ゴーグルなどで防護をしてください。

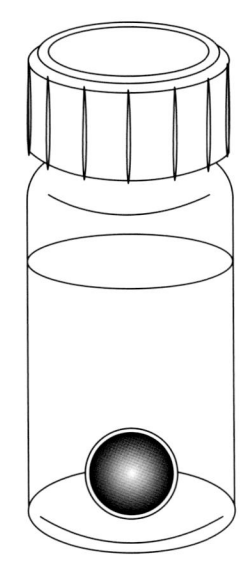

図❹ ホルマリンに組織を入れた状態

10％緩衝ホルマリン液（約1000mL）
  ホルマリン原液（市販品） 100mL
  リン酸緩衝液（pH=7.4） 900mL

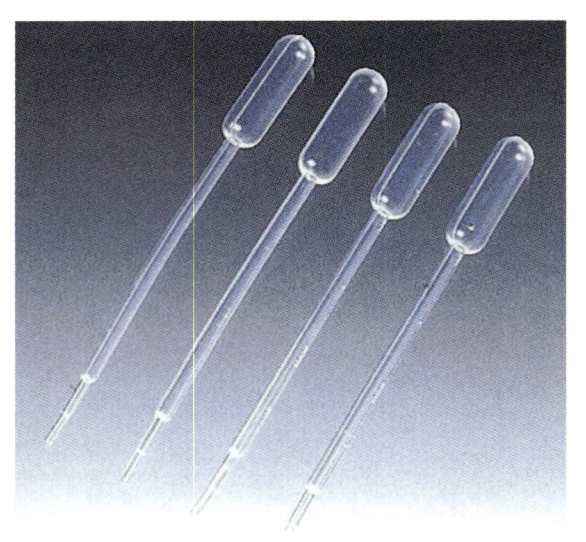

図❺ 使い捨てのピペット（スポイト）
先端の細いものが使いやすいと思います

図❻ 容量可変式ピペット
写真はEppendorf社容量連続可変ピペット「リサーチⅤ」

手技のコツ・ポイント

- 採血量にあった採血管を用意します。最小限の採血で最大の検体を得るためには、大きすぎる容器は不要です
- 血球を混入させないようにします。血球混入は多くの検査結果に影響を与えます。血球が混入したら再度遠心してください
- フィブリンは簡単に除去できます。析出したフィブリンは綿あめを絡め取るようにすると簡単に除去できます
- 標本の固定が検査結果を左右します。固定が遅れると組織は壊れ、正しい診断をすることが難しくなってしまいます
- 組織はたっぷりのホルマリンで固定します。組織体積の10倍量のホルマリンが基本です。ホルマリンはたっぷりと用意します
- 各検査項目には専用の採血管があります。間違った採血管では、検査自体が全く無効になることがありますので厳重に守ってください
- あらかじめ冷却準備が必要な項目があります。冷却準備は採血してからでは遅すぎます。特殊な検査は必ず採取前に確認してください
- スライドへの塗抹は迅速に行います。細胞変性が起きないよう塗抹は迅速に行ってください
- 大きな組織は割を入れます。厚みのある組織はホルマリンが浸透しません。固定しやすいよう割を入れてください
- 検査不可能な曜日があります。採取から検査まで時間制限のある項目があります。休前日などは特に注意してください

Q & A ホルマリンの希釈に水道水？

Q リン酸緩衝液が手元にありません。ホルマリンの希釈に水道水を使用してもよいでしょうか？

A 可能であれば、生理食塩水を使用してください。それもない場合のみ水道水を使用してもよいでしょう。水道水にはわずかながら塩素が含まれているため厳密にいえば組織の固定には不向きです。なるべくリン酸緩衝液を希釈液として使用してください。

（4）検体処理

　血液検体はほとんどの場合、採取したものをそのまま送ることはできません。遠心し血清または血漿の状態で送ります。このときに血球が混入していると輸送途中で溶血し、検査結果に影響を与えることがあります。血球は混入させないようにしましょう。

　血清または血漿の分離にピペットを使用しますが、先端が細いほうが扱いやすくきれいに分離できます（**図❺**）。また、必要量をしっかり測ることができますので、容量を変更できるピペットを1本用意するとよいでしょう。

　冷却遠心を必要とする場合、理想は「冷却遠心器」を使用することですが、そうでない場合は遠心器の中をあらかじめ氷のうや保冷剤などで冷やし、採血管も冷水につけておくなどの工夫が必要です。そして、一刻も早く遠心分離し、指定された状態で保管します。

準備するもの

- 遠心器
- ピペット（図❺, ❻）またはシリンジ
- 検体送付用容器
- 竹串やつまようじ
- チャック付きビニール袋

（5）血漿

抗凝固剤入りの血液を遠心しただけでは「分離した」とはいえません。遠心後の血漿部分のみを別の容器に移し替えてはじめて「遠心分離した」といえます（図❼）。血球を混入させないコツは，血漿を吸い上げる際に，液面からゆっくり吸い上げるようにすることです（図❽）。決して勢いよく吸い上げないでください。せっかく沈殿している血球まで一緒に吸い上げてしまうことになります。もし，血球を吸い上げてしまったら静かにもどし，再度遠心してください。

（6）血清

基本的に血漿分離と操作は同じですが，遠心前に凝固させておくと，きれいに血清が分離できます。血液は他の物質に接していると凝固が促進されます。この性質を利用して，採血後の容器を斜めに倒しておき，その後遠心するとよいでしょう。また，「分離剤」といって，遠心すると比重の違いから血球と血清の間が層になって血層の蓋のような役目を果たすゲル状のものがあります。この分離剤があらかじめ入った採血管で遠心すると，血清の分離が簡単にできます。検査項目によっては分離剤入りの採血管を遠心しただけの状態で，そのまま検査センターに提出できるものもあります（図❾）。

「遠心後に血清部分が固まってしまって分離できない」ということがよくありますが，これは，遠心後に上清が凝固してしまっているからです。スポンジが水分を含んでいるのと同じで，フィブリンが血清を抱え込んで固まっている状態です。フィブリンは網目状になっているので竹串やピペットの先端などで，綿あめをからめとるようにすると簡単に取り除くことができます。その後再度遠心すると，きれいな血清ができます。このときにも血球が混入しないよう注意してください。

血清，血漿いずれの場合も，できるだけ早く冷蔵または，冷凍で保存し検査センターに送ります。

（7）培養検体

ぬぐい液などの培養検査には，ほとんどの場合，輸送チューブ，綿棒と培地が一体となった「スワブ」（図❿）で採取し，送付します。スワブは滅菌された状態で個別包装されているので，採取時に包装

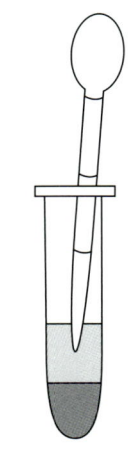

図❼ 遠心後分離された上清の液面近くから静かに吸い上げます

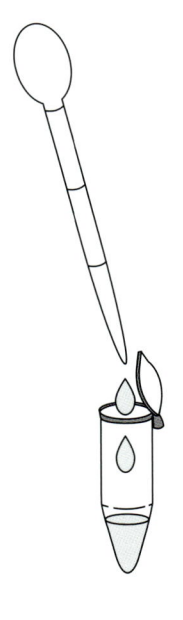

図❽ 血清または血漿を輸送用の別の容器に必ず移し替えます

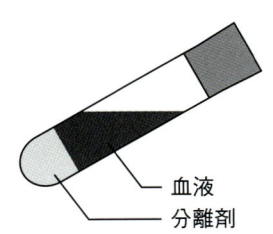

図❾ 分離剤があらかじめ入った採血管（遠心前）
血液
分離剤

検査センターへの検体の出し方

図⓾　スワブ，一般培養に使用します

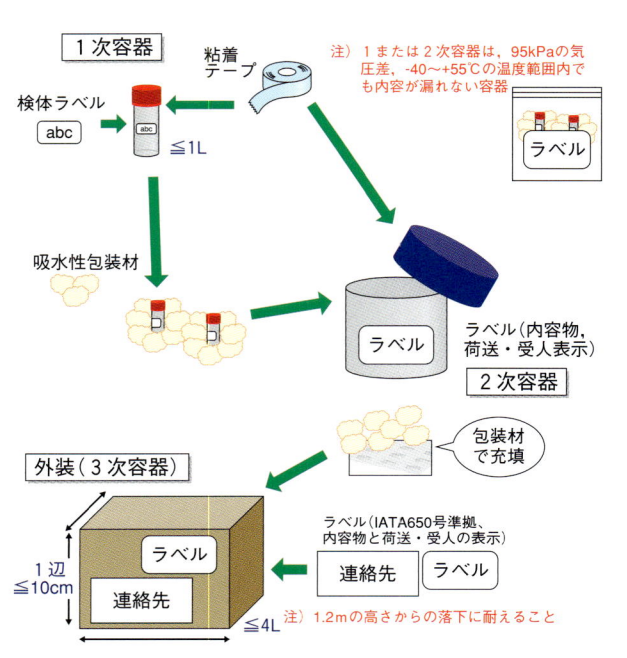

図⓫　IATA準拠包装（農林水産省・動物検疫所のホームページを参考に作成）

＜検体の提出例＞

図⓬　塗抹面を上にしてスライドケースに入れます

を開けたら，柄の部分を含め綿棒を手で触れたり，机の上などに直接置いたりしてはいけません。直前に開封し，素早く採取したら，他の場所に触れないよう輸送チューブに挿入し，密封します。また，この作業の間，輸送チューブは，口が開いた状態で上に向けてはいけません。極力「無菌操作」を心がけてください。

（8）梱包

① 血液

　読者の皆さんは，テーブルの上に一晩，出しておいた牛乳を料理などに使うことができますか？

　「できる」と答えた方は少ないことでしょう。牛乳は血液からつくられていますので，血液を取り扱うということは，牛乳を取り扱うこととよく似ています。郵便でそのまま送付するということは少なくとも一晩以上，血液を常温に放置していることと同じです。ホルモンや抗原，抗体などはたんぱく質から構成されおり，このたんぱく質の腐敗や変質が予測されます。このようなことから，血液を検査センターに送る際には，「冷蔵輸送」が基本となります。

　また，「保冷剤を一緒に入れたから郵便でも大丈夫」という人がいますが，これは間違いです。大きさにもよりますが，保冷剤は一晩以上の保冷効果は期待できません。まして，暑い時期に小さな保冷剤では1時間も持たないでしょう。もし，保冷剤と一緒に送るのならば，発泡スチロールなどの断熱効果のある容器で送ります。国際航空法などで，血液などを送る際に定められた梱包方法（IATA準拠包装）があり，日本国内の輸送の場合もこれを採用してください（図⓫）。

　さらに，もっと不安定な項目を測定する場合は「凍結輸送」の指示がされているものがあります。可能であればドライアイスを同梱して送りますが，そうでない場合は，宅配便の「冷凍」を指定して検体を送ります。この場合，極力凍結した保冷剤を一緒にいれて梱包します。

　なお，いずれの場合も血球が存在する状態で，凍った保冷剤に容器が直接触れると血球が溶血します。血球を検査する直接クームス検査では，全く検査ができなくなることもあります。保冷剤が直接触れないよう梱包してください。

② ガラススライド標本

　固定されたスライド標本は，「どちらが塗抹面か」厳重に確認してください（図⓬）。そして，スライドグラスを輸送する専用のケースが販売されていますので，これを使用します（図⓭）。

　ただし，カバーグラスを輸送するケースはありませんので，カバーグラスの入っていた空の容器で代用するという方法もあります。ガラス製品ですから「割れ物扱い」として輸送することになりますが，検査センターに到着した時点で粉々になっていることもしばし

ばあります。ジグソーパズルのようになってしまったスライドを元のスライドの形に組み立て，診断するというのは容易ではありません。輸送する容器の中で動かないよう，専用の容器での輸送をお勧めします。また，いずれの場合も，輸送中に塗抹面がどこかにぶつかってはがれないよう，注意してください。

③ 組織

　小さな組織は，ホルマリンの入った容器にいれるとすぐに固定され，病理組織検査が可能になりますが，大きな組織は固定されるまでに時間がかかります。固定される前に輸送などによりホルマリンの中で揺られると，組織が壊れてしまいます。組織が完全に固定されるまで輸送は待ちます。また，厚みのある組織については，切れ込みをいれホルマリンが浸透しやすくします。これを「割をいれる」といいます。割は組織により入れ方が異なりますので，獣医師に依頼します。

　送付する容器は，口の広いものを使用します（図⓮）。また，組織を固定すると皆さんが想像する以上に硬くなります。「組織と同じぐらいの大きさ」では，入れにくかったり，出せなくなったりします。また，固定の途中で送付することになった場合に，輸送途中で容器の中で完全に固定され，検査を行うときに容器から出せなくなることもしばしばです。

　こうなると「容器の形に合わせて固定される」ことになり，本来の固定の「生体にあったときと極力同じ状態を維持する」という目的を達することができません。送付する容器は余裕を持った大きさのものや，チャックがついた密閉可能なビニール袋を使用することも可能で，完全に固定された組織ならば少量のホルマリンで送付することができます。輸送途中で乾燥しない量を調節し，なるべく空気を入れないようにして密閉してください。

　いずれの場合も，過剰な梱包は必要ありませんが，ホルマリンが絶対に漏れないよう完全密閉を心がけてください。輸送中は気圧の変化により蓋が容易に開きやすくなり漏れることがしばしばです。ビニールテープなどで目張りをする，密閉型のビニール袋を二重三重に使用するなど，輸送手段や送付する検体の大きさにより密閉方法を選択します。また染色が不良となるので未固定のスライドグラス標本を絶対にホルマリンと同梱しないでください。

打江和歌子（赤坂動物病院，臨床検査技師）

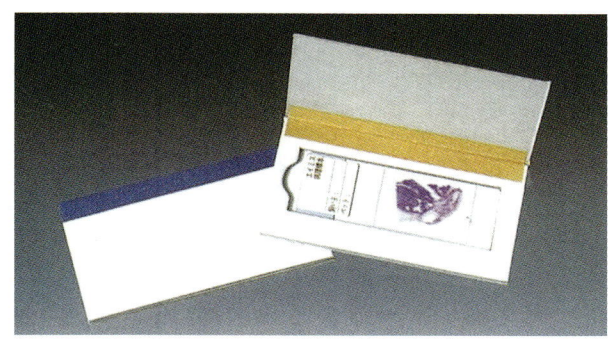

図⓭　スライド輸送用ケース
写真は紙製ですがプラスチック製のものもあります

図⓮　広口瓶

動物の家族に伝えるポイント

・血液検査には食事・時間に制限のある項目があり，食事は多くの検査結果に影響します。食止め・採血時間など自宅での協力をお願いしてください
・検査には時間がかかり，中には院内でできない検査項目があります。また検査に何日もかかる項目もあります。その旨説明し了承を得てください

No.11 X線検査と保定

> **アドバイス**
>
> X線検査は診断する獣医師の能力も重要ですが，それと同等に，良質な画像を得ることも診断精度を向上させるにあたり，非常に重要となります。近年では，フィルムレスのCR（Computed Radiography）やDR（Digital Radiography）といった手法を取り入れている病院もありますが，良質な画像を撮る方法はフィルムを用いた一般撮影と同様です。動物看護士として良質な画像を理解するためにまず以下の用語を確認しましょう。

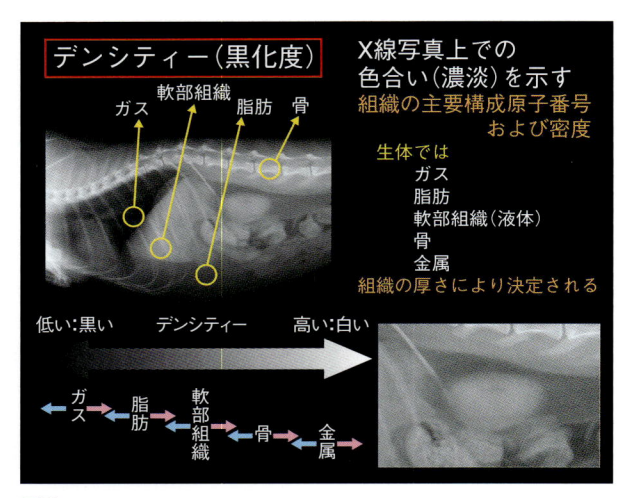

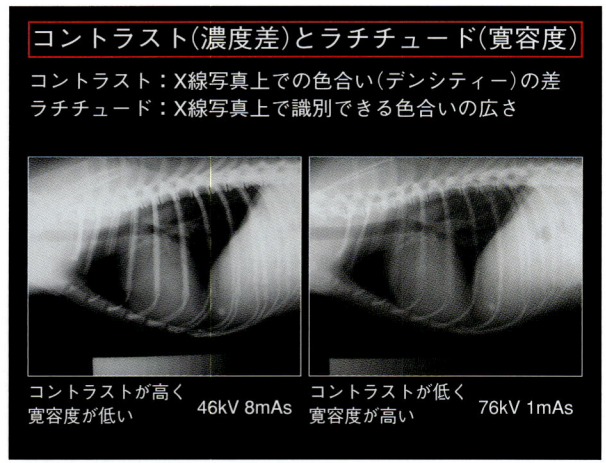

図❶

図❷

用語の確認

（1）黒化度（デンシティー）（図❶）

X線写真上での色合い。生体ではガス，脂肪，軟部組織，骨または石灰沈着の4つの色（黒化度：デンシティー）に分けられます。これは，それぞれの組織における主要構成原子の原子番号と密度に起因するものです。さらに，同じ骨同士や軟部組織同士でも，黒化度が若干異なるのは，組織の厚みが異なるからです（例：肋骨と椎体では同じ骨でも肋骨の方が黒く写る）。

（2）濃度差（コントラスト）（図❷）

隣り合った黒化度と黒化度の差。腎臓と消化管（どちらも軟部組織）が重なって写っていても，腎臓と消化管が見分けられるのは，厚みによって白黒の差すなわち濃度差が生じるからです。

この濃度差が大きい写真をコントラストの高い写真といい，小さいものを低い写真といいます。図❷では2枚の胸部写真が載っていますが，心臓と肋骨に注目してください。左の写真は右の写真と比較し，肋骨と心臓がはっきりしています。これは，肋骨と心臓の黒化度に大きな濃度差が生じている（コントラストが高い）からです。

（3）寛容度（ラチチュード）（図❷）

X線写真にはこれ以上黒くなれない限界点と，これ以上白くなれない限界点が存在します。この，真っ黒から真っ白の間に何色のグレーが識別できるのかが寛容度になります。

図❷の写真では，寛容度が高いため右の方が肺血管の細かい部位まで確認できます。コントラストの高い写真では，グレーの差が大きいため識別できる色合いは少なくなり，寛容度は狭くなります。一方，コントラストの低い写真ではグレーの差が小さくなるため，識別できる色合いが多くなり，寛容度は広くなります。

コントラストと寛容度は撮影条件によって変わります。kVが高くmAsが低い撮影条件ではコントラストが低下し，寛容度が広がります。反対にkVが低くmAsが高い撮影条件ではコントラストが上昇し，寛容度が狭くなります。

(4) 鮮鋭度（シャープネス）（図❸）

各臓器や器官の辺縁の明瞭さ。鮮鋭度の高い写真では，各臓器や器官の辺縁がボケることなく，くっきりと明瞭に描出されます。
図❸左の写真は，鮮鋭度が低くぼやけた写真となっています。

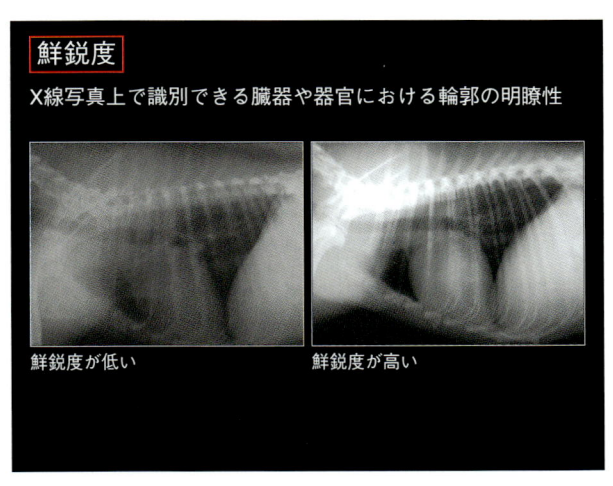

> **準備するもの**
>
> **（1）フィルム**
> X線フィルムはX線のみではなく，光によっても感光します（図❹）
>
> **（2）カセッテ**
> X線フィルムを明室（明るい部屋）で使用可能にするためのもの（図❹）
>
> **（3）増感紙**
> カセッテの内側に貼り付けられた白い部分（図❹，❺）。X線フィルムはX線によっても感光しますが，増感紙表面に塗られた発光体がX線によって発光することでフィルムが感光します（画像形成にX線自体がフィルムに直接及ぼす影響は5％で，95％は増感紙の発光体の発光によって感光します）
>
> したがって，増感紙に傷を付けると発光体がはがれ落ち，増感紙の傷と同様の形でX線フィルムに写り込みます。また，フィルムと増感紙の間に異物が混入した場合でも，発光が異物によって遮られるため，フィルムに異物が写り込むので，取り扱いには注意して下さい
>
> **（4）グリッド（リスホルムブレンデ）**
> 鮮鋭度の高いフィルムを得るために，カセッテの上に置いて使用します。フィルムに入り込む，散乱線をカットして鮮鋭度を高めます
>
> ① 散乱線（図❻）
> 管球から発生するX線を一次線（赤）といい，被写体（動物）や撮影台に当たり方向を変えられたX線を散乱線といいます。方向を曲げられ，フィルムに入り込む散乱線（オレンジ）は，フィルムの画質，すなわち鮮鋭度を落とす原因となります。また，方向を曲げられ，フィルム外に飛ぶ散乱線（ピンク）は，保定者の被曝の原因となります
>
> ② グリッド（リスホルムブレンデ）（図❼）
> グリッドは鉛箔とインタースペーサー（木材またはアル

鮮鋭度
X線写真上で識別できる臓器や器官における輪郭の明瞭性

鮮鋭度が低い　　鮮鋭度が高い

図❸

カセッテ，増感紙，X線フィルム

カセッテ　レギュラーフィルム　オルソフィルム

大きさ
六ツ　　小
四ツ切　↕
大四ツ
大陸
半切　　大

増感紙

図❹

増感紙とX線フィルム

レギュラーフィルム（グリーン）ブルーの光に感光
オルソフィルム（ブルー）グリーンの光に感光

レギュラー　オルソ
増感紙の発光

→カセッテ
→増感紙
→フィルムベース
→乳剤
→保護膜

X線自体がフィルムを感光させる力は5％弱で，95％以上が増感紙の発光によって画像化されている。

図❺

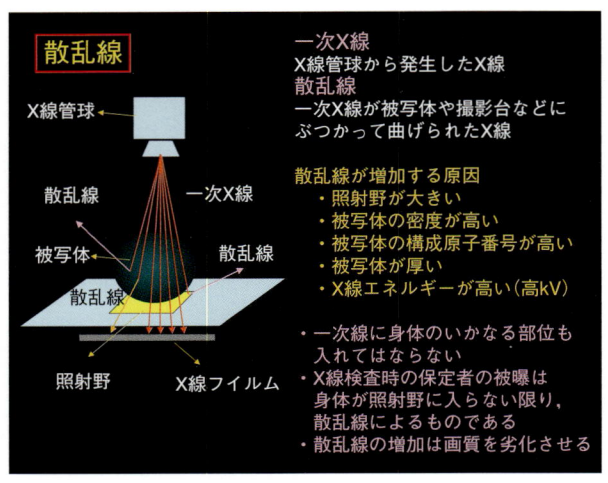

図❻ 散乱線

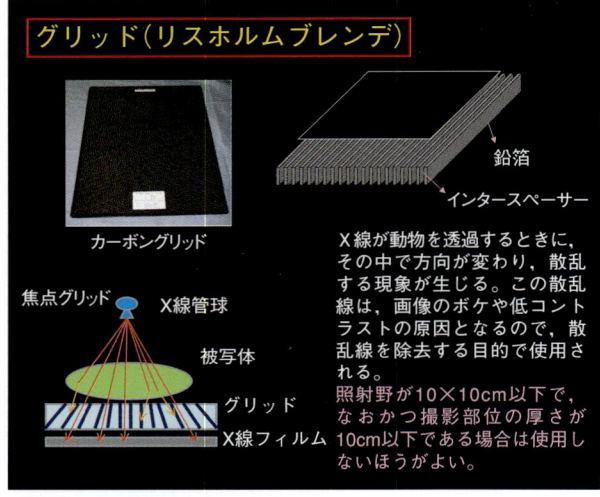

- X線管球
- 一次X線：X線管球から発生したX線
- 散乱線：一次X線が被写体や撮影台などにぶつかって曲げられたX線
- 被写体
- 散乱線
- 照射野
- X線フイルム

散乱線が増加する原因
- 照射野が大きい
- 被写体の密度が高い
- 被写体の構成原子番号が高い
- 被写体が厚い
- X線エネルギーが高い（高kV）

- 一次線に身体のいかなる部位も入れてはならない
- X線検査時の保定者の被曝は身体が照射野に入らない限り、散乱線によるものである
- 散乱線の増加は画質を劣化させる

図❼ グリッド（リスホルムブレンデ）

カーボングリッド
鉛箔
インタースペーサー
焦点グリッド
X線管球
被写体
グリッド
X線フイルム

X線が動物を透過するときに、その中で方向が変わり、散乱する現象が生じる。この散乱線は、画像のボケや低コントラストの原因となるので、散乱線を除去する目的で使用される。
照射野が10×10cm以下で、なおかつ撮影部位の厚さが10cm以下である場合は使用しないほうがよい。

図❽ 放射線防護

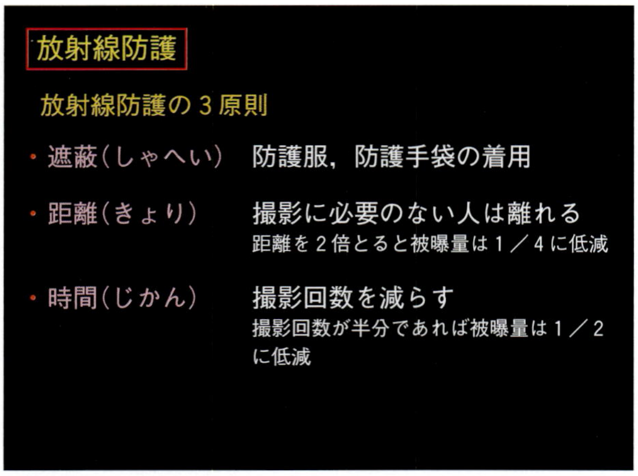

放射線防護の3原則
- 遮蔽（しゃへい）　防護服、防護手袋の着用
- 距離（きょり）　撮影に必要のない人は離れる
  距離を2倍とると被曝量は1/4に低減
- 時間（じかん）　撮影回数を減らす
  撮影回数が半分であれば被曝量は1/2に低減

ミ）が交互に並んだパネルで、中心では真っ直ぐ平行に鉛箔が並んでいますが、グリッドの端では一次線が斜めから入ってくるため、X線の入射角度に合わせて斜めに鉛箔が配置されています

　一次線とは異なった角度でフィルム内に進入する散乱線（オレンジ）は、鉛箔に吸収され、フィルムには到達しないようになっています。このタイプのグリッドは最も一般的に使用されており、焦点グリッドと呼ばれています

　焦点グリッドは、このような構造をしているため、グリッドを裏表逆さに使用したり、管球からグリッドまでの距離（通常は1メートル）がいつもと異なっていたりすると、使用できません。また、照射野の中心とグリッドの中心がずれていてもうまく写らなくなってしまいます

（5）X線防護服

　撮影において撮影者も被曝することから、防護を行います。放射線防護の3原則は遮蔽、距離、時間であることを忘れないで下さい（図❽）。ちなみに、X線防護を十分に行っていれば、健康上まったく問題ありません（図❾）

（6）X線装置

　撮影条件を設定し、X線を発生させる機械

（7）現像・定着液または自動現像機

　撮影されたフィルムを目で見える状態にします（診断できる状態にします）。現像は、暗室（暗い部屋）で行われます

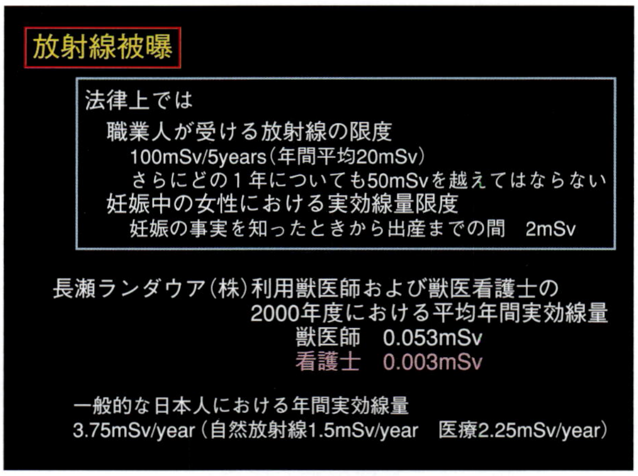

図❾ 放射線被曝

法律上では
職業人が受ける放射線の限度
100mSv/5years（年間平均20mSv）
さらにどの1年についても50mSvを越えてはならない
妊娠中の女性における実効線量限度
妊娠の事実を知ったときから出産までの間　2mSv

長瀬ランダウア（株）利用獣医師および獣医看護士の
2000年度における平均年間実効線量
獣医師　0.053mSv
看護士　0.003mSv

一般的な日本人における年間実効線量
3.75mSv/year（自然放射線1.5mSv/year　医療2.25mSv/year）

手技の手順

1．フィルムの挿入

暗室でカセッテにフィルムを挿入します。この時，内部に貼られた増感紙やフィルムに傷を付けないように注意して下さい。また，異物の混入についても十分気を付けて下さい。

2．カセッテならびにグリッドのセット

撮影台にカセッテならびにグリッドをセットします。カセッテおよびグリッドには裏表があるので注意して下さい。また，照射野（X線が照射される範囲）が10×10cm以下で，撮影部位の厚さが10cm以下の場合では，グリッドを使用しない方が良好な鮮鋭度を得ることができますので，グリッドなしで撮影を行って下さい。

3．撮影条件の決定

撮影条件を決定します。撮影条件は，基本的に撮影部位の厚さとみたい部位によって決定されます。肺野，心臓を目的とした撮影では高kV低mAs撮影を行い，寛容度の広い（低コントラスト）X線写真にします。骨組織を目的とした撮影では低kV高mAs撮影を行い，寛容度の狭い（高コントラスト）写真にします。その他の部位では，中kV中mAs撮影を行い寛容度とコントラストのバランスがとれた写真にします。同じ胸部撮影でも，肋骨をみる場合と肺や心臓をみる場合では，撮影条件が異なります。図❷のように，肋骨などの骨をみる場合では左の写真の方が診断しやすくなります。一方，肺や心臓をみる場合では，右のような写真の方が診断しやすくなります）。

グリッドを使用しない場合では，おおよその目安ですが，撮影条件を10～15kVほど落とすか，mAsを50～75％減じます（骨組織や造影検査が目的の場合：kVのみを10～15減じます。肺が目的の場合は，mAsのみを50～75％減じます。その他の部位では，kVを3～5減じ，さらにmAsを50％減じます）。

4．動物の保定

動物を撮影台の上で保定します。この時，X線写真上での鮮鋭度を確保することと，撮影者の被曝を低減するために，絞り装置で照射野を必要最低限にします（図❿）。また，撮影に際しては，保定者の被曝を低減する目的で，各種プロテクターを装着します。

X線写真は影絵のようなものですから，ちょっとした動物の角度のズレによって臓器の大きさや形，位置といった点が大きく変化します。X線診断の基本は各臓器や器官の大きさ・形・位置・色あいですから，撮影時の保定の歪みは，その後の診断に大きな影響を及ぼします。

したがって，みたい部位が写真の中心になるようにし，ラテラル

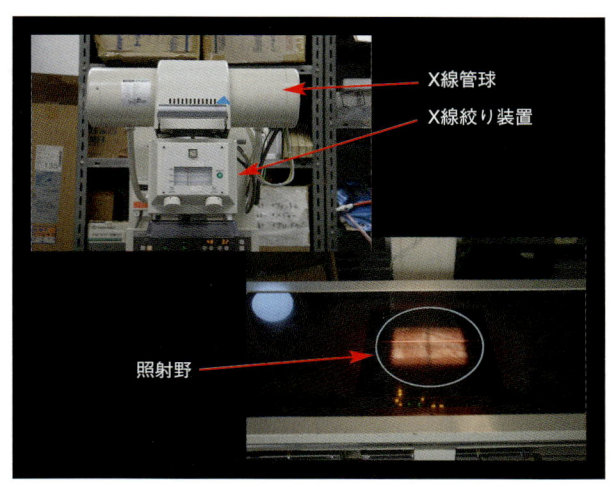

図❿　管球と絞り装置，照射野
散乱線は，画質の劣化や被曝に影響を及ぼします。散乱線を減らすためには図❻にも記載したように，照射野をなるべく小さくする必要があります。上の写真は管球と絞り装置（照射野の大きさを調節する部位），下の写真は照射野（撮影台に写された四角い明るい部分）を示しています

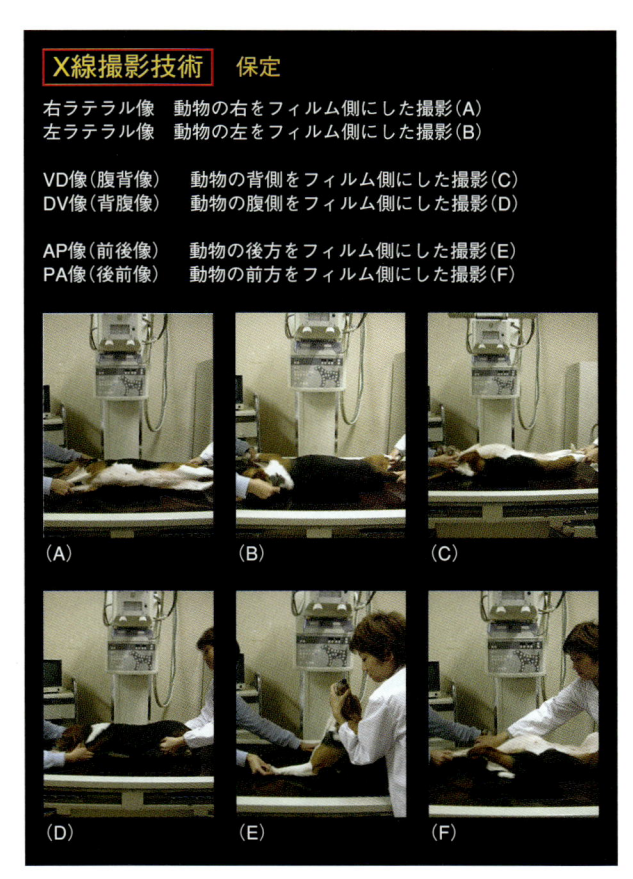

X線撮影技術　保定

右ラテラル像　動物の右をフィルム側にした撮影（A）
左ラテラル像　動物の左をフィルム側にした撮影（B）

VD像（腹背像）　動物の背側をフィルム側にした撮影（C）
DV像（背腹像）　動物の腹側をフィルム側にした撮影（D）

AP像（前後像）　動物の後方をフィルム側にした撮影（E）
PA像（後前像）　動物の前方をフィルム側にした撮影（F）

図⓫

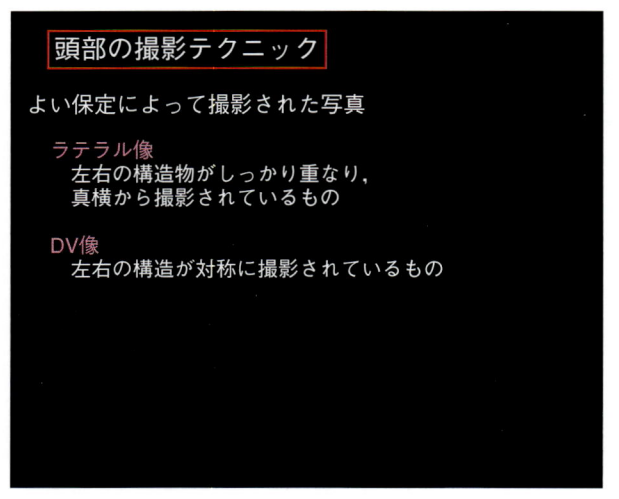

No. 11

頭部の撮影テクニック

よい保定によって撮影された写真

ラテラル像
左右の構造物がしっかり重なり，真横から撮影されているもの

DV像
左右の構造が対称に撮影されているもの

図⓬

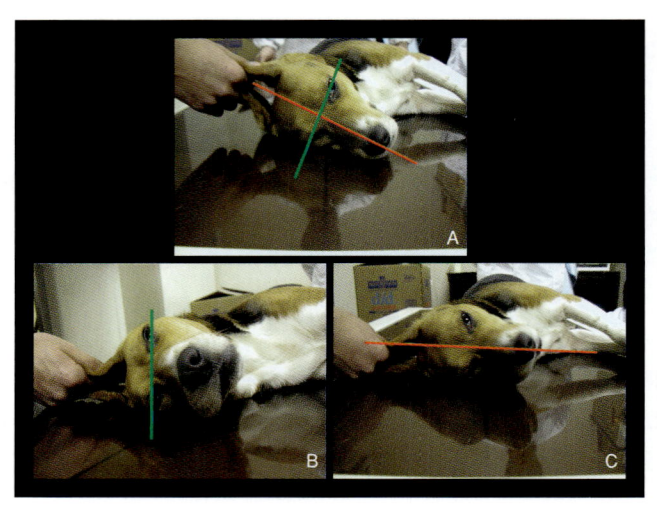

図⓭

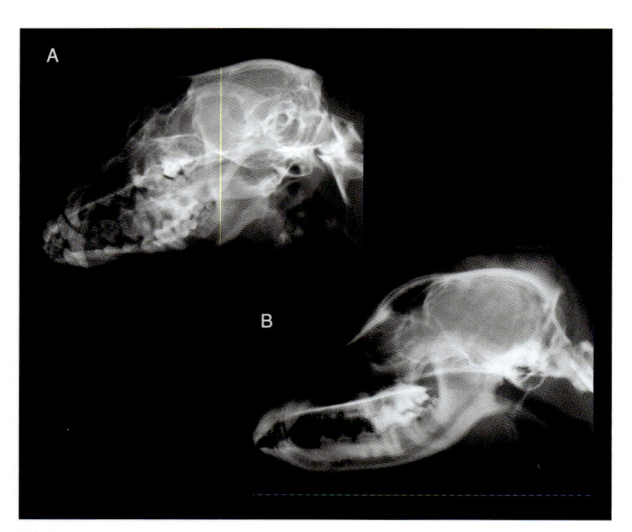

図⓮

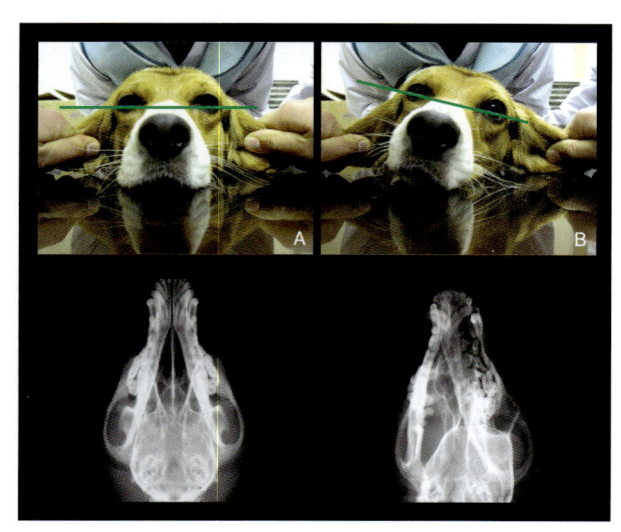

図⓯

像では真横から左右の構造物が重複するように保定します。VDまたはDV像では正面から左右の構造物が対称となるように保定し撮影を行います。また，みたい部位が必要のない部位に重複しないように気遣うことも重要となります（図⓫〜㊻）。

（1）頭部の撮影テクニック

頭部は頭頂にくらべ下顎は薄く，鼻先が細いことから，図⓭Aが示すよう，ただ寝かせただけでは軸（緑：左右の軸　赤：前後の軸）がずれて図⓮Aのようなラテラル像になってしまいます。図⓭B，Cが示すように，左右の軸が撮影台に垂直で，前後の軸が撮影台に平行となるように調節して，図⓮Bのように左右の構造がしっかりと重複するよう撮影します。

また，VDでは，図⓯Aのようにしっかりと左右の下顎を撮影台に押しつけ，左右の軸が撮影台に平行となるよう撮影し，左右の構造が対称となるよう撮影します（図⓬〜⓯）。

（2）頸部の撮影テクニック

頸部は体厚の厚い頭部と胸部に挟まれた部位ですから，ただ横に寝かせただけでは図⓱上に示したように，前後方向の軸が撮影台に対し下方に湾曲します。図⓱下のように頭尾方向に牽引し，X線写真の丸印が示すよう，椎間の幅が開いて見えるように撮影します（図⓰〜⓲）。

（3）胸椎の撮影テクニック

図⓴Aでは左右の肋骨がずれて椎体に肺が重複していますが，図⓴Bでは左右の肋骨が重複し，真横から撮影されています。また，図⓴Cでは左右の骨格が不対称なのに対し，図⓴Dでは対称となっています（図⓳，⓴）。

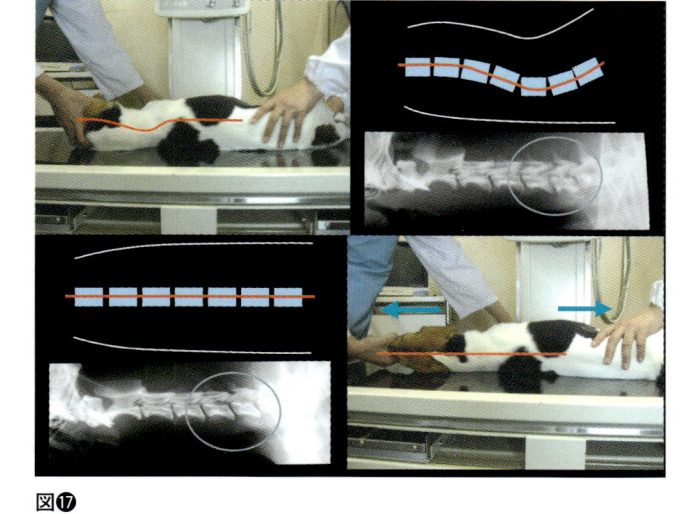

図⓰ 頸部の撮影テクニック

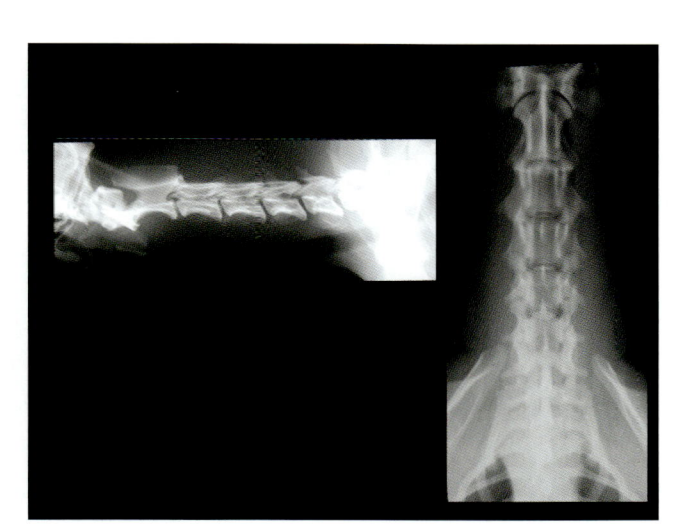

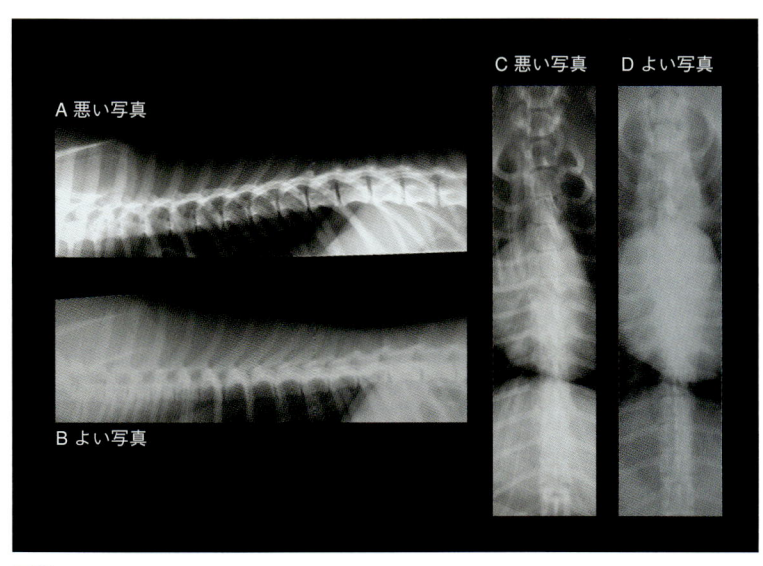

図⓱

図⓲

図⓳ 胸椎の撮影テクニック

図⓴

X線検査と保定

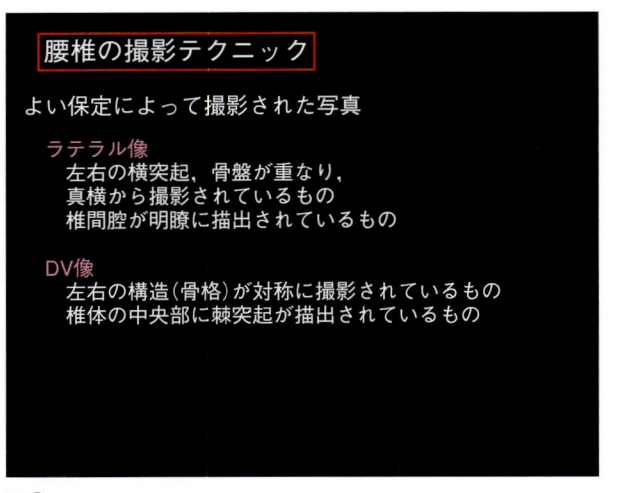

腰椎の撮影テクニック

よい保定によって撮影された写真

ラテラル像
　左右の横突起，骨盤が重なり，
　真横から撮影されているもの
　椎間腔が明瞭に描出されているもの

DV像
　左右の構造（骨格）が対称に撮影されているもの
　椎体の中央部に棘突起が描出されているもの

図㉑

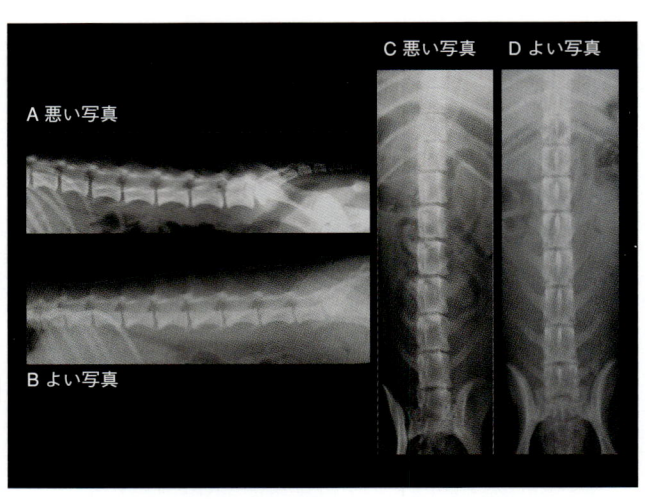

図㉒

骨盤の撮影テクニック

低kV・高mAs
後肢を伸展し，膝関節を内側にねじりこむように
保定

よい保定によって撮影された写真

ラテラル像
　左右の骨格が重なって撮影されたもの

DV像
　左右の骨格が対称に撮影されているもの
　左右の大腿骨が平行に撮影されているもの
　膝蓋骨が大腿骨の中央部に描出されているもの

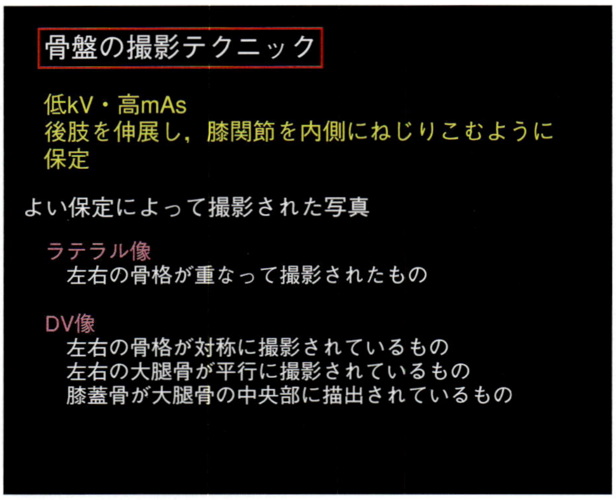

図㉓

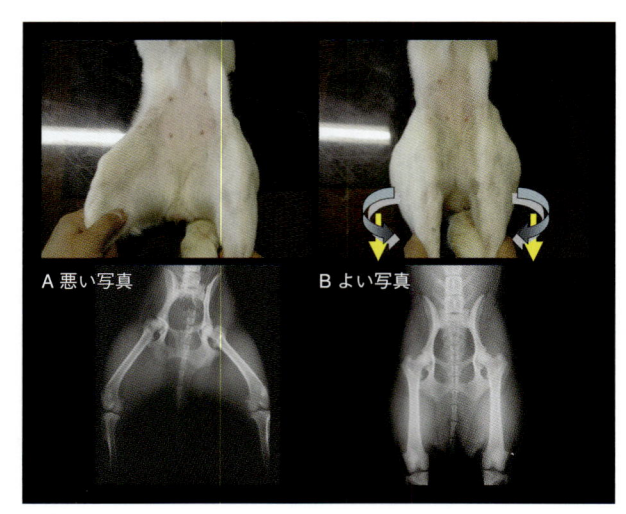

図㉔

（4）腰椎の撮影テクニック

　図㉒Aでは左右の肋骨，腰椎横突起がずれて観察されますが，図㉒Bでは左右の肋骨や横突起が重複し，真横から撮影されています。また，図㉒Cでは左右の骨格が不対称なのに対し，図㉒Dでは対称となっています（図㉑，㉒）。

（5）骨盤の撮影テクニック

　よい写真では左右の骨格が対称で，左右の大腿骨が平行に牽引されており，大腿骨の中央部に膝蓋骨が観察されます（図㉓，㉔）。

（6）四肢の撮影テクニック

　図㉖A，Cでは前肢または後肢のラテラル像を一側または両側とる場合を示しています。図㉖Bでは後肢のAP像を撮影していますが，撮影部位をなるべくフィルム（撮影部とフィルムの距離が離れるほど鮮鋭度が低下する）に近づけるために，犬の体を持ち上げています。

　また，図㉖Dは前肢の肩関節〜肘関節のAP像を撮影していますが，撮影台に対し上腕骨を平行に牽引することが不可能なので，管球の角度を変えて，X線が上腕骨に対し直角に入射するように撮影しています。このような撮影法では，管球を傾けているためグリッドは使用できません。

　図㉗A，Bは，それぞれ上腕二頭筋腱炎，骨軟骨症のX線写真ですが，図㉗Cのような写真では，肩関節と胸筋や胸骨が重複してしまいますので，診断が困難となります。

　また，図㉘Aは，変形性関節症初期で関節内が白っぽくなってきていますが，図㉘Cのような写真では，左右の膝関節が重複してしまいますので，診断が困難となります（図㉕〜㉘）。

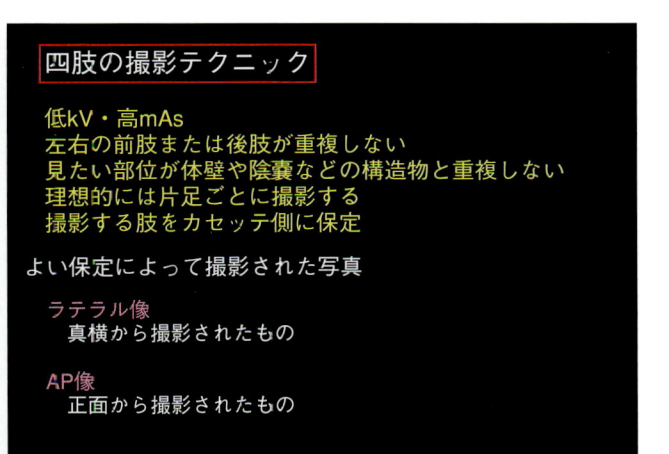

四肢の撮影テクニック

- 低kV・高mAs
- 左右の前肢または後肢が重複しない
- 見たい部位が体壁や陰嚢などの構造物と重複しない
- 理想的には片足ごとに撮影する
- 撮影する肢をカセッテ側に保定

よい保定によって撮影された写真

ラテラル像
　真横から撮影されたもの

AP像
　正面から撮影されたもの

図㉕

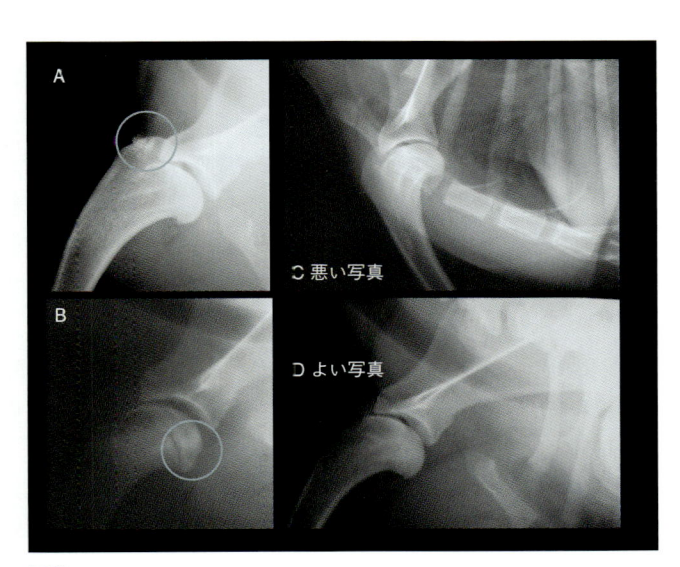

図㉗

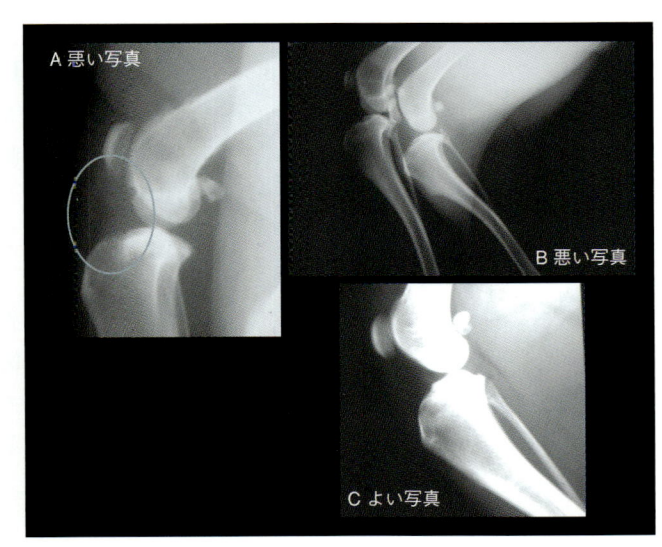

図㉘

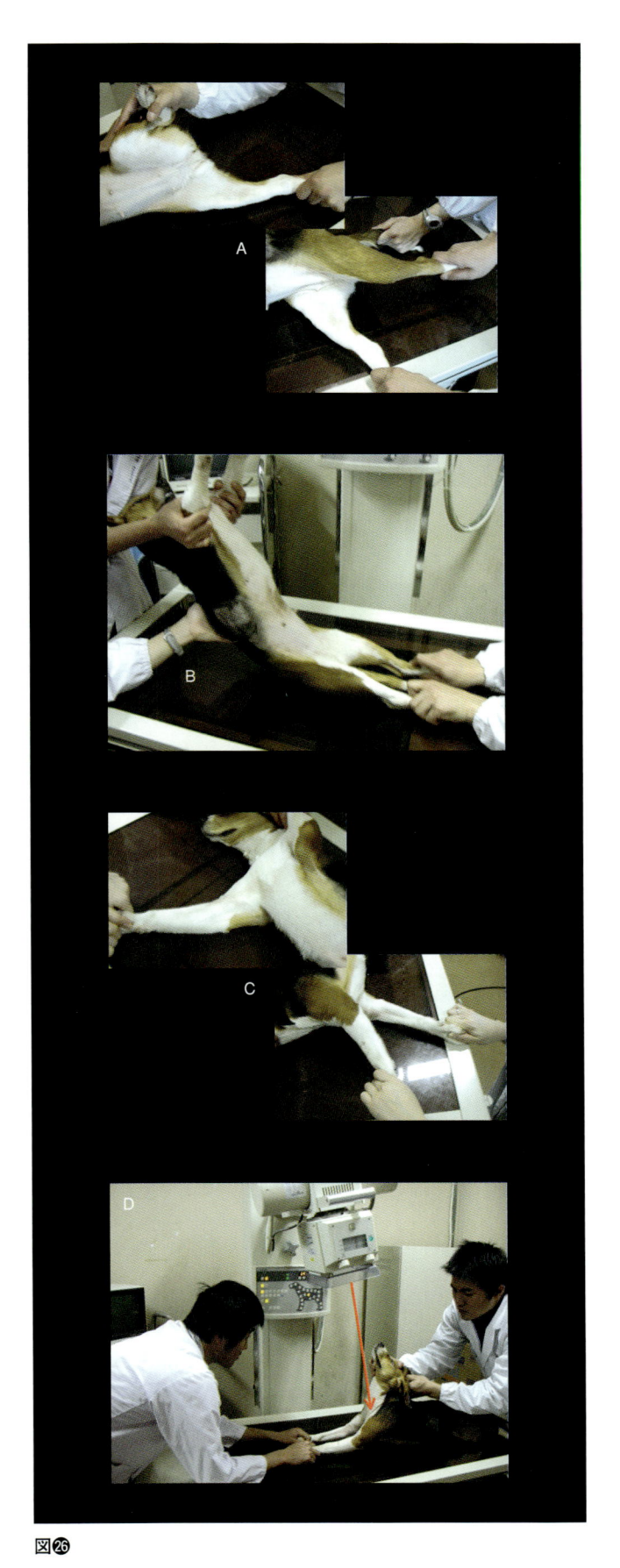

図㉖

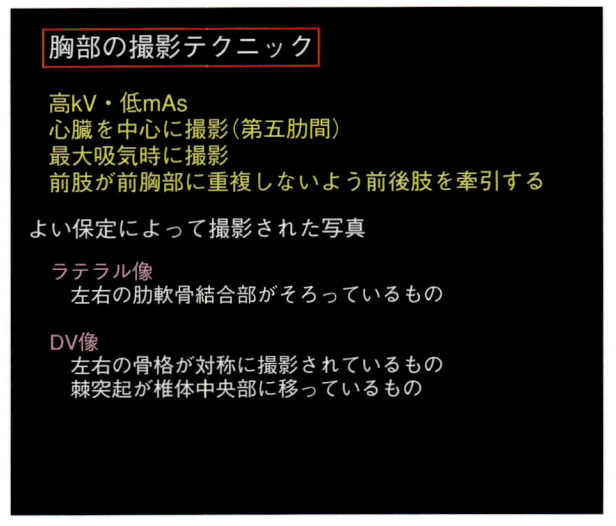

図㉙ 胸部の撮影テクニック
- 高kV・低mAs
- 心臓を中心に撮影（第五肋間）
- 最大吸気時に撮影
- 前肢が前胸部に重複しないよう前後肢を牽引する

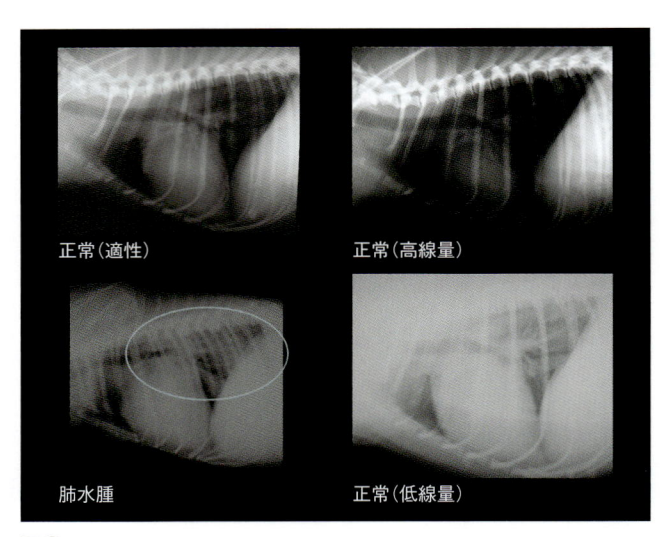

よい保定によって撮影された写真
- ラテラル像
  - 左右の肋軟骨結合部がそろっているもの
- DV像
  - 左右の骨格が対称に撮影されているもの
  - 棘突起が椎体中央部に移っているもの

図㉚ 正常（適性）／正常（高線量）／肺水腫／正常（低線量）

図㉛ 正常／重度な僧帽弁閉鎖不全症

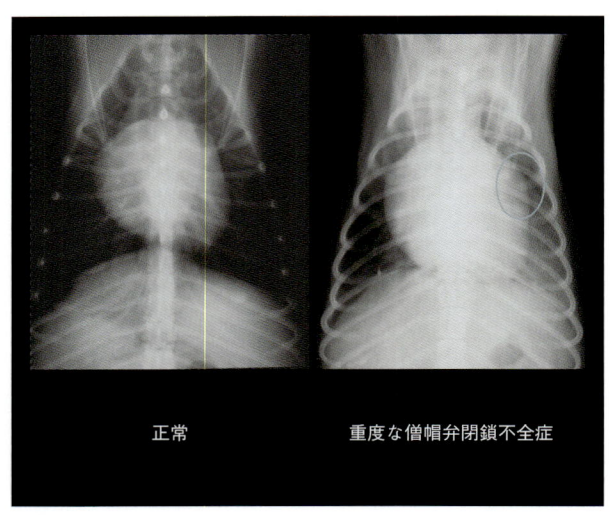

図㉜ 46kV 8mAs／76kV 1mAs

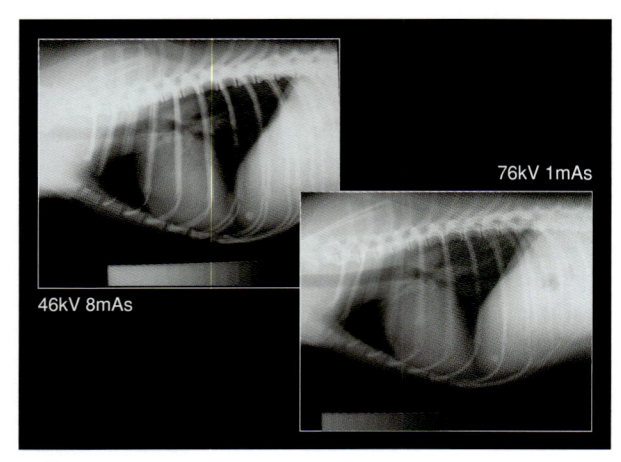

（7）胸部の撮影テクニック

　胸部の撮影では撮影条件や撮影ポジションが非常に重要になります。図㉚では肺水腫で肺が白っぽく写っている動物の写真を記載しましたが，撮影条件不足では正常でも肺が白く写りますし，撮影条件が強すぎると肺水腫があるのに肺が真っ黒になり見逃してしまいます。

　また，図㉛では重度な僧帽弁閉鎖不全の犬で心臓辺縁（丸印）が突出しています。この写真は，非常に重度な突出が観察されるのですが，正常と比較しても分かりにくいと思います。

　図㊲，㊶では，同一の正常犬でのポジションのよい写真と悪い写真を比較していますが，心臓の形がポジションによって大きく異なってしまうため，重度な病気もポジションが悪ければ見逃されることが容易に想像できると思います。

　肺野の撮影では図㉜が示すよう，高kV低mAs撮影にします。図㉝は電池をフィルムの上に立てて撮影を行ったX線フィルムですが，フィルムの端はX線が斜めに入射してくるため，正円ではありません。したがって，図㉞のように，X線の中央部で写っている心臓の形と，フィルムの端で写っている心臓では形では若干異なってしまいます。第五肋間が中心となるようにし，最大吸気時で撮影します。

　ラテラル像の撮影時，横に寝かせただけでは，背中に比べ胸骨側は体厚が薄いために図㊲Bのような写真になってしまいます。図㊱が示すように，左右の肋軟骨結合部が重複するよう胸骨側を持ち上げて保定し，撮影台から胸骨と脊椎の高さが同一となるようにします。また，図㉟では前肢が十分頭側に牽引されていないために，前胸部の診断が困難となっていますが，前肢を前方に牽引し肺との重複が起こらないように気を付けます。

　また，ラテラル像では図㊴のように，病変が下になると見にくく

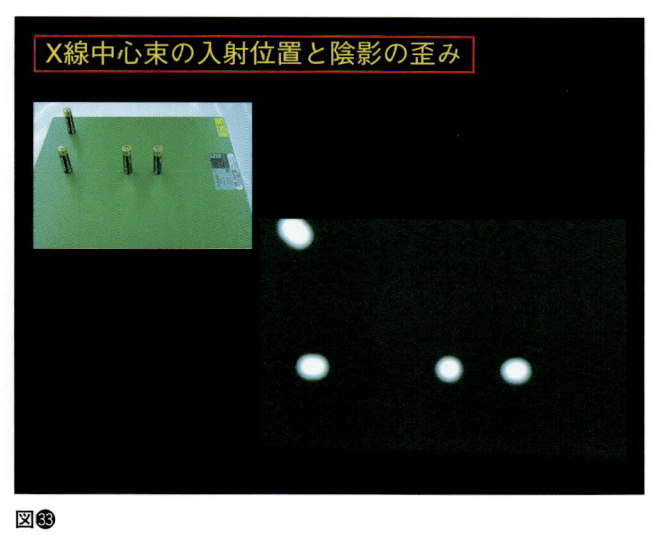

図㉝

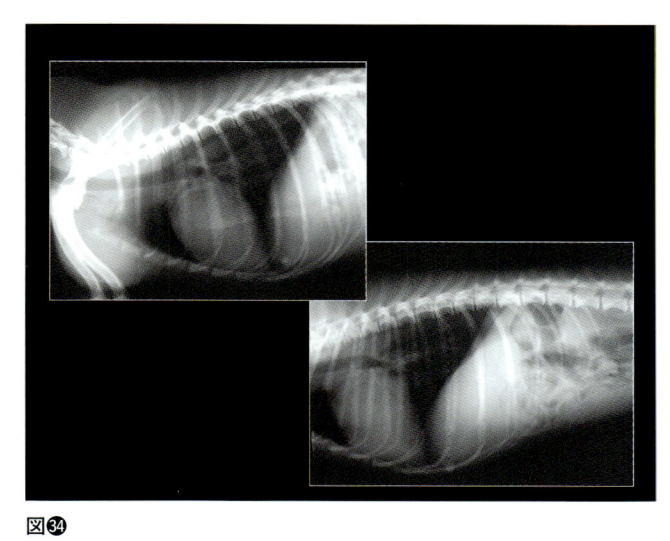

図㉞

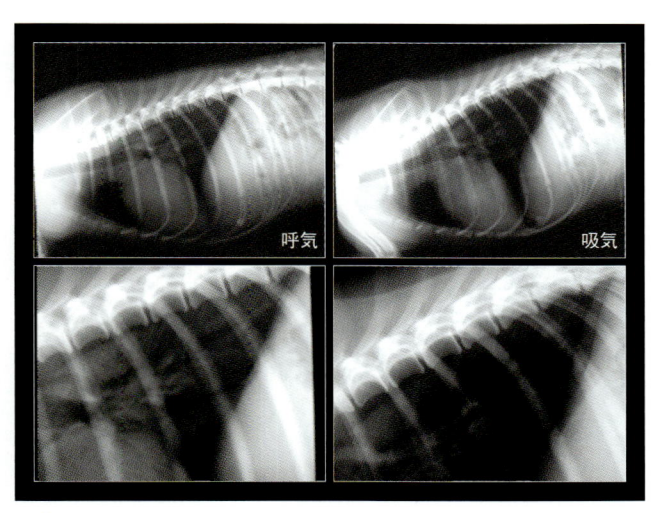

図㉟　呼気　吸気

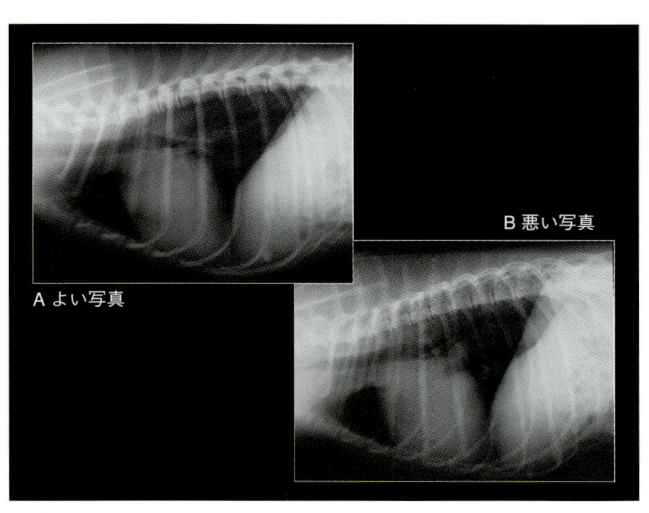

図㊲　Ａ よい写真　Ｂ 悪い写真

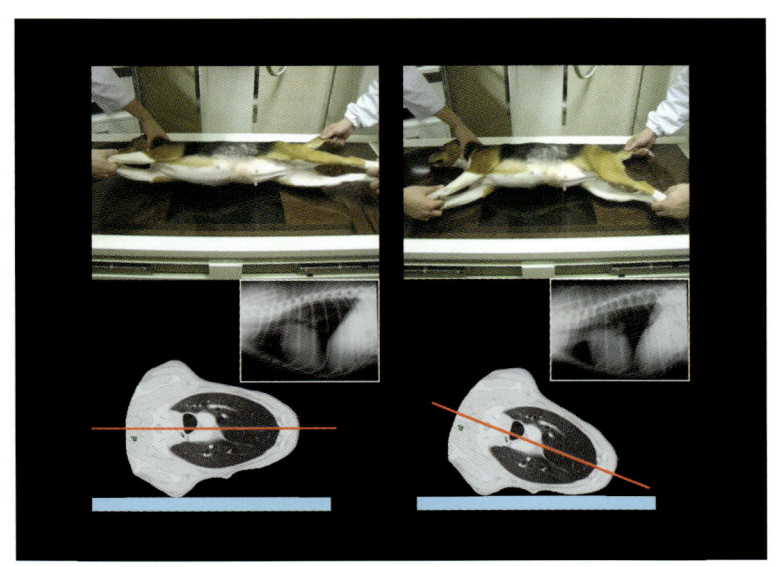

図㊱

X線検査と保定

83

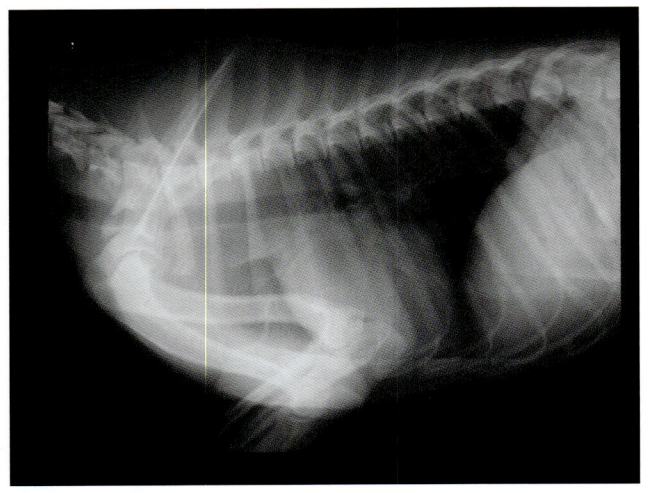

No. 11

図❸

図❹
左下ラテラル像
VD像
右下ラテラル像

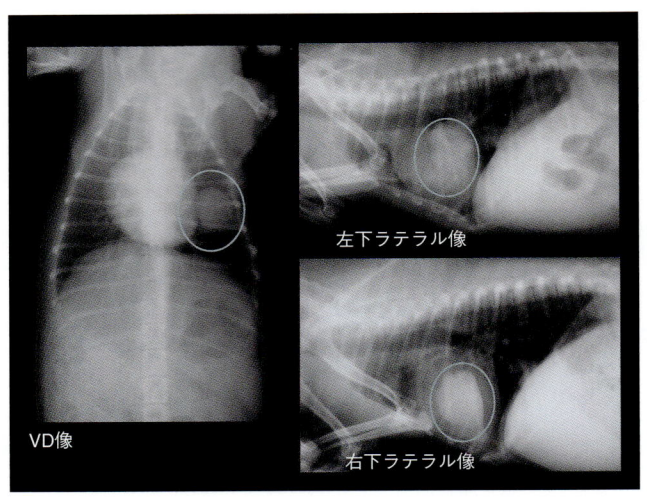

図❹

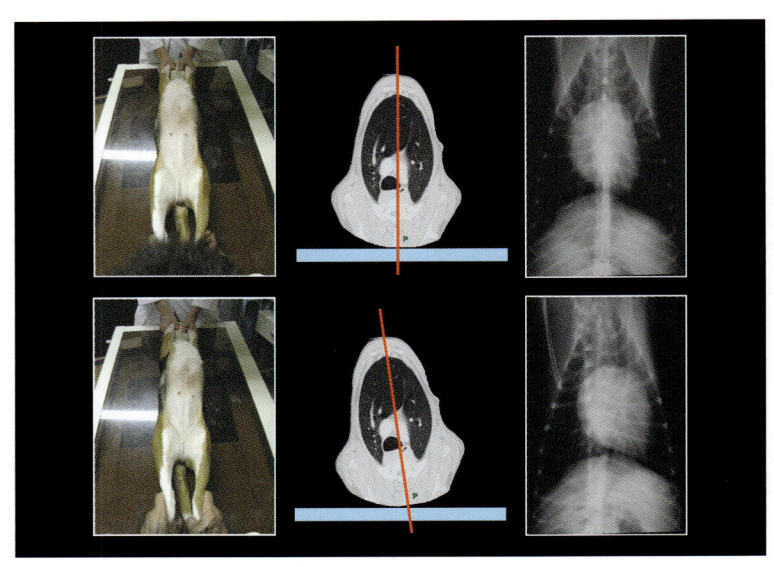

図❹
A よい写真
B 悪い写真
（右ローテーション）
C 悪い写真
（左ローテーション）

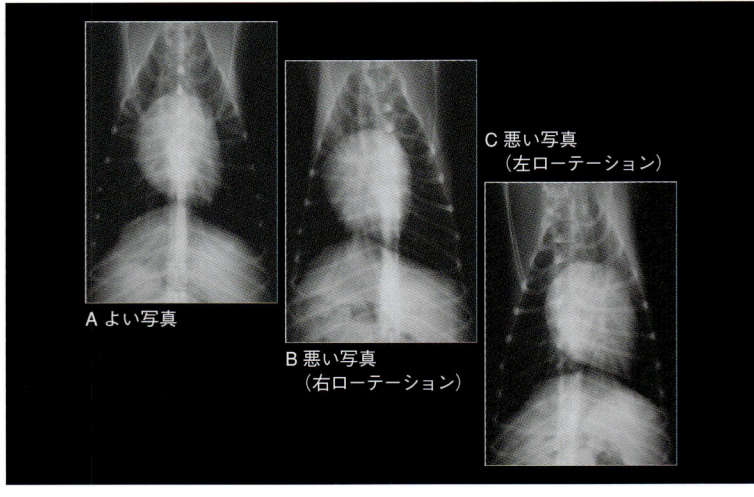

なる場合があります。このような場合では左右のラテラル像を撮影することがあります。VD像では，胸骨と脊柱がしっかり重複するように撮影します（図㉙〜㊶）。

（8）腹部の撮影テクニック

ラテラル像では左右の肋軟骨結合部，腰椎横突起，骨盤が重複している図㊹Bのような写真を真横から撮影する。
図㊹Cのように，後肢が下腹に重複しないよう，しっかりと後肢を尾側に牽引します。VD像では図㊹Dが示すように左右の骨格が対称となるようにします（図㊷〜㊹）。

5．現像のポイント

撮影後は，暗室内でカセッテからフィルムを取り出し現像を行います。現像液の現像温度，現像時間，定着時間，現像液や定着液に疲労がないことを確認した上で，フィルムを現像液に浸します。この時，フィルムと現像液の間に空気が入らないようにします。現像が終了したら，素早く水洗を行い定着液に浸します。現像行程と同様，フィルムと定着液の間に空気が入らないようにし，十分定着行程を行ってください。

定着が不十分だと，後にフィルムの変色が生じ，診断が困難な写真となってしまいます。定着が完了した後は，明室に移動し，フィルムを流水中で30分以上水洗を行います。水洗不良もフィルムの変色の原因となります。現像から，水洗まではフィルムが湿っており，表面に傷が付きやすいことから取り扱いには細心の注意を要します。水洗終了後は，ドライヤーなどで乾燥させて，検査を終了します。

自動現像機で現像を行っている病院では，暗室内で自動現像機にフィルムを挿入し，検査を終了します。

失敗しないために

X線検査は，撮影条件・撮影部位・保定・現像どの行程が失敗しても，最初からやり直しになってしまいます。できあがったX線写真から考えられる失敗の原因とその対処方法については，章末の表に記載します。

茅沼秀樹（麻布大学獣医学部獣医放射線学研究室）

腹部の撮影テクニック

最大呼気時に撮影
後肢が下腹部に重複しないよう前後肢を牽引

よい保定によって撮影された写真

ラテラル像
　左右の肋軟骨結合部がそろっているもの

DV像
　左右の骨格が対称に撮影されているもの
　棘突起が椎体中央部に移っているもの

図㊷

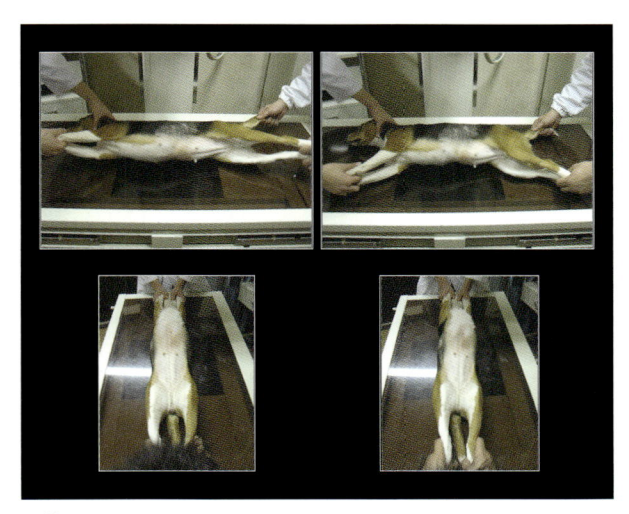

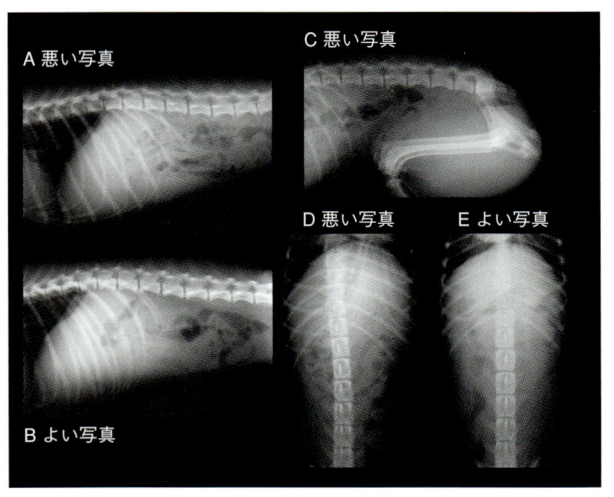

図㊸

図㊹

表 よくみられるフィルムの欠陥とその解決法

欠陥	原因	解決法
フィルムが黒い	撮影条件が高い 現像過度 ボケ	kVまたはmAsを下げます 現像液の温度を確認します 現像時間を正確に測ります
フィルムが白い	撮影条件が低い（背景は黒いが画像が明るすぎる） 現像が十分でない（背景画像ともに全体が薄い）	kVまたはmAsを上げます 現像液の温度を確認します 現像時間を正確に測ります 現像液の疲労→現像液を変えます
フィルムの濃度にむら	現像液の混和が不十分 フィルムが現像液中で均一に浸っていない	正しい現像技術
コントラストが高すぎる	kVが低すぎ，mAsが高すぎる	kVを上げ，mAsを下げます
コントラストが低すぎる	現像が不十分 現像が過度 ボケ	正しい現像技術
ボケ（鮮鋭度の低下）	動物からの散乱X線 他所からの散乱X線 定着段階以前の感光 保管によるボケ（長時間の保管） 化学薬品あるいは現像によるボケ	X線の照射野を小さくします。グリッドを使用します フィルム／カセットの保管場所をX線発生装置から遠ざけます 暗室，フィルムの保管箱，カセットの光もれまたは閉鎖が不十分。暗室内の安全光が強い，または作業台に近いためです フィルムを使用期限内に使用します 正しい現像技術
画像のぶれ	動物の動き 管球やカセットのゆれ	原因に見合って
付着した染み（アーティファクト）：小さな明るい染み 白色，灰色，あるいは黒い斑点 引っ掻き傷	増感紙上の汚れ，カセット内に異物の混入 フィルムあるいはスクリーン上の化学物質のはね 現像前または現像中のフィルムの扱い	増感紙，カセット 正しい暗室技術 スクリーンの清掃，フィルムを注意深く扱います
黒色あるいは白色の三日月型の縮れた染み 指の跡	現像していないフィルムの折り曲げ 汚れた指での扱い	フィルムを注意深く扱います 手をきれいにします
静電気の染み	静電気	現像していないフィルムを注意深く扱います 抗静電気クリーナーを使用します
化学薬品の汚れ：黄色－茶色の染み フィルムの回りの境界線 光二色性のボケ（ピンクー緑） グリッドラインが粗く写る	不十分な洗浄 汚れたチャンネルハンガーの使用 不十分な洗浄：定着液の疲労 X線ビームがグリッドに対して垂直でない 焦点グリッドが裏表反対か，不適切な距離での使用	正しい洗浄方法 ハンガーを掃除します 正しい洗浄方法：定着液を取り代えます グリッドを正しく使用します

（獣医看護学／下巻，D.R.LANE／B.COOPER 編，チクサン出版社，1999，より引用・改変）

No.12 スクリーニングエコー検査と保定

アドバイス

医学領域では、エコー検査も女性の技師の仕事で、医師は画像を確認するのみです。獣医学領域ではまだまだ獣医師がエコー検査を行うことが多いようですが、看護士の皆さんも保定をしながら画像をみて学ぶことができます。

準備するもの

- 超音波検査機器（図❶）
- 保定用の台（図❷）
- アルコールスプレー

図❷　保定用の台

図❶　超音波検査機器

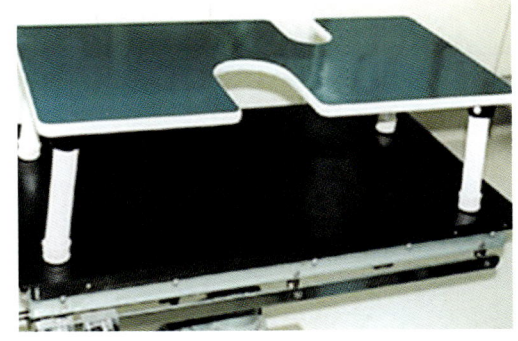

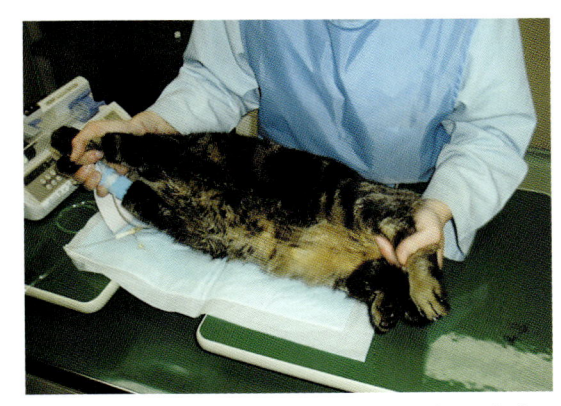

図❸　動物を背中を下の仰向け、あるいは右下に保定して行われます

手技の手順

1. 動物を台にのせる

エコー検査は、動物を背中を下の仰向け、あるいは右下に保定して行われます（図❸）。通常はエコー台という、心臓のあたりがくり抜かれている台の上で保定します。毛刈りはよほど毛が濃い犬種以外では必要はないでしょう。エコーのプローブは皮膚と密着させる必要があるので、アルコールをスプレーでかけて、毛と皮膚を十分に湿らせます（図❹）。

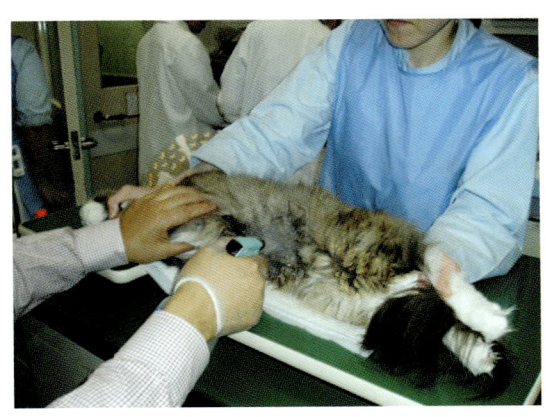

図❹　アルコールをスプレーでかけて、毛と皮膚を十分に湿らせます

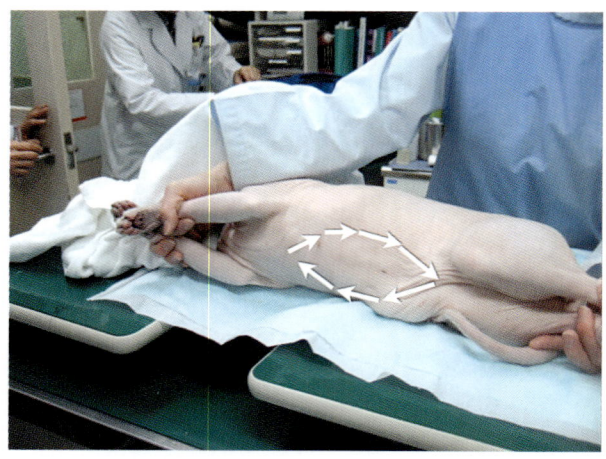

図❺　一定の順序で腹部を時計回りに移動しつつ観察します

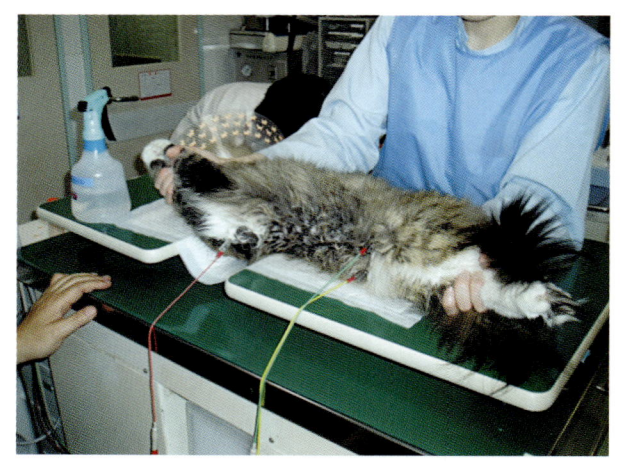

図❻　プローブを心臓用のセクタに変えて，心電図の電極を付けます

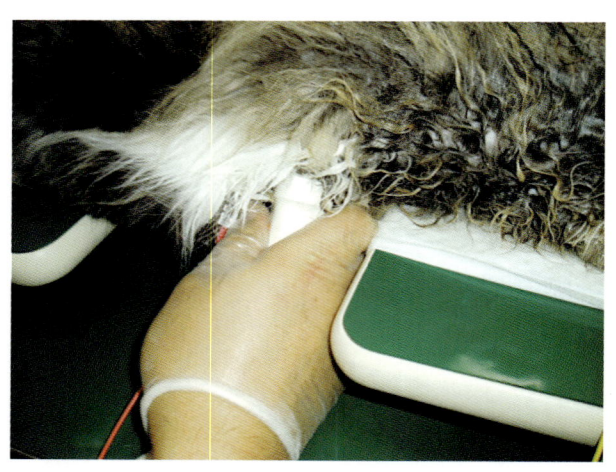

図❼　プローブは肋骨間の心臓が一番みえるところに固定します

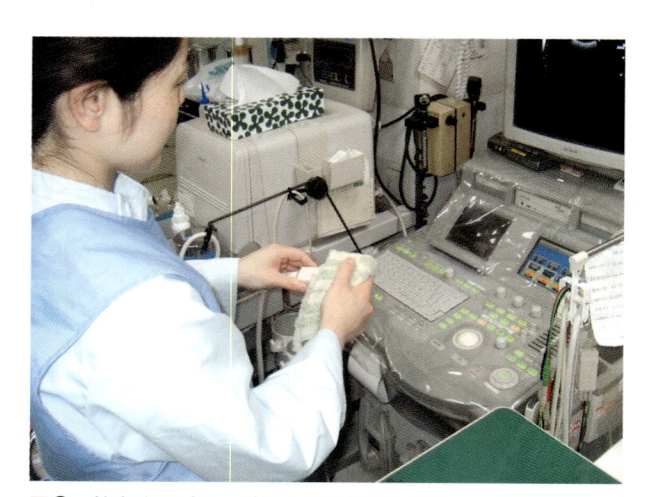

2．エコー検査の順番

　スクリーニングでエコー検査を行う場合には，通常，腹部を一通り全部みて，それから胸部をみることが多いようです。通常は腹部をみるためのプローブと，胸部（心臓）をみるためのプローブは別のものを使用します。腹部は，肋骨縁に沿って中央から左側へ肝臓をみて，そして左側体側の脾臓，左腎臓，副腎をみて，次に後方正中の膀胱をみて，体側右側を頭側に移動し，右腎臓，膵臓，副腎をみて，最後に胃の後方正中で腸間膜リンパ節をみて，というように一定の順序で腹部を時計回りに移動しつつ観察します（図❺）。したがって，次にどの臓器に行くのかを予測して，観察者がみやすいように保定を考えて行く必要があります。

　次にプローブを心臓用のセクタに変えて，心電図の電極を付けます（図❻）。たいていは電極は３本で，右脇が赤色，右鼠径が黒色，左鼠径が緑色です。心臓用プローブはエコー台の切れ込みから，肋骨間の心臓が一番みえるところに固定して，プローブを動かすことは普通ありません。この部位でプローブを回転するだけで，ほぼすべての画像が得られます（図❼）。

図❽　検査後のプローブはよく拭き取ります

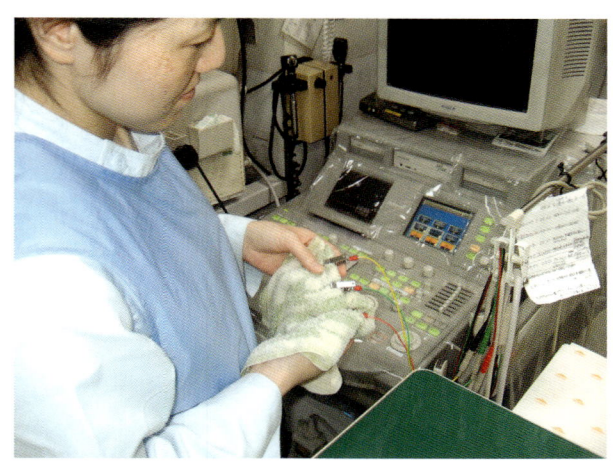

図❾　心電図の電極もきれいに拭きます

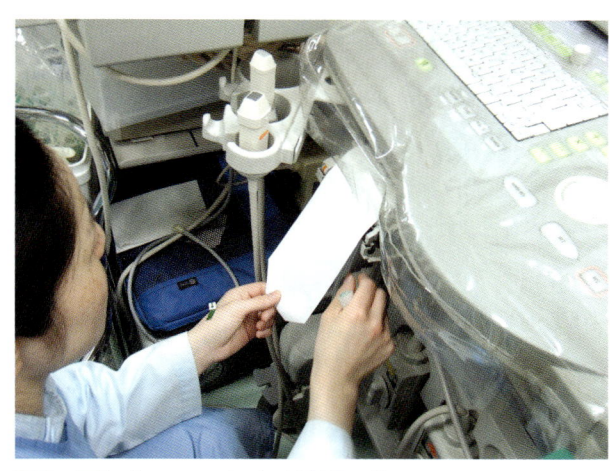

図❿　画像プリンターなどの消耗品の管理もしっかり行います

3．後始末

　これでエコー検査は終わりです。動物を安全なところに移動し，アルコールは拭いたりドライヤーで乾かしたりします。検査機器のプローブはよく拭き取り(図❽)，あわせて心電図の電極もきれいに拭きます(図❾)。画像プリンターなどの消耗品の管理もしっかり行います(図❿)。

石田卓夫（赤坂動物病院，医療ディレクター）

> **手技のコツ・ポイント**
>
> ・最初は何をみているのか戸惑うでしょうが，次第に分かってきて覚えます
> ・健康診断の動物をいつも検査していると，正常像が覚えられます
> ・分からないことは獣医師に聞きながら，画像を頭に入れましょう
> ・次にどのような動きになるのかを予想して，正しい保定を行いましょう

13 眼科検査と点眼時のポイント

アドバイス

日常診療の中で行われている眼科検査には，検眼鏡検査，シルマー涙液検査，フルオレセイン検査，眼圧検査などがあります。これらの検査法について説明したいと思います。また，同時に日頃使用している点眼液の扱い方についても詳しく説明します。

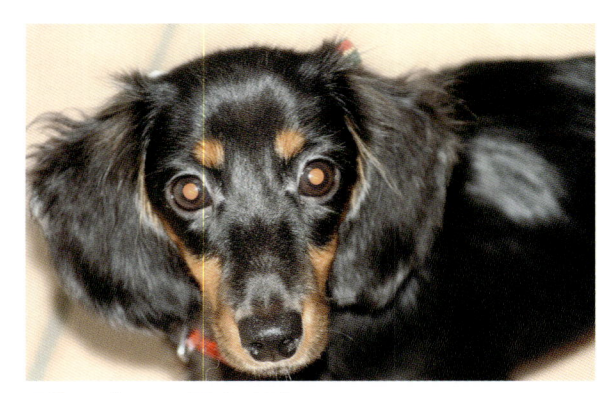

図❶　頭部および眼球の観察

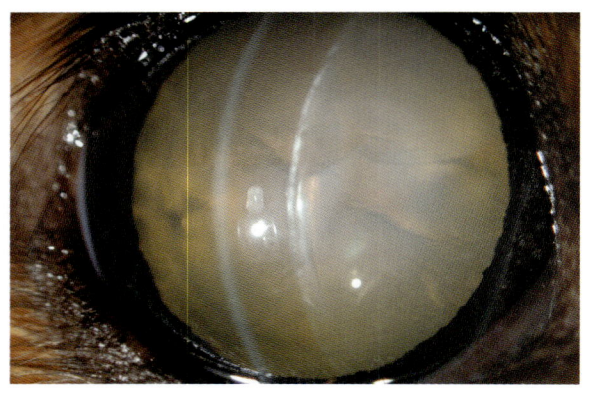

図❷　白内障スリット画像

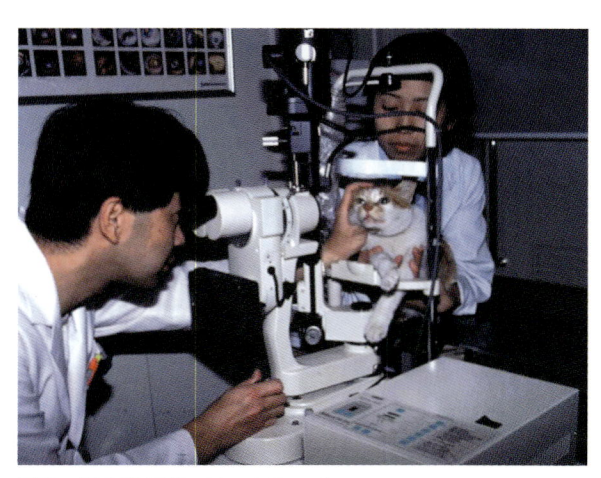

図❸　据え置き型スリットランプ

準備するもの

- 検眼鏡
  細隙灯顕微鏡（スリットランプ）
  直像検眼鏡
  倒像検眼鏡
  パンオプティック検眼鏡
- 集光レンズ
- 眼圧計
- フルオレセイン染色試験紙
- シルマー涙液試験紙

器具の一覧表

- コーワ　ポータブルスリットランプSL-15
- HEINE　双眼倒像鏡　オメガ180
- ニコン　集光レンズ+20 D
- Welch Allyn　PanOptic検眼鏡
- Medtronic　眼圧計　TONO-PEN® XL
- ナイツ　直像検眼鏡BXα
- 昭和薬品化工　フローレス試験紙

手技の手順

1．身体検査

始めに身体検査を実施します。その際，頭部および眼球の位置関係（突出，拡大），顔面表情筋の対称性，眼球表面の光沢具合，鼻翼の湿り具合などをよく観察します（図❶）。

図❹ ポータブルスリットランプ

図❺ 左右の手で動物の頭をしっかりと持って保定します

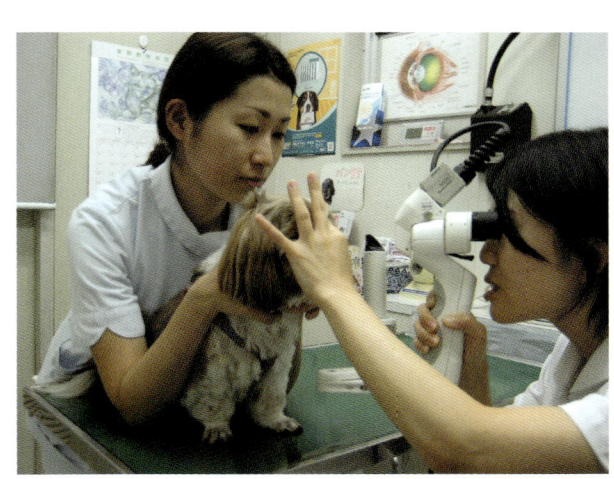

図❻ 左手で目のまわりを押さえています

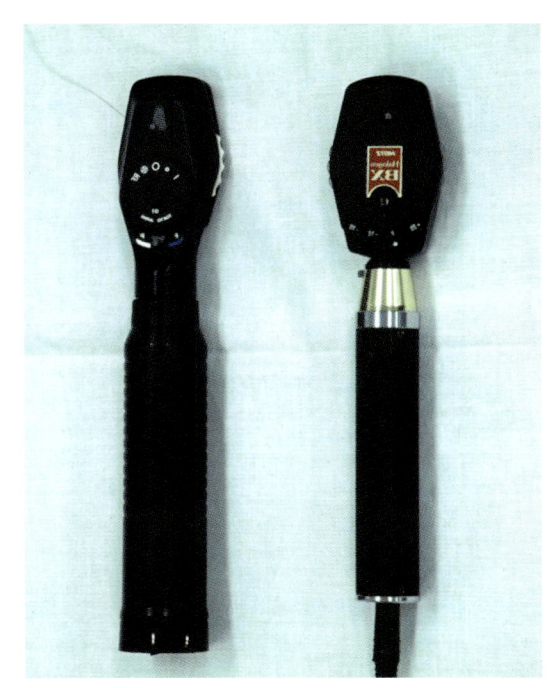

図❼ 直像検眼鏡

2．拡大鏡を用いる

　眼球を肉眼的にみても詳細な情報は得られないので，通常は拡大鏡を用いて検査を行います。前眼部を検査する器具が細隙灯顕微鏡（スリットランプ），眼底を検査する器具には直像検眼鏡，倒像検眼鏡，パンオプティック検眼鏡があります。

3．スリットランプを用いる

　スリットランプは観察したい部分を光の狭い光束（スリットビーム，図❷）で切り，この光切片を双眼顕微鏡で観察する検査法です。顕微鏡の倍率は10〜40倍の間で調節可能で，通常は10〜20倍の倍率を使用して観察します。スリットランプを用いることにより眼瞼から前部硝子体まで観察可能です。

　スリットランプには，据え置きタイプ（図❸）とポータブルタイプ（図❹）がありますが，装置の大きさや動物の保定の問題等により獣医眼科ではポータブルタイプが多く用いられています。ポータブルタイプは据え置きタイプに比べ拡張性が低く，装備の簡略化（倍率が可変式では無く固定式，スリット幅も無段階調節ではなく4段階，外部出力装置の接続できない）が行われていますが日常診療では十分使用できるものです（図❺，❻）。

4．直像検眼鏡の活用

　直像検眼鏡（図❼）は観察可能な範囲（視野）は狭いが拡大率がよく，角膜，虹彩，水晶体，硝子体，網膜を直立像で検眼できます。

　検眼鏡のレンズ回転板を回転させることで＋40D〜−25Dの範囲で検眼が可能です。他の回転ノブにはスリット，小口径，大口径，格子，赤およびコバルトフィルター等が付属していますが通常では前者3つ以外はあまり使用しません。まず，検眼鏡のレンズ回転板

図❽ 単眼倒像検眼鏡

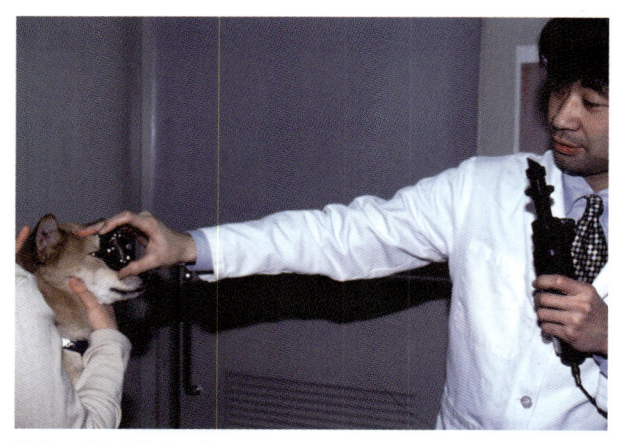

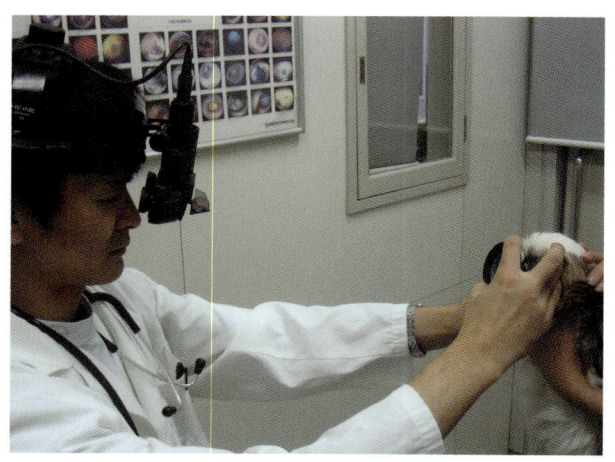

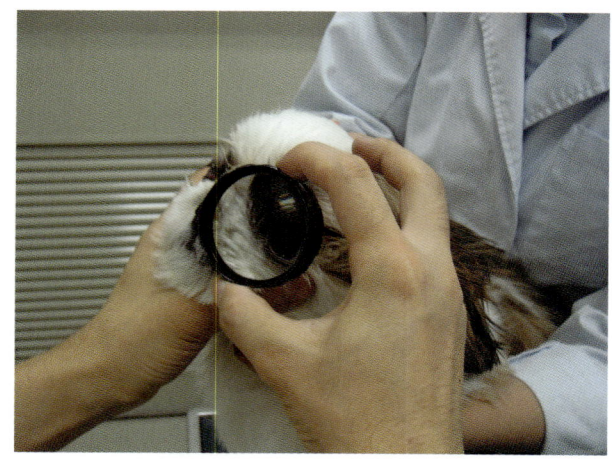

図❾ 双眼倒像検眼鏡

図❿ 集光レンズ

を0にセットしておき，動物の眼から50～60cmの位置に立ち，瞳孔の中央部に光が入るように検眼します。

そのとき動物の右眼を検眼するときは検者の右眼で，同様に動物の左眼を検眼するときは検者の左眼で検眼します。瞳孔反射を捉えながら動物の眼に徐々に近付き2～5cm位の部位で眼底がみえます。このとき，レンズ回転板を回転させ眼底がはっきりみられるまで調節します。通常は－2D～＋2Dの範囲にあるはずです。

次にレンズ回転板を0にセットし，視神経乳頭を観察します。正常では眼底のレンズ回転板の位置と乳頭の中心部の血管がはっきりみられる位置は1Dの範囲内にあります。

直像検眼鏡検査の欠点は角膜，房水，水晶体，硝子体等の混濁により眼底がぼやけてしまうことと，動物に接近しなければ検査できないことです。

5．倒像検眼鏡の活用

倒像検眼鏡は光源から出た光を集光レンズを通して眼底に当て，同レンズに眼底像を結像させて観察する検査方法です。倒像検眼鏡には単眼（図❽）と双眼倒像検眼鏡（図❾）があり，双眼は立体視が可能で，明るい像が得られます。

検者は動物から50～60cm離れた位置に立ち，検眼鏡を検者の目の近くに保持し，集光レンズ（図❿，⓫）を患眼の手前4～5cmの位置に保持します。集光レンズを前後に動かしながら眼底像がきれいにみえるところまで動かします。眼底像は倒像となり，上下および左右が逆に観察されます。集光レンズは14D，28Dの凸レンズを使用しますが，度数が大きくなるほど視野は広く拡大率は低くなります。眼底をスクリーニングする場合には20Dのレンズを使用し，詳細な観察が必要な場合は14Dのレンズを使用するとよいでしょう。

倒像検眼鏡検査の欠点は手技の修得に時間がかかること，拡大率が低く，像が逆であることなどが挙げられます。

6．パンオプティック検眼鏡の活用

パンオプティック検眼鏡（図⓬）は眼底を検査する機器です。この機器の特徴は直像鏡に比べて視野が5倍ほど広く，また拡大率が26％もアップされているので，無散瞳でも眼底が観察可能なことです。また拡大された直立画像は眼底表面積の10～15％をカバーしており，倒像検眼鏡ほど視野は広くないですが簡単に眼底を検査することができます（図⓭）。

さらにパンオプティック検眼鏡の先端にはアイパッチ（蛇腹管状のフード）が装着されており，これを装着した状態で，眼瞼に当て検眼を行えば，明るい部屋の中でも暗室と同様な状態で検眼可能です。

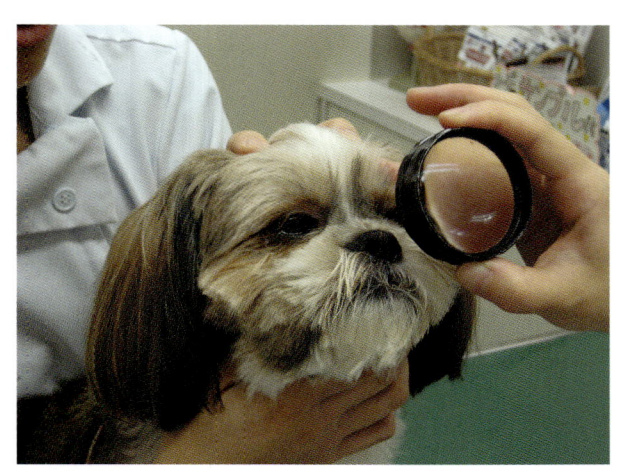

図⓫　集光レンズ使用時の保定，ひとりはしっかりと動物の頭を持ちます

図⓬　パンオプティック検眼鏡

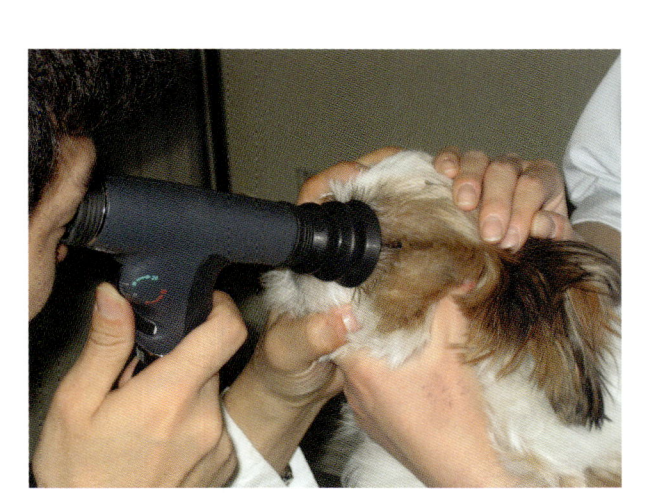

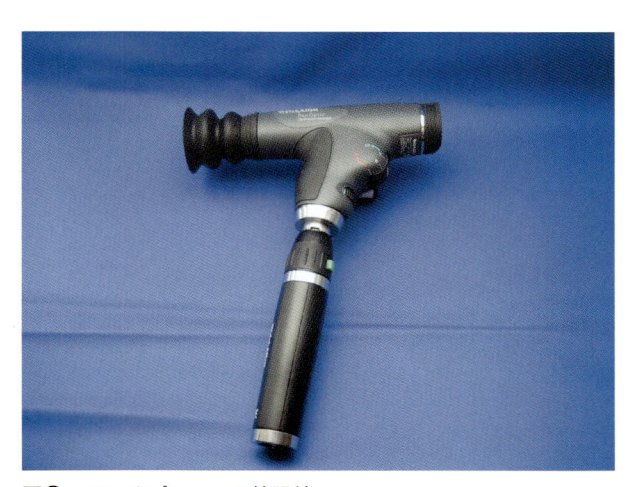

図⓭　パンオプティック検眼鏡使用時，二人で合計三つの手を使って動物の頭を保定します

図⓮　シルマー涙液試験紙

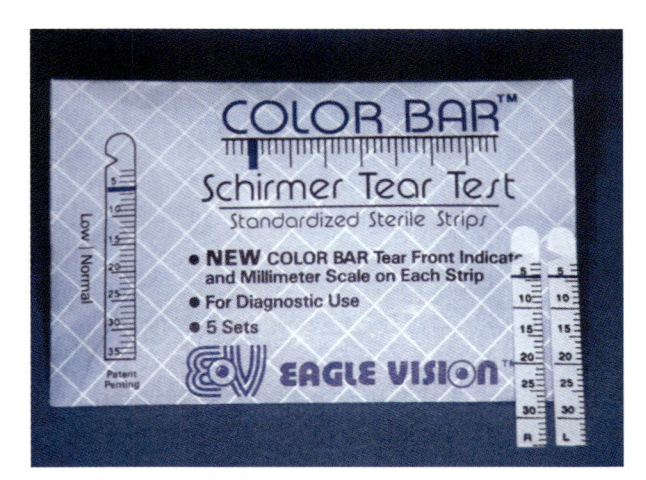

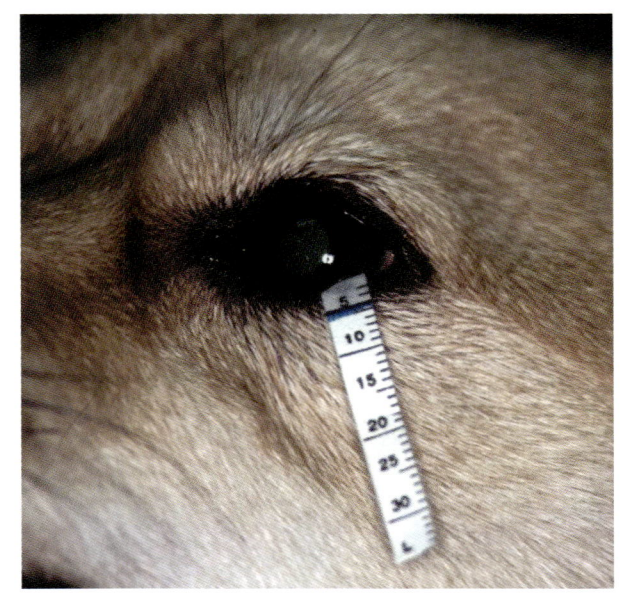

図⓯　シルマー涙液検査

7．シルマー涙液試験のポイント

　シルマー涙液試験（図⓮）は涙液の量的検査法であり，涙液の基礎分泌と反射性分泌を反映していると考えられています。重要なポイントはこの試験を実施する前に洗眼や薬物点眼を行ってはいけないことです。例え眼球表面に眼分泌物が付着していても洗顔や薬剤点眼は絶対してはいけません。ある程度の余分な眼分泌物を，コットンなどを用いて結膜嚢内から取り除いておくことは構いません。使用法は，試験紙の先端より5mmの所（ノッチの入っているところ）を折り曲げ下眼瞼と角膜の間に挿入し1分間計測します（図⓯）。

　試験紙を折り曲げる際には指に付いている油脂で試験紙が汚染されないようにするために，袋に入った状態で折り曲げます。1分間たったら試験紙を取り出し，涙液で濡れた部分を測定します。

　判定は≦5mm/minは重度涙液減少，6〜10mm/minは軽度涙液減少，11〜14mm/minは涙液減少の疑い，≧15mm/minは正常となります。猫では16.92±5.73mm/minが正常となります。

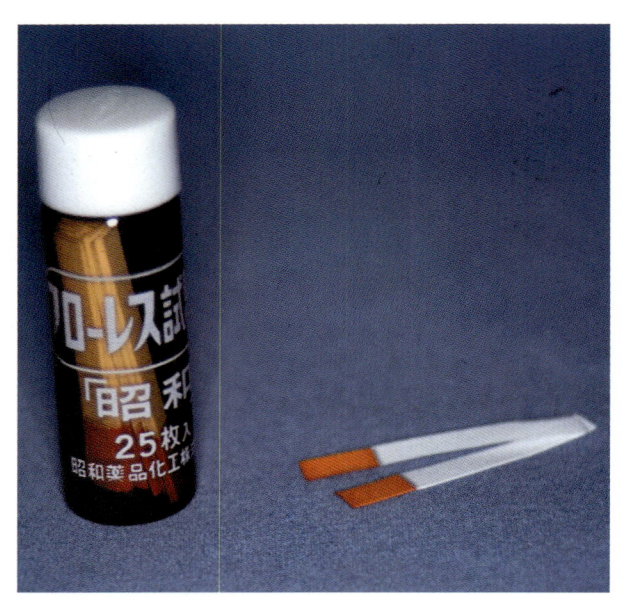

図⓰　フルオレセイン試験紙

図⓱　フルオレセイン検査

図⓲　トノペンとオキュフィルム（先端カバー）

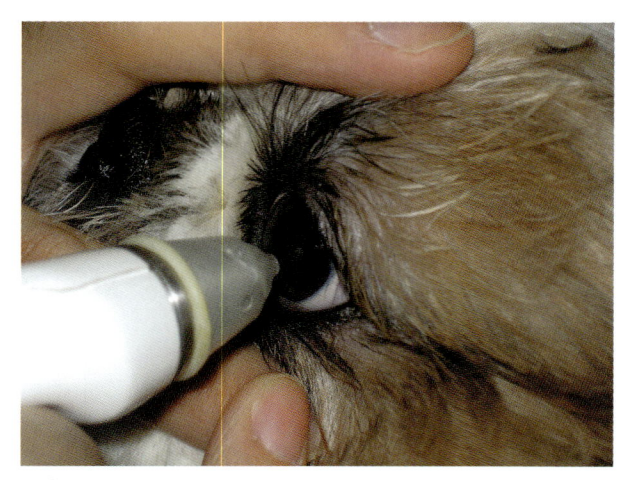

図⓳　眼圧測定：角膜に優しく接触させます

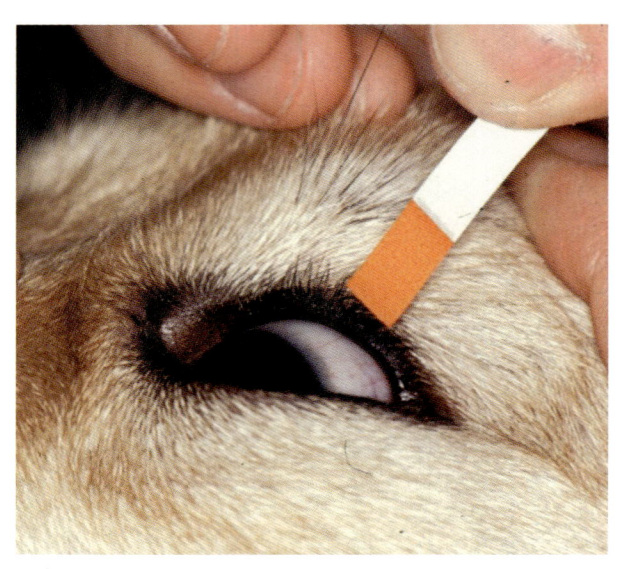

8．フルオレセイン検査のポイント

　フルオレセイン染色は角膜上皮細胞の状態を検査する方法です。角膜上皮細胞は無傷であるならば，通常はフルオレセイン染色で染色されません。通常は市販されている試験紙を使用します（図⓰）。

　使用方法ですが試験紙の色素の付いていない部分を把持し，色素部分に生理食塩水を1滴垂らします。その後，試験紙を振り余分な水分を振り払い，静かに球結膜に当てます（図⓱）。色素が角膜全体に行き渡るように数回瞬目させた後，角膜表面を検眼鏡で検査します。通常コバルトブルーフィルターを用いて徹照下で観察すると，角膜上皮の損傷部分が黄緑色に光って見えます。角膜上皮に損傷がなければ，色素が角膜実質に侵入することはありません。次に余分な色素を洗い流した後，再度角膜表面を検査します。余分な色素を洗い流すことにより微細な傷が発見しやすくなります。

　注意点ですが，試験紙の色素部分を直接角膜にあてると，その部分の角膜上皮が一時的に色素を取込み，あたかも傷があるかのようにみえてしまうので行ってはいけません。

9．トノペンの活用

　トノペン（図⓲）はポータブルな電気式圧平式眼圧計で，眼圧はmmHgでデジタル表示され，換算表を必要としません。眼圧測定は点眼麻酔処置後，トノペンの先端を角膜中央部に数回軽く接触させます（図⓳）。接触させるたびにピッ，ピッ，ピッと音がして，最後にピーと長めの音と共にLCD画面に数値が表示されます。

　表示された数値の下にアンダーバーがありますがこのアンダーバーが5％のところにあるのが信頼性の高い数値です。このアンダーバーは測定した数値の信頼性を示すものであり，数値が大きくなるほど信頼性が低くなります。したがってアンダーバーの数値が高い場

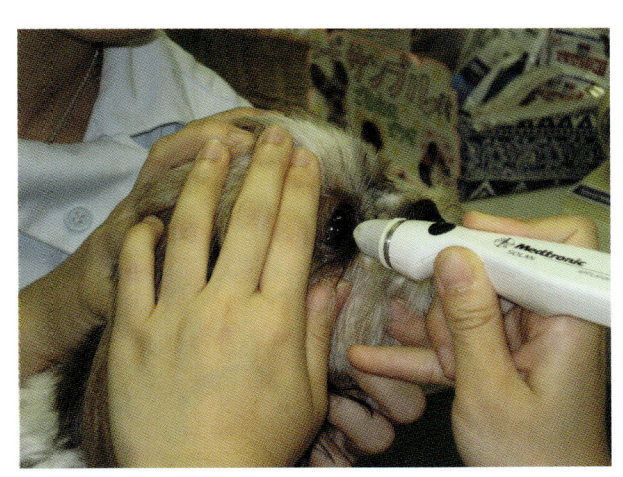

図⑳　トノペンの先端を角膜に強く押し付けないようにします

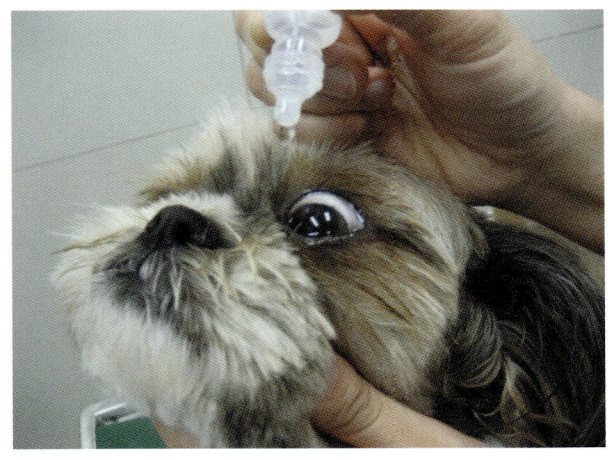

図㉑　点眼液の点眼

合には再測定します。
　測定に際しての注意点ですが，トノペンの先端を強く角膜に押し付けないように行います（図⑳）。角膜周辺部でも測定可能ですが，できる限り角膜中央部で測定するのが望ましいでしょう。正常眼圧は，犬は14.25mmHg，猫は14.26mmHgと報告されています。また，眼圧測定は角膜深層潰瘍のような重度の角膜疾患においては禁忌です。

10．点眼薬使用のポイント

　点眼薬には点眼液と眼軟膏の2種類の剤形があります。どちらを使用するかは①主治医の好み，②動物の性格，③動物の家族の利便性と可能な点眼回数等に関係してきます。著者の経験では，点眼液を好む動物の家族の方が多く，兎眼などの眼表面の乾燥防止に使用する以外に眼軟膏を処方することは多くありません。

（1）点眼液

　点眼液は眼の局所治療によく使用されるものですが，投与方法が簡単で，点眼回数や間隔等を容易に調節できます。点眼された薬物の眼内移行率は眼軟膏に比べ早く，しかしながら持続時間は短いために点眼回数は多く必要となります。
　投与方法は，始めに手指を石鹸などで洗浄し，袋から点眼瓶を取り出します。次に図㉑に示すように，動物の頭部を上方に向け固定し，上眼瞼を上方に引き，眼の上方から1〜2滴点眼します。その際，点眼瓶の先端を直接指で触れたり，眼球に触れないように注意します。1回の点眼量は1〜2滴で十分であり，それ以上多く点眼しても眼からあふれでるだけで効果はありません。
　また，2種類以上の点眼液を点眼する場合には，各々の点眼間隔は最低でも5分間以上あけるように指示します。この理由は①異なる製品間では配合変化が起きやすいこと，②希釈され十分な眼内

> **手技のコツ・ポイント**
> ・シルマー涙液試験を実施する前に，薬剤点眼・洗眼等の処置は行ってはいけません
> ・トノペンの先端を強く角膜に押し付けないように行います
> ・シルマー涙液検査は眼科症例すべてにおいて毎回検査しましょう
> ・眼底検査を行う場合には必ず散瞳させて検査を行いましょう

移行が得られないことが挙げられます。

(2) 眼軟膏

眼軟膏の利点は，①点眼回数の軽減，②兎眼時などの眼表面の乾燥防止効果，③角膜びらん時における痛みの軽減などが挙げられます。例えば，涙液のturn overが早すぎると，病変部と薬物との接触時間が減少するため水溶性点眼液では効果が低下します。眼軟膏は結膜嚢に滞留し，薬剤を徐放するとういうユニークな性質をもっており，角結膜あるいは眼内へのドラッグデリバリー効率を考える上で有用な選択肢になると考えられます。一方，短所は①点入の難しさ，②点入後の異物感；前肢で引っ掻く，眼をこすりつけるなどが挙げられます。その他，角膜穿孔している眼または疑える眼には眼軟膏の使用できません。

投与方法は，始めに手指を石鹸などで洗浄し，袋からチューブを取り出します。図㉒のように動物の頭部を上方に向け固定させ，下眼瞼を下方に引き，チューブの先端が結膜に直接触れないように注意しながら軟膏を結膜嚢内に点入し閉瞼します。あるいはあらかじめ綿棒の先に少量の眼軟膏をつけておき，下眼瞼を下に引いて結膜嚢に眼軟膏のついた綿棒をあてがい，閉瞼させながら綿棒を静かに横に引いて点入する方法もあります。

失敗しないために

検査手順を間違えて，洗眼や薬剤点眼を先に実施した場合には，シルマー涙液検査の評価は難しくなります。この場合には，薬剤点眼のみであるのなら時間をおいて再度検査を行うか，他の日に再検査を行う方法しかありません。当日に時間をおいて検査しても，この評価はあくまでも参考値にするべきであり，この数値で評価を行わない方がよいと考えます。

直像鏡検査で散瞳下でも眼底が見づらい場合には，中間透光体に混濁がある可能性が強いので，倒像鏡検眼検査を実施すれば検眼しやすくなると思われます。

フルオレセイン検査で試験紙の色素部分を誤って角膜に接触させてしまった場合には，傷があるかのように擬陽性に反応するので注意が必要です。通常フルオレセイン染色は角膜上皮欠損部を染色するので，拡大鏡でよく観察すれば擬陽性部分と陽性部分を判断することは可能を思われます。

最後にこれまでの参考のために眼球の断面図を示しました（図㉓）。

安部勝裕（安部動物病院）

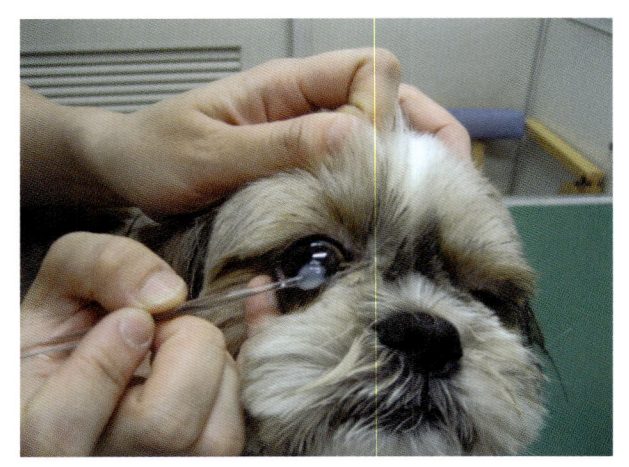

図㉒　眼軟膏の点入

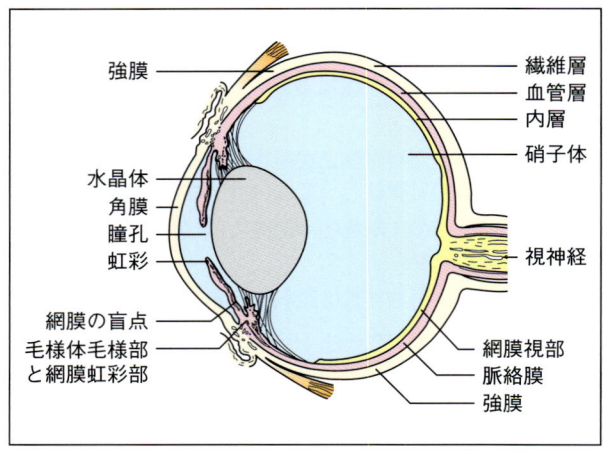

図㉓　眼球の断面図

動物の家族に伝えるポイント

・点眼する前にはよく手指を洗うよう伝えます
・２種類以上の薬剤を点眼する場合は５分以上間隔をあけて点眼するよう伝えます
・点眼容器の先端が動物に触れないよう伝えます
・使用期限および保存方法を守るよう伝えます
・指示された点眼回数を守るよう伝えます

動物病院ナースのための臨床テクニック vol.2

動物病院検査技術ガイド

好評発売中

監修 **石田卓夫**
日本臨床獣医学フォーラム会長

B5判　204頁　オールカラー
定価：本体4,800円（税別）
ISBN978-4-88500-673-9

「チーム医療」を実践するために病院スタッフに求められる検査の技術と知識を網羅した動物病院必携の検査ガイド決定版！

本書は、動物看護師が一般的に行う検査から、習熟が必要なものまで幅広く取り上げ、豊富な写真や図表とともにわかりやすく解説。重要な検査である血液化学スクリーニング検査については、検査値の見方や一般的な検査項目パターンまで紹介。また、動物病院スタッフや動物の家族とのコミュニケーションのポイントなど、治療を円滑に行うために必要な情報も掲載。伴侶動物医療の第一線で活躍する執筆陣による、「チーム医療」を実践するための情報が満載の動物病院必携の一冊。

臨床現場に直結した実践的な構成で写真や図表を豊富に用いてわかりやすく解説！

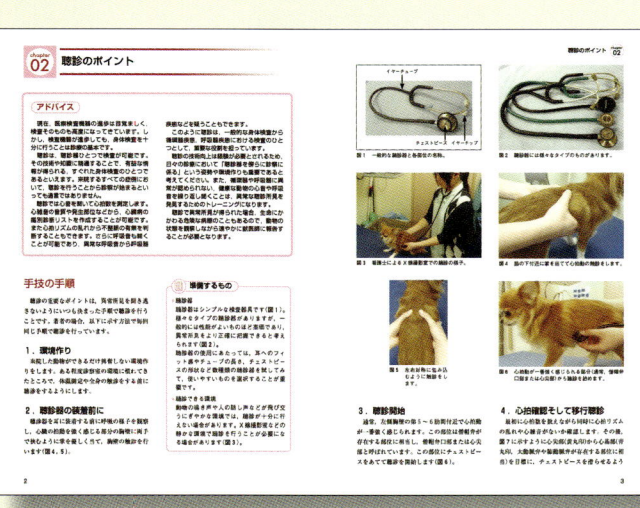

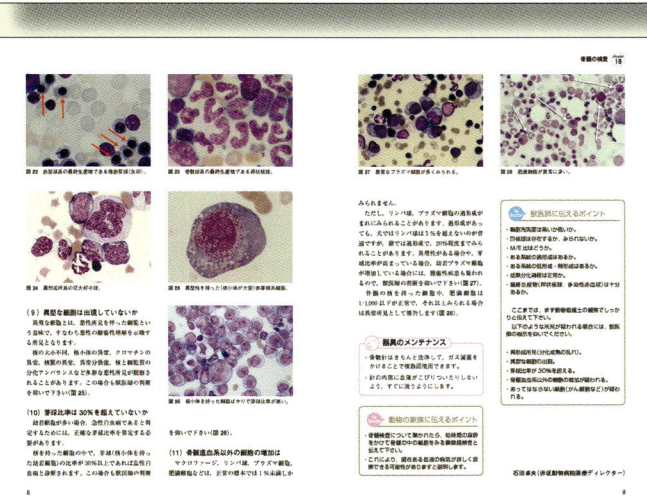

質の高い獣医療を実践するための 22CONTENTS

総論　診断と治療方針はどのようにして決めるのか……石田卓夫

第1部　動物の体に対する検査
1. 身体検査の欠かせないポイント……長江秀之
2. 聴診のポイント……佐藤浩
3. 眼科検査……安部勝裕
4. 耳の検査……大村知之
5. 心電図検査と波形のみかた……佐藤浩
6. 単純X線検査の補助……川田睦／戸次辰郎
7. スクリーニングエコー検査……竹中晶子
8. 内視鏡検査の補助……入江充洋

第2部　体から取り出した材料に対する検査
9. 検体の取り扱い方の基本……打江和歌子
10. 血液検査（CBC）……重田界
11. 血液塗抹標本の観察と検査……重田界
12. 血液化学スクリーニング検査と検査値の見方……竹内和義
13. 凝固系スクリーニング検査……林宝謙治
14. 細胞診標本の作り方……山下時明
15. 尿検査の欠かせないポイント……草野道夫
16. 糞便検査の欠かせないポイント……草野道夫
17. 耳垢検査・皮膚掻爬検査による外部寄生虫の検出……大村知之
18. 骨髄の検査……石田卓夫
19. 特殊検査……石田卓夫
20. クロスマッチ試験の手順……内田恵子
21. 内分泌学的検査とは……竹内和義
22. 微生物検査法とは……栗田吾郎

株式会社 緑書房

〒103-0004　東京都中央区東日本橋2-8-3　東日本橋グリーンビル
販売部　TEL.03-6833-0560　FAX.03-6833-0566
webショップ　http://www.pet-honpo.com

No.14 歯科処置後のケアとホームデンタルケアの指導

アドバイス

　歯科疾患は伴侶動物に最もよくみられる病気のひとつです。3歳以上の犬・猫では80％以上の割合で歯周疾患がみられ，一番多い疾患です。伴侶動物はこれからますます高齢化が進み，歯周疾患をもつ患者はさらに増え続けると考えられます。

　慢性歯周疾患は心臓，肺，腎臓などに慢性的な病変を引き起こすといわれています。また，全身性の疾患等により歯周疾患もさらに悪化します。たかが歯の病気と軽く考えずに，適切な治療と早期の予防が必要です。

　伴侶動物が口腔内も体も健康でいられるように，獣医師のみならず，動物看護士，受付等のスタッフ全員が，動物の家族に繰り返しホームケアを含めた予防歯科の指導をしていくことが重要です。

準備するもの

1．歯科教育用
- デンタルチャート
- デンタルモデル（図❶）
- 歯ブラシ
- デンタルジェル，デンタルペースト
- デジタルカメラ，プリンター

2．歯科処置器具類
- 歯周プローブ，デンタルミラー，超音波スケーラー，キュレット，抜歯用鉗子，抜歯用エレベーター，骨膜起子，メス・メスホルダー，マイクロエンジン
- プロフィーブラシ・プロフィーペースト
- 縫合セット（把針器，鋏，摂子，針付き縫合糸4-0モノフィラメント）
- その他（開口器，開唇器，口腔内洗浄剤，ガーゼ）

3．歯科用レントゲン関連機材

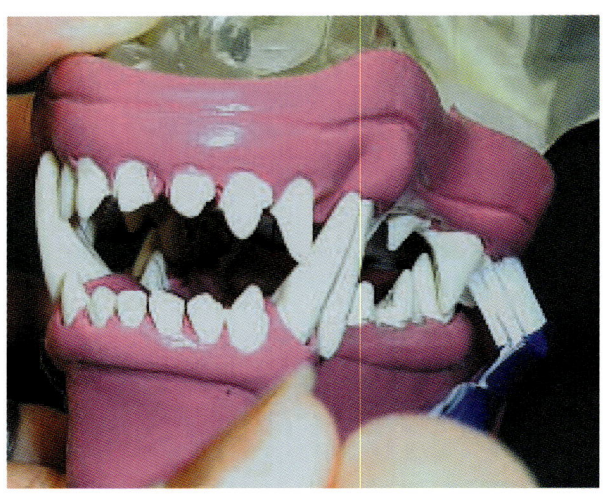

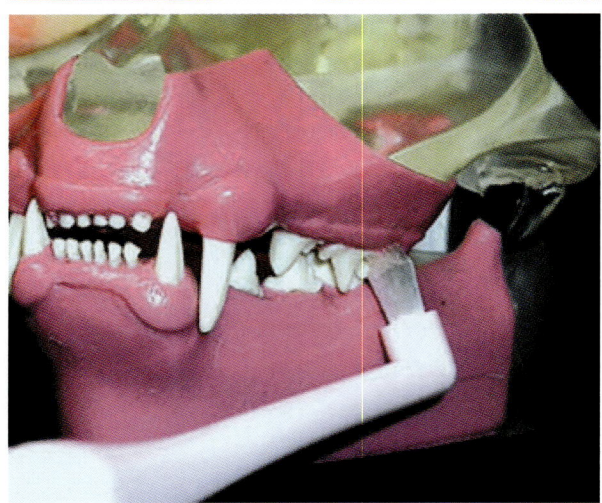

図❶　デンタルモデルとブラッシングのポイント
歯の表面だけでなく歯と歯茎の間に入れるようにして歯周ポケットをブラッシングします。歯周ポケットの汚れを掻き出すことが大切です

勤務獣医師のための臨床テクニック　第1集

「準備するもの」および「手技の手順」について，第4章「一般症例での簡単な歯科検査と治療」（戸田　功）をご参照ください。さらに詳細な解説があり，動物看護士にとっても参考になります。

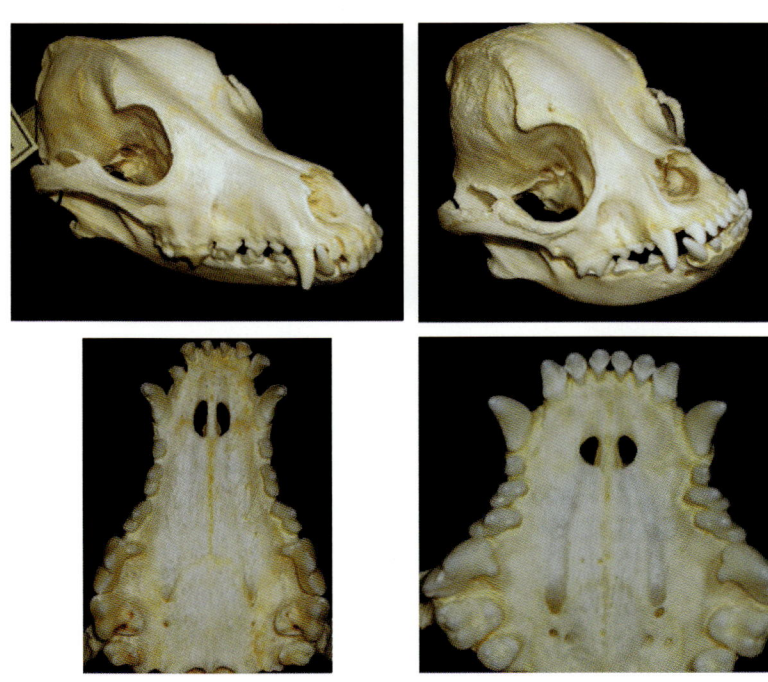

図❷　長頭種の歯並びと短頭種の歯並び

手技の手順

歯科検査・処置の手順は次のような流れになります。次項に詳細を説明します。
1. 問診
2. 意識下での歯科検査
3. 麻酔下での口腔内検査
4. 歯科処置
5. ホームケアとアフターフォロー

1．問診

来院する動物の多くが歯科疾患を持っている場合があるため、歯科疾患に関連がない理由で来院された場合でも、次のことは問診で聞くべきです。

(1) 患者情報

・動物種，品種

犬と猫では、かかりやすい歯科疾患も異なります。品種によっても、かかりやすい歯科疾患が異なります。小型犬では歯周病が多くみられます。またチワワ，ヨーキー，ポメラニアンなどのトイ種では、乳歯遺残や欠歯がしばしばみられます。シーズー，パグ，ペキニーズなどの短頭種（図❷）では前臼歯の歯周病が多くみられます。大型犬などでは歯肉過形成や歯の破折などがみられることがあります。

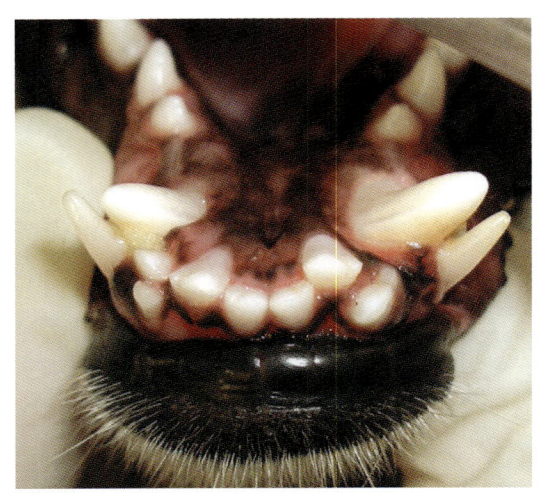

図❸　トイプードルの乳歯遺残と叢生

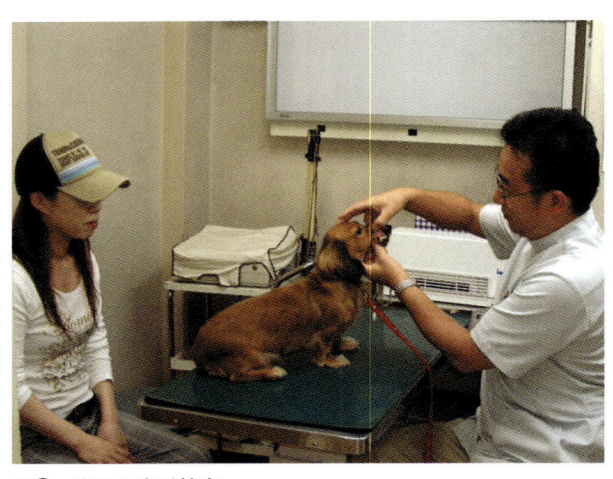

図❹　術前の歯科検査

表❶　検査時の歯科チェックポイント

・口臭
・流涎
・咬み合わせ(特に犬)
・くしゃみ，鼻水(特に犬)
・眼下の腫大，疼痛，排膿
・リンパ節，唾液腺などの腫大
・食欲不振，噛み方・食べ方
・歯肉などの疼痛，口内炎(特に猫)
・開口・閉口障害
・触診時の疼痛

・年齢

　犬猫ではおおよそ4～6カ月齢で，乳歯から永久歯に交換します。小型犬では，その交換期は，乳歯遺残などのトラブルが多く発生しやすい時期です(図❸)。また犬では一般的に年齢に応じて，歯周病にかかる率は高くなります。歯科処置をする場合には，麻酔をかけるため，年齢は重要な要素となります。

(2) 主訴

　以下のような主訴で来院する場合もありますが，獣医師が，身体検査によって歯科疾患を見つける場合もよくあります。
・口臭，口や歯の汚れ
・歯並びが悪い(不正咬合)
・歯の破折，顎の骨折，口の外傷
・食欲不振，食べ方の異常
・腫れ，痛み，出血，排膿
・開口・閉口障害
・くしゃみ，鼻水，鼻血

(3) ヒストリー

・現病歴

　歯科疾患について，例えば歯を破折した場合など，いつからどのような経過をとっているか問診します。

・既往症

　ジステンパー，パルボ，熱性疾患など，以前にかかった病気を問診します。例えばエナメル質形成不全症は，ジステンパーなどの熱性疾患にかかった後にみられることがあります。猫では，歯肉・口内炎は若齢からみられることがあります。ウイルス性の鼻炎や口内炎・舌炎の病歴や，FeLV，FIVなどのウイルス検査の有無についても問診します。

・飼育環境

　ケージバイト，フリスビー，ボールを使った運動について問診します。ケージや石などの異物を咬む場合は，歯の破折に関係します。

・食事

　食事によっても歯周病のなりやすさが異なります。また骨やひづめなどの硬いものは，歯の破折の原因になります。

・問診特記事項

　ホームデンタルケアについて，具体的に，どのようなデンタルケアをどの程度の頻度で行っているかを問診します。

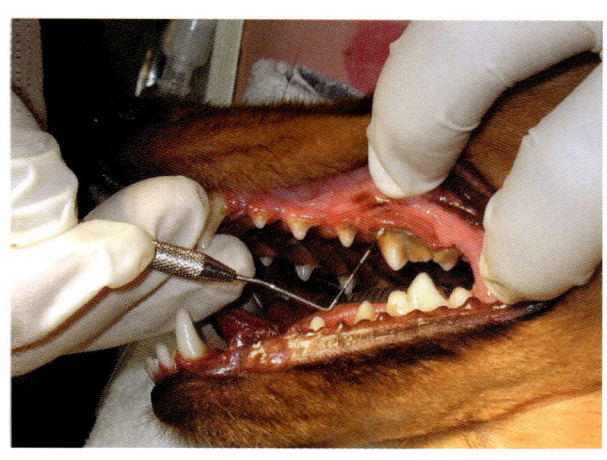

図❺ 麻酔下の口腔内検査

表❷ 口腔内チェックポイント

a. 歯牙
　歯石，プラークの付着程度
　動揺
　欠歯，過剰歯
　乳歯遺残
　破折，吸収病巣
　エナメル質形成不全
　変色

b. 歯周組織（歯肉・口腔粘膜など）
　出血，炎症，腫脹，排膿
　歯肉の退行，過形成
　腫瘤

c. 口唇・舌・口蓋・口峡・その他
　出血，炎症，腫脹，潰瘍
　腫瘤
　口内炎（特に猫）

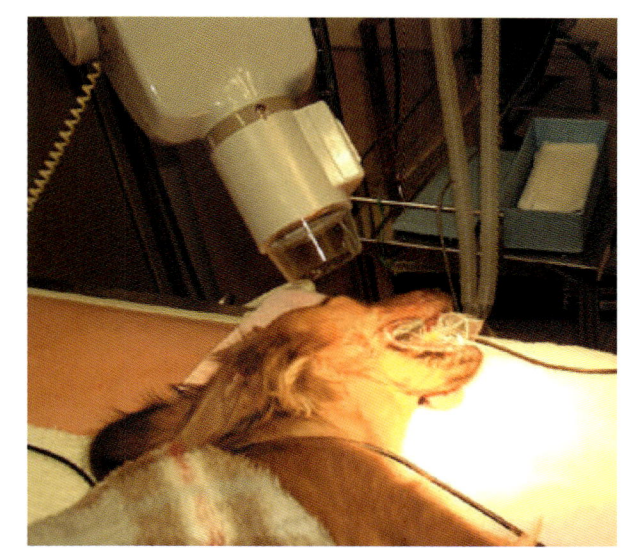

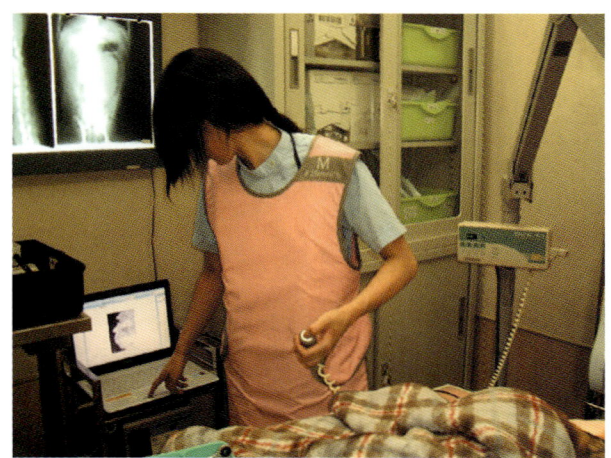

図❻ 歯科X線検査

2．意識下での歯科検査

麻酔前に，診察室で行う歯科検査です（図❹）。

（1）身体検査

歯科処置の際には，麻酔を施す必要があるため，麻酔に関連した身体的な評価が必要となります。例えば，心肺機能，止血機能，腎臓肝臓などの評価を，必要に応じて，血液検査やX線検査，超音波検査などで行います。

（2）顔面，頭蓋の検査

歯科処置に先立ち，口，鼻，眼，頚部などを含む頭部全体の評価をします。例えば，表❶のような項目をチェックします。

3．麻酔下での口腔内検査

麻酔下で，表❷の口腔内チェックポイントを詳しく評価し，処置を行います。通常は獣医師が行いますので，ここでは省略します。

・口腔内の詳細な検査
・プロービング（図❺）
・口腔内X線検査（図❻）

4．歯科処置

ここでは，実際の歯科処置の流れに沿って動物看護士が準備や補助するポイントを述べます。

一般的に歯肉炎や中程度の歯周炎では予防歯科処置を行うことにより，プラークを除去し，炎症を抑え，歯周組織を維持回復し，歯の喪失を防ぐことが可能です。予防歯科処置には，スケーリング，ポリッシング，ルートプレーニング，キュレッタージが含まれます。

図❼　歯科処置

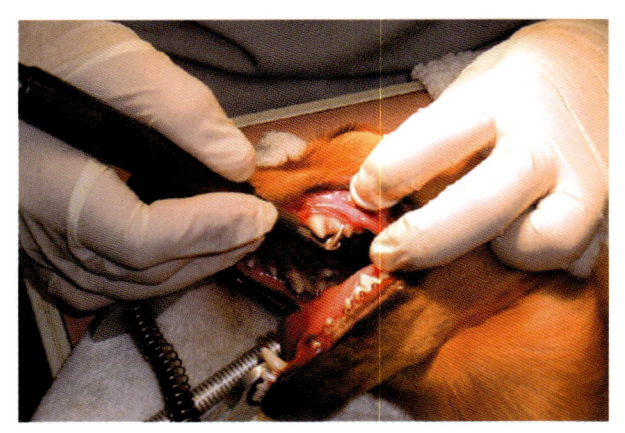

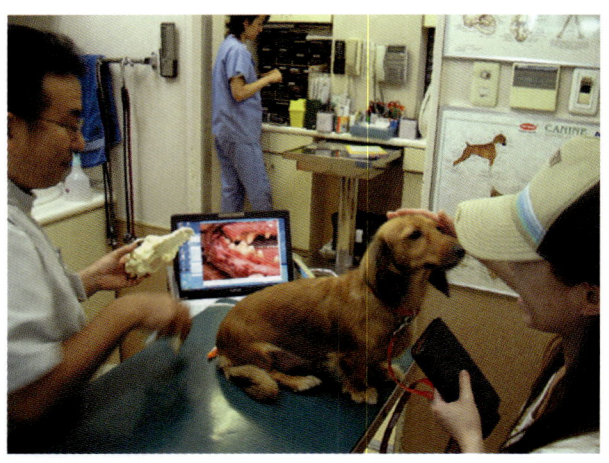

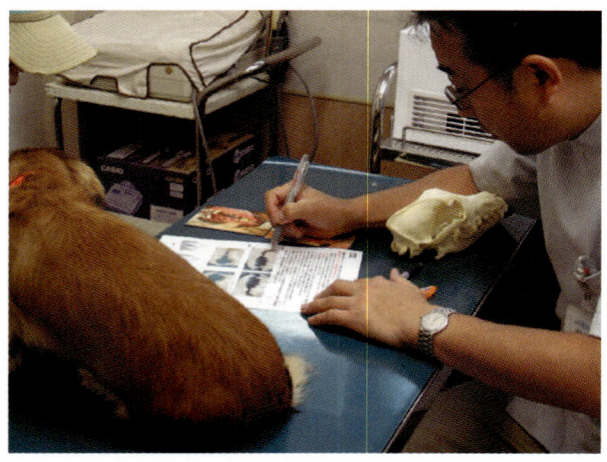

図❽　手術後の説明

図❾　デンタルチャートでの説明

（1）術前検査と処置の説明
　他の手術同様，家族に術前検査の必要性と歯科処置の流れの説明を行います。歯科処置の場合には，一時的に預かる場合が多いので，処置後のお迎えなどについての説明も行います。

（2）麻酔手術時のポイント
　歯周病の処置は，超音波スケーラーによりでる飛沫に歯周病菌が含まれているため，処置室の空気が汚染されます。処置者と補助の動物看護士がその汚染した飛沫を吸い込まないようにマスクを装着するなどの対策を行います。他の滅菌処置が必要な手術などは歯科処置の前に行うべきです。
　患者の口腔内の洗浄による体温低下に注意します。

（3）処置の準備・補助
　予防歯科処置や抜歯など，その処置により準備と補助が異なります。獣医師に確認して，準備と処置の補助をします。
　口腔内の処置は狭く暗い作業なので，処置用のライトをこまめに当てると作業が行いやすくなります。また器材をトレイに置くと作業が行いやすくなります（図❼）。

（4）麻酔覚醒時
　特に口腔内を洗浄した場合は，液体や汚れたものが気道に入らないように，ガーゼなどで喉の奥をきれいにします。
　処置後の出血などを確認し，覚醒中の動物を管理します。必要に応じて，エリザベスカラーなどの処置部保護材をつけます。

（5）帰宅後の注意
　当日帰宅する場合は，家での管理方法や食事・飲水について指導します。特に麻酔後の容態の変化についての対応方法や，出血，体温低下についての対応方法を指示します（図❽）。内服薬や，自宅でのデンタルケアについて指示します。
　抜歯の場合など，縫合部を保護するため，エリザベスカラーを装着したり，おもちゃなどを咬むことを2～3週程度やめさせなければならない場合があります。

（6）再診の案内
　抜歯などの処置の場合は，通常1週間後に再診してもらいます。再診時期については，獣医師に指示を仰ぎます。

5．ホームケアとアフターフォロー
　動物病院での歯科処置だけでは，歯周疾患の管理は不十分です。歯科疾患の予防や維持管理には，ホームケアが重要です。

（1）デンタルケアの指導

子犬・子猫のときから，歯周病予防のため，次のようなデンタルケアを行うように動物看護士は動物の家族に優しく繰り返し指導します。

・犬や猫でも，歯周病などの歯科疾患が多くみられます
・小型犬は大型犬より歯周病になりやすい傾向があります
・歯の病気にしないためには，小さい頃から歯磨き習慣をつけることが重要です
・成犬，成猫になってからだと歯磨きは難しくなります

歯科処置後にも，処置時に撮ったデジタルカメラの写真をもとに，病変や歯科処置の説明と，今後のデンタルケアの説明を行います（図❽，❿）。さらにデンタルモデル（図❶）やデンタルチャートを使用し視覚的に説明を行います（図❾）。

（2）デンタルケアの指導ポイント

①「するべきこと」の指導
・ご褒美の直前にブラッシングを行ってもらいます。楽しみながら，ほめながらブラッシングをしてもらいます
・歯の表面だけでなく，歯周ポケットのプラークを掻き出すように意識してブラッシングをしてもらいます
・デンタルモデルや，歯科教育用のチャートを使用し，ブラッシングのデモンストレーションを行い指導します（図❾）

②「いけないこと」の指導
・犬猫を押さえ込んで，無理矢理ブラッシングをしないように指導します
・骨やひづめや硬いおもちゃなど，歯を折ってしまうようなものを与えないように指導します

（3）アフターフォロー

動物の性格や家族の都合により，ホームデンタルケアの継続は難しい場合があります。

定期的にDMを出し，定期的な歯科検診を促すことも必要です。また，来院時に毎回声をかけて，繰り返しホームケアの必要性を教育し，家族を励ますことが重要です。

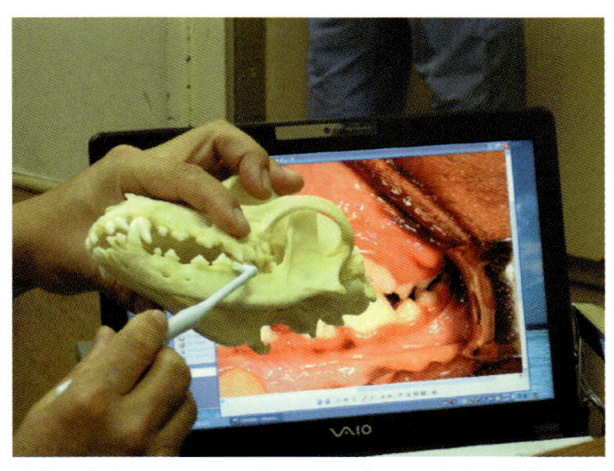

図❿　デジタルカメラとデンタルモデルでの患部の説明とブラッシングの説明を行います

> 勤務獣医師のための臨床テクニック　第2集
>
> 第6章「歯科検査と治療のアップグレード」（戸田　功）P.42
> 「B：ホームケア」をご覧ください。

戸田　功（とだ動物病院）

No.15 術後における観察と評価

アドバイス

術後に最も注意することは，重篤な状態の予防と異常所見の早期発見，苦痛の緩和です。動物は術前から大きな身体的・精神的ストレスにさらされます。手術室で覚醒しても状態が完全に安定したわけではないので，動物看護士は動物の身体的・精神的状態を的確に観察・評価し，変化を早期発見することで重篤な状況に陥る前に適切に対処します。

準備するもの

- 体温計…動物が安静にしている場合は，継続的に測定できる電子式の体温計が望ましいです
- 聴診器…自分の慣れたものを使いましょう
- 生体監視モニター…心電図，心拍数，体温，血圧，脈波，動脈血酸素飽和度（パルスオキシメーター），呼気吸気の二酸化炭素濃度，呼吸数（カプノメーター）などが1台で測定できます（図❶）
- 保温マット…循環式のものが優れていますが，ない場合は湯たんぽを使いましょう
- カルテ…決められた時間毎に細かく記入します

器具の一覧表

- 体温計
- 聴診器
- 生体監視モニター
- 保温マット

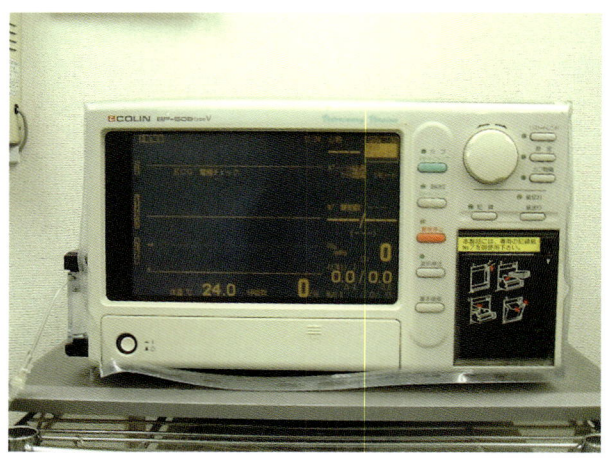

図❶ 生体監視モニター
1台で様々な情報が得られます

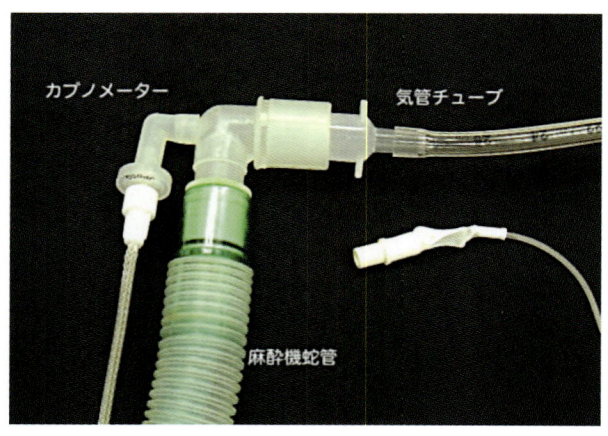

図❷ 気管チューブと麻酔機蛇管接合部にカプノメーターを接続します

図❸ 人工呼吸器
気管チューブが挿管されているときに，人工的に呼吸を行わせます

手技の手順

1. はじめに

　動物が麻酔から覚醒したら，動物看護士はすぐに全身的な観察をしてそれを評価し，的確な対処を行います。麻酔から覚醒した直後は，特に急激な変化を起こしやすいので，頻回の観察によって異常を早期に発見します。

2. 呼吸と循環における瞬時の観察

　術後の管理で最も大切なことは呼吸と循環です。術後に動物看護士は，まず下記の（1）から（4）の項目を瞬時に観察して評価します。

（1）呼吸をしているか？

- 胸の動きを見ます。もし動きが弱いときは，鼻の穴の前に小さなティッシュをかざしてティシュが動くかで判断します
- 気管チューブが挿管されているときはカプノメーターで呼吸の状態を判断します（図❷）
- 呼吸が弱いときはまず酸素吸入をするとともに，獣医師に報告します
- 呼吸が止まっているときは，軽く胸を押して呼吸を手伝いながら，大至急獣医師を呼びます。また，気管チューブが挿入されているなら，獣医師の指示で人工呼吸器に繋ぐか，アンビューバックで呼吸を補助します（図❸，❹）

（2）心臓は動いているか？

- 心電図，聴診，または股動脈（内股の動脈）の触診で判断します（図❺，❻）
- 心拍動が弱い，拍動数が少ない場合は獣医師に報告します
- 心拍動が止まっているときは，心臓を軽く押して心臓マッサージをしながら，すぐさま獣医師を呼びます

（3）意識・覚醒レベルは大丈夫か？

　動物の名前を優しく呼んで，その反応から覚醒レベルを判断するとともに，精神的に落ち着かせます

- 眼を開けて，声に反応するときは全覚醒と判断します
- 呼びかけにほとんど反応がなく，眼を開けてもすぐに眠ってしまう場合は半覚醒と判断します

（4）出血はないか？

- 手術部位からの出血はないか？
- 手術部位が腫れて，皮下に出血が溜まっていないか？

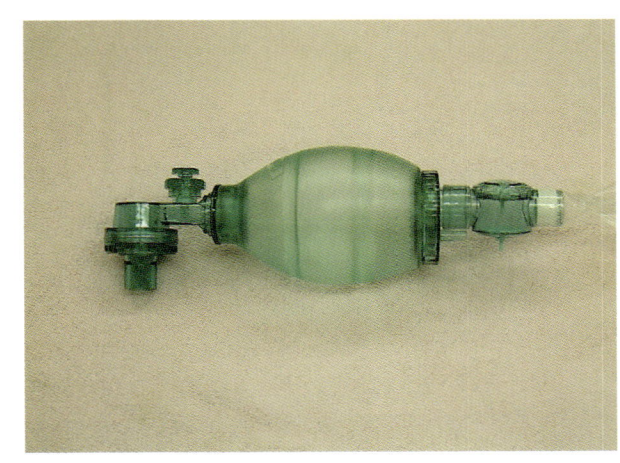

図❹　アンビューバック
手で加圧して呼吸を補助します

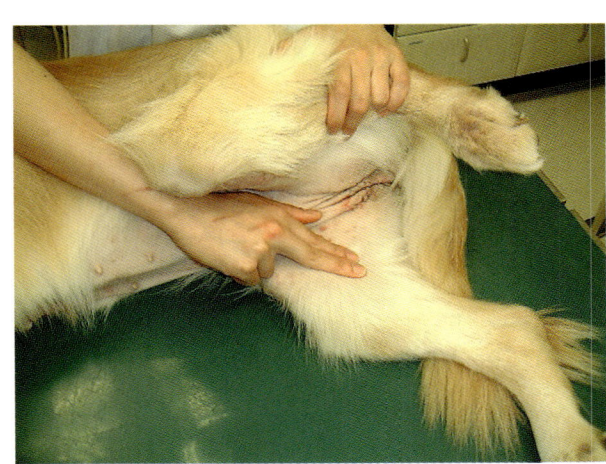

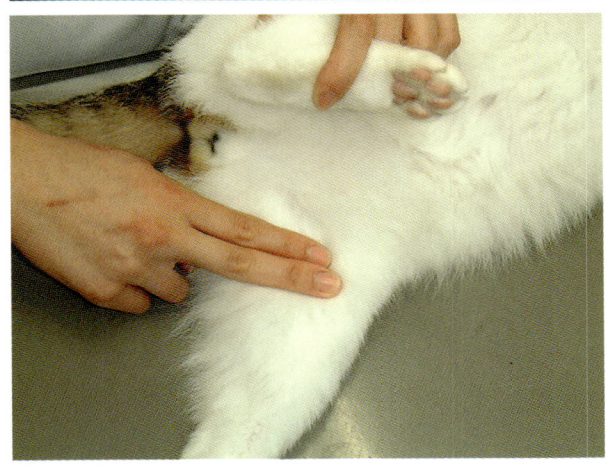

図❺，❻　股動脈の触診（犬，猫）
股動脈は内股の皮下に上下に走ります。触ると脈を感じるので分かりやすいです

術後における観察と評価

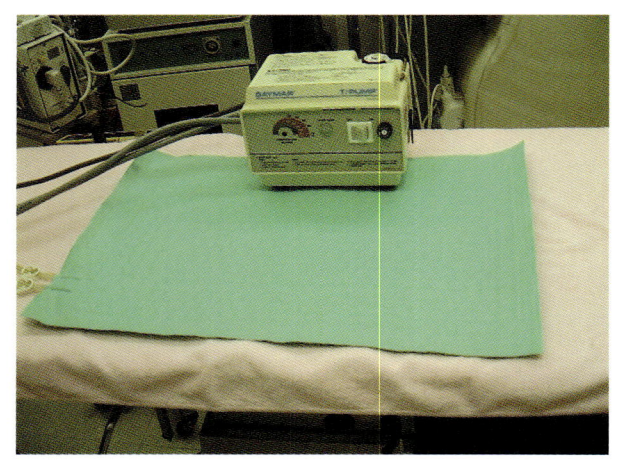

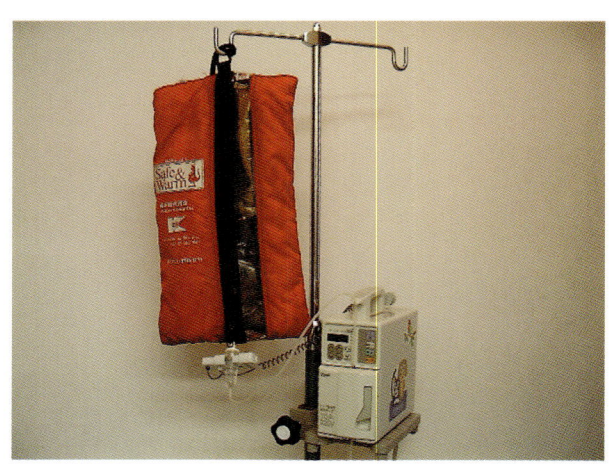

図⑦ 保温マット
低温ヤケドを防ぎ，広い範囲で加温できます

図⑧ 輸液加温器
輸液パックを加温したまま保温できます

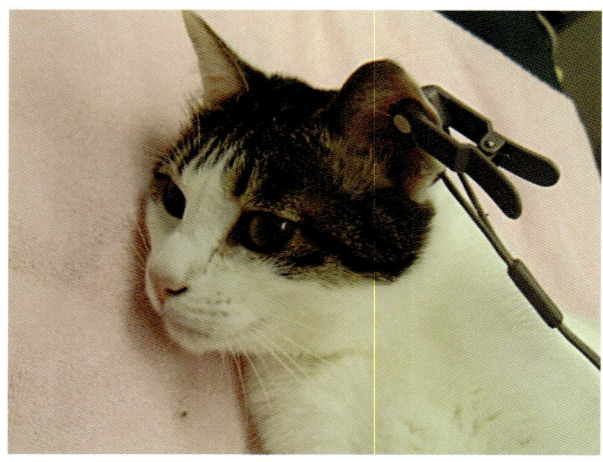

図⑨ 耳介にパルスオキシメーターを装着します

・ガーゼで数分間圧迫しても出血が止まらない場合は，獣医師に報告します

　上記の（1）から（4）の項目は瞬時に観察・評価します。自己判断で対応できることはすぐに対処しますが，判断できない場合はすぐに獣医師に報告してその指示を待ちます

3．各種バイタルサインの観察

　さらに下記について，内容が正常になるまで15分ごとに観察し，動物が重篤な状況に陥ることを防ぎ，術後の合併症と苦痛を緩和するための努力を行います

　これらのデータは観察の度にカルテに記入し，異常があれば獣医師に報告します

（1）体温
・動物の下にはマットやタオルなどを敷いて，体温が下がらないようにしますが，呼吸などの全体的な観察がしづらくなるので体幹はみえやすくしておきます
・体温が低い場合（38.0℃以下）はすぐに加温を開始し，獣医師に報告します
・湯たんぽを使用する場合は低温ヤケドに注意し，湯たんぽの位置をときどき変えたり，動物の体位を変えます
・加温マットを使うと低温ヤケドを起こしにくくなります（図⑦）
・可能ならば輸液剤も加温します（図⑧）

（2）心拍（心拍数と不整脈などの脈の状態を観察します）
・心拍数は正常か？（心拍が早すぎたり遅すぎる場合は獣医師に報告します）
・不整脈はないか？（不整脈を発見したらすぐに獣医師に報告します。心電計が繋がっている場合はできるだけ異常心電図は記録します）

（3）呼吸（呼吸数と呼吸の状態を観察します）
・呼吸様式は浅いか？　深いか？
・努力して呼吸をしていないか？
・胸部と腹部の動きは正常か？（呼吸時に胸部が異常に大きく動きすぎていないか？　呼吸に伴って腹部が異常な動きをしていないか？）
・いびき音等の異常な音が聞こえないか？
・上記に異常が見られた場合は，酸素吸入を行うと同時に獣医師に報告します

（4）覚醒したあとに再び意識がなくなっていないか？

- 名前を呼びかけて反応をみます
- 前回観察時より意識レベルが低下している場合は獣医師に報告します
- 覚醒が遅いときは体位を変えます（今まで右下なら左下に。左下なら右下に）。しかし手術部位により体位を変えられない場合があるので，獣医師の指示に従います

（5）酸素飽和度は正常か？

パルスオキシメーターで酸素飽和度（SpO_2）が低下した場合は，センサーを付け直します。それでもSpO_2が95％以下の場合は，すぐに獣医師に報告します（図❾）

（6）聴診で異常はないか？

- 呼吸音に異常な雑音はないか？
- 心音に異常な雑音はないか？
- 異常な雑音，異常なリズムを確認したときは，すぐに獣医師に報告します（図❿，⓫）

（7）血圧は正常か？

- 血圧の観察は股動脈を触診するか，自動血圧計を用います。
- 術前，術中と比較して，大きな変化がある場合はカフを付け直すと同時に獣医師に報告します

（8）循環は問題ないか？

- 皮膚，粘膜（眼結膜，舌，口唇，歯肉など）の色をチェックして，チアノーゼの有無を確認します
- CRT（毛細血管再充満時間）が2秒以上のときは獣医師に報告します（図⓬）
- チアノーゼがみられた場合は，呼吸の状態と心拍を再確認し，直ぐに獣医師に報告します

（9）四肢の冷感，震えはないか？

- 足先が冷たい，震えが認められる場合は，循環と体温を再チェックして獣医師に報告します
- 覚醒時に震えが激しい場合は，痛みの可能性があります

（10）痛みは激しくないか？

- 痛みが激しいときは，覚醒時であれば手術部位を触れたときに逃げたり噛んだりします。また頭部を下げて，丸まって寝たり，体を震わせることがあります
- 痛みが激しいときは獣医師に報告します

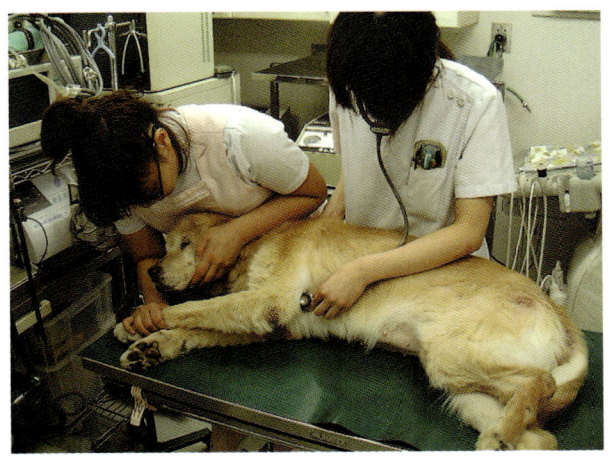

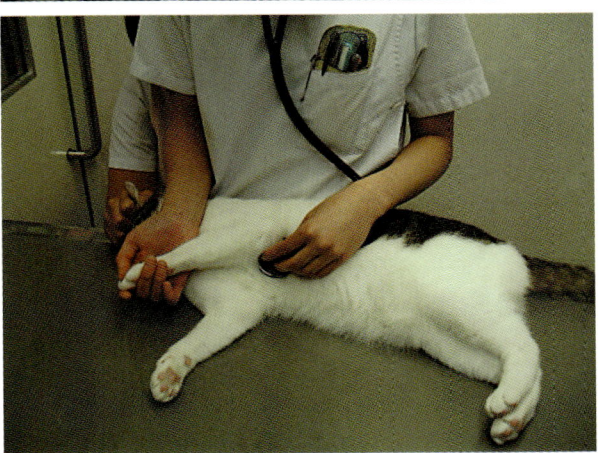

図❿，⓫ 聴診の写真
心音は左側の前胸部が最もはっきりと聞こえます

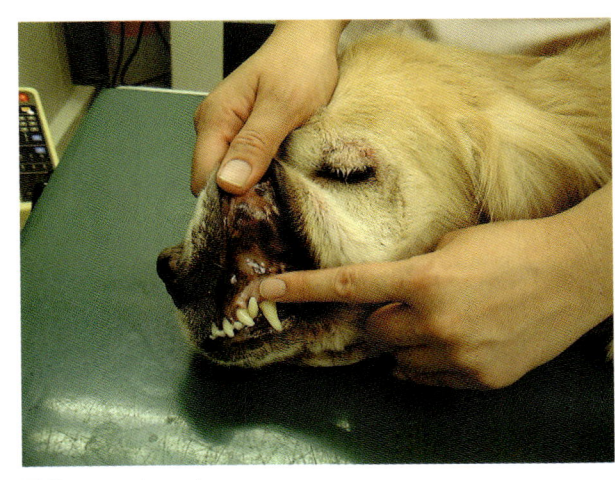

図⓬ CRTチェック
歯肉を指で軽く押して，何秒で赤色に戻るかを測定します

表　犬と猫の各種正常値

	犬	猫
体温（℃）	37.5〜39.2	38.1〜39.2
心拍数（/分）	60〜180	140〜220
呼吸数（/分）	10〜30	24〜42
平均血圧（mmHg）	90〜120	100〜150
収縮期血圧（mmHg）	100〜160	100〜160
拡張期血圧（mmHg）	60〜100	60〜100
CRT（秒）	＜2	＜2
尿量（mL/kg/時）	1〜2	1〜2
動脈血酸素飽和度（SpO$_2$%）	95〜100	95〜100

これらは安静時の正常値なので、麻酔覚醒直後は変化する場合があります。報告すべき基準値の範囲は獣医師と前もって相談しましょう

手技のコツ・ポイント

- 心拍動は聴診、触診（胸部、股動脈）、心電計、脈波計など様々な方法で確認します
- 肉眼的に呼吸の確認ができないときは、カプノメーターで判断します
- 体温が低下しているときは、体温計が便の中に入っていないかを再確認します
- 肺の聴診をするときは、広範囲に聴診して雑音の有無を確認します
- 心拍数や血圧は状況により異なるので、報告すべき上限値と下限値を前もって獣医師と決めておきます

（11）吐き気はないか？

- 吐く動作を途中でやめたり、頻回に舌なめずりをしたり、よだれが見られるときは吐き気があります
- 吐きそうなときは頭部を下げて、吐いた場合に吐物が喉に詰まらないように注意し、すぐに対応できる様に摂子とガーゼ、吸引器を準備します

（12）点滴の経路は正常か？

- 輸液剤に間違いはないか？　輸液速度は正しいか？
- 血管留置針周囲の漏れや、出血や痛みを観察します
- 留置針を付けた肢を器具等で伸展させている場合は、動物に苦痛がないかを確認します
- 対処できない場合は獣医師に報告します

（13）各種カテーテルは正常か？

- 膀胱留置カテーテル、胃チューブ、廃液ドレーンなどの位置と固定状況を確認します
- カテーテルから排出される液体の量と性状（色、混濁、血液の混入、沈殿物、比重など）を観察し、異常がある場合は獣医師に報告します

（14）体位は安楽か？

動物が自分で体位を変えられない場合は、できるだけ楽な体位にします

（15）手術部位に問題はないか？

にじむ程度の軽い出血の場合は、ガーゼで圧迫して止血しますが、5分間圧迫しても出血が止まらない場合は、獣医師に報告します

（16）動物の周囲は安全か？

- 動物は覚醒時に急に暴れることがあるので、動物の周囲に物は置かないようにします
- 頭部を激しく動かす場合は、頭部を打撲しないようにタオルや毛布などで防御します
- あまりにも激しく動き回るときは、鎮静化の必要があるので獣医師に報告します

（17）尿は作られているか？

- 膀胱カテーテルが入っている場合は尿量を計測し、0.5〜1 mL/kg/hrの尿量が確保できているかを観察します
- 上記のすべてが正常になるまで、15分間隔で全項目の観察を行います（表）。

- 観察した結果に異常が認められた場合は，今後予測される身体的な変化を必要に応じて獣医師に報告します。またその時点で看護計画を作成し直し，追加観察項目を付け加えます。その場合，カルテはスタッフの誰がみても理解できるように，簡単で統一された表現を心がけます。

失敗しないために

術後は正しい観察や評価，適切な対処を行わないと生命に関わる危険があります。

決められた時間に観察を忘れたときは，次の決められた観察時間まで待たずに，すぐさま全項目の再観察を行います。

心停止や呼吸停止を発見した場合は，自分で全ての対処をせずに，大声で獣医師と他のスタッフを呼び，援助が来るまでは胸を圧迫して循環と呼吸を補助します。

嘔吐物が喉に残っていそうな場合は，頭部を下げてすこし首を振ります。それでも嘔吐物を排除できない場合は，摂子とガーゼで拭き取るか，吸引器を使用しますが，まず獣医師に報告します（図⓭）。

長時間体位を変えないと，下側の肺が潰れて空気が入りにくくなります。呼吸や循環に問題が見つかった場合は，体位を変えると改善する場合があります。

輸液ポンプを使用しないと，体位によって輸液速度が変わることがあります。輸液速度が変わった場合は，血管留置針が入っている脚の位置を直します。

パルスオキシメーターのセンサーを同じ位置に長時間装着すると，誤って酸素飽和度が低く測定される場合があります。酸素飽和度が低い場合は，まずセンサーを付け直します。

体温が低い場合は，内股，脇の下，背中を重点的に温めますが，低温ヤケドには十分に注意して下さい。

長江秀之（ナガエ動物病院）

図⓭ 吸引器
吐物を誤嚥したときに吸引します

獣医師に伝えるポイント

- 心拍，呼吸などの様々な観察項目が上手く確認できない場合は，すぐに獣医師に報告します
- 観察結果が前回より大きく変化している場合は，すぐに獣医師に報告します
- 獣医師に伝えるときは，前回の数値と一緒に報告すると獣医師は判断しやすいでしょう
- 「これは報告する必要はないかな？」と思うことでも気になったことは全て伝えます
- 観察項目以外でも，気になったことは積極的に報告して状況の悪化を防止します

動物の家族に伝えるポイント

- 家族に伝える内容は，前もって獣医師と相談して確認します
- 「もう大丈夫です」とは言い切らないようにします
- 重要な内容はできるだけ獣医師から伝えてもらいます
- 現在の状況を的確に伝え，間違ったことを言ったり，隠したりすることがないようにします
- 家族に説明をしたときは，いつ，誰に，何を伝えたかをカルテに記入しておくようにします

No.16 動物看護士のための創傷治療

アドバイス

「傷の治療」は多くの動物病院で，きわめて日常的に行われている業務のひとつです。しかし，これまで伝統的に行われてきた「消毒して乾いたガーゼを当てる」という方法は，現在では理論的に完全に否定されています。健康な動物の浅い傷は，たとえ消毒して乾かしても治ってしまいますが，これは「間違った処置にも関わらず生体が打ち勝って」治癒したに過ぎません。動物看護士として「傷が治る」理論をきちんと理解し，理に適った処置の方法を身に付けてください。

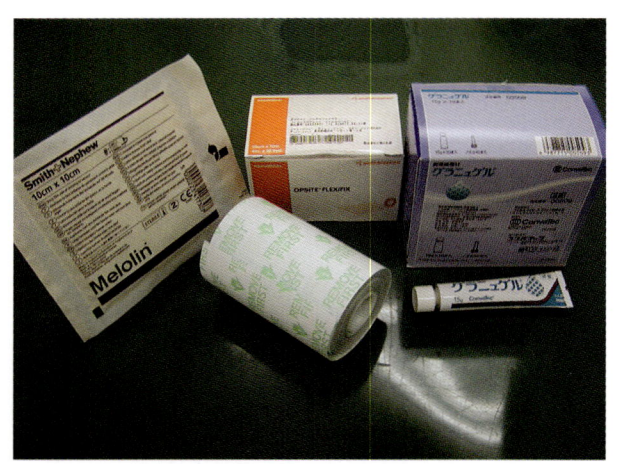

図❶ 左；非固着性ガーゼのメロリン®（Smith & Nephew）中央；フィルムドレッシングのオプサイト・フレキシフィクス®（Smith & Nephew）右；ハイドロジェル・ドレッシングのグラニュゲル®（ConvaTec）

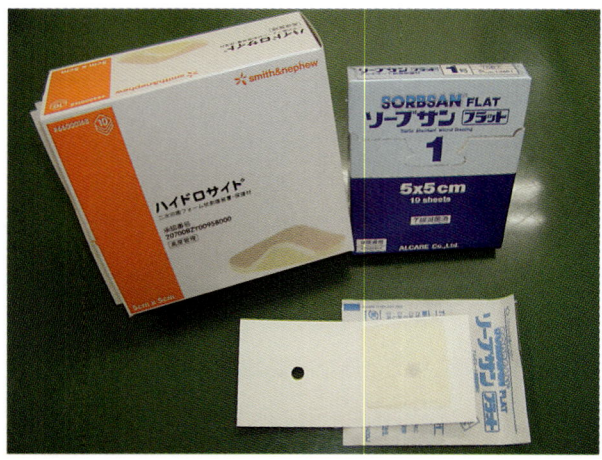

図❷ 左；ポリウレタン・フォーム・ドレッシングのハイドロサイト®（Smith & Nephew）。右および手前；アルギン酸ドレッシングのソーブサン®（ALCARE）

準備するもの

- ディスポーザブル・グローブ
- バリカン
- 水道水／生理食塩水
- 剪刀／鑷子／メス刃
- 各種ドレッシング材／包帯類

器具の一覧表

ドレッシング材の一覧

- 非固着性ガーゼ（メロリン®／Smith&Nephew）（図❶：左）
- フィルムドレッシング（オプサイトフレキシフィクス®／Smith&Nephew）（図❶：中央）
- ハイドロジェル・ドレッシング（グラニュゲル®／ConvaTec）（図❶：右）
- アルギン酸ドレッシング（ソーブサン®／Alcare，カルトスタット®／ConvaTec）（図❷：右＆手前）
- ポリウレタン・フォーム・ドレッシング（ハイドロサイト®／Smith&Nephew）（図❷：左）
- プラスモイストV®（（株）瑞光メディカル）（図❸）
- その他，食品包装用ラップや穴あきポリ袋を利用した方法もあります（図❹）。褥創（床ずれ）や浸出液が多量に出る創傷の管理の際には，これらの「非医療材」を利用したドレッシング法が経済性にも優れ便利です
- 包帯類；上記ドレッシング材を固定するために使用します（ヒッポラップ®，ウェルタイ®，スパンテックス®など）（図❺）

動物看護士のための創傷治療

図❸ 吸水性の半閉鎖ドレッシングであるプラスモイストV®（(株)瑞光メディカル）

図❹ 台所で使用する穴あきポリ袋に介護用紙オムツを組み合わせた自作ドレッシング材。創面の湿潤を保ちつつ，ポリ袋の穴からドレナージが利くので，浸出液の多い創傷に使用できます。また材料が安価なので，経済性にも優れています。このほか，食品包装用ラップなどをドレッシングとして応用することも可能です

図❺ ドレッシング材を固定するために使用されるバンデージ類。左から，スパンテックス®（伸縮性粘着包帯/(株)プロミクロス），ヒッポラップ®（伸縮性包帯/(株)プロミクロス），キャストパッドプラス®（ギプス用クッション包帯；3Mヘルスケア），ウエルタイ®（伸縮包帯/オオサキメディカル(株)）。伸縮性の包帯は特に，きつく巻き過ぎないように充分注意する必要があります。ギプス固定時などに使用するロバートジョンズ包帯法（成書を参照のこと）などを応用することで，「緩くても抜けない」包帯が可能となります

手技の手順

1. 消毒と洗浄について

　いかなる傷も「消毒」すべきではありません。傷の内部および周囲の皮膚には皮膚常在菌をはじめとして様々な細菌が存在しています。消毒はこれらの細菌を「一時的に減少させる」ことはできますが，消毒後数分～1時間程度で元の細菌叢に戻ってしまうことが知

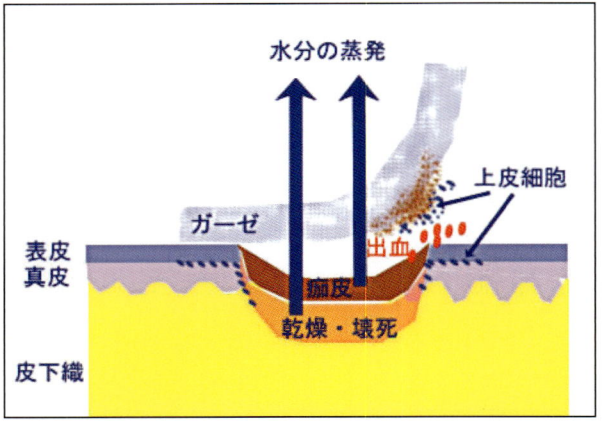

図❻ 創面を乾いたガーゼなどで覆って乾燥させると、まず浸出液が乾いて痂皮となり、痂皮の下の真皮層や皮下織が乾燥・壊死してしまいます。上皮細胞（基底層から分裂・移動する）は乾燥環境下では移動できないため、壊死組織の下層をゆっくりと潜って移動することになり、治癒が遅れます。ガーゼ交換時には痂皮とともに、新たに増殖・移動してきた上皮細胞をも剥離することで創面を破壊し、出血と疼痛を引き起こします

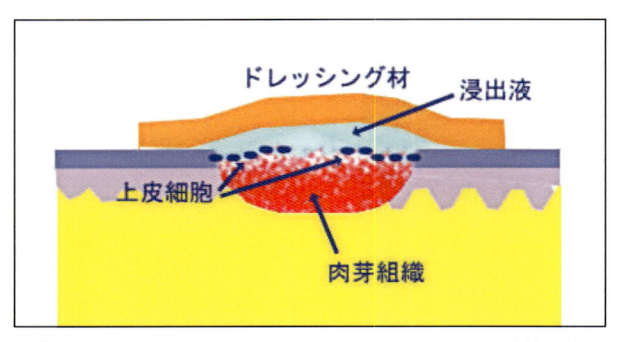

図❼ 創面を湿潤環境に維持するようなドレッシング材で被覆すると、浸出液は乾燥することなく創面を満たし、治癒を助けます。健康な肉芽組織が増殖し、上皮細胞はその上を滑るように速やかに移動することができます。肉芽組織は、乾燥させない限り殆ど疼痛を生じません。肉芽の収縮と上皮化により、早期に傷が治癒します

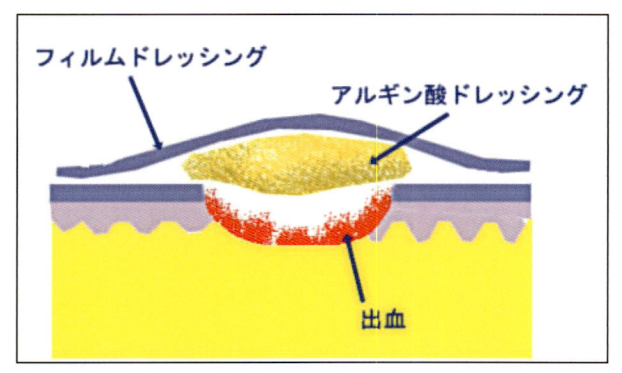

図❽ 出血を伴うような新鮮外傷の場合は、毛刈り・洗浄の後、アルギン酸ドレッシングを軽く創内に充填し、その上からフィルムドレッシングで覆います。更にその上から包帯などで軽く固定します。アルギン酸ドレッシングは血液や浸出液を吸ってゲル化し、創面の湿潤を保つと同時に止血作用に優れています

られているため、「消毒」により傷を無菌にすることはできません。

また「消毒」には、傷の修復に必要な線維芽細胞や上皮細胞、感染防御に必要な白血球などの免疫細胞を傷害して殺滅してしまう働きがあるため、現在では「傷を消毒するとかえって傷が治り難くなる」と考えられています。

泥や異物で汚染された傷は、よく洗浄する必要があります。洗浄に使用するのは生理食塩水でも水道水でもどちらでも構いませんが、体温くらいに温めたものを使用します。汚染が激しい場合はシャワーなどを利用して入念に洗浄します。治療経過により修復段階に入った傷では、傷内部を強い水流で入念に洗浄することは避け、周囲の皮膚の汚れを中心に洗い流すようにします。

2．乾燥と湿潤環境について

傷のない正常な皮膚は、角質層を最外層とする「表皮」という生体バリアにより、外界の刺激や乾燥から守られています。しかし傷ができて表皮が欠損すると、創面から水分がどんどん失われてしまいます。真皮や皮下織、筋肉など生体内部の組織は乾燥に弱いため、乾燥すると壊死して創面が拡大・悪化します。また、乾燥した環境下では傷の修復や感染防御に重要な線維芽細胞や白血球、上皮細胞などの生体の細胞がうまく機能することができないため、治癒が遅れてしまいます。さらに、乾燥した創面は疼痛を伴います（図❻）。

創面から分泌される浸出液には、感染を防ぎ組織を修復するための様々な細胞成分やサイトカイン（細胞成長因子）が含まれています。浸出液は、創面の乾燥を防ぐだけでなく、創傷の治癒に欠かせない重要な因子です。これを乾燥させると、「痂皮」となり創傷の治癒が遅れます。したがって、創傷は湿潤な状態で管理することが重要です（図❼）。

3．感染しているかどうかの判断

健康な皮膚表面と同様に、すべての創傷内には細菌が存在しています。したがって、「菌がいること」をもって「感染」と判断することはできません。つまり、創面の細菌培養検査が陽性だからといって、感染しているとは限らないのです。

通常、組織1gあたりの細菌数が10^5〜10^6個ではじめて「感染」が成立するといわれています。臨床的には「腫脹・発赤・熱感・疼痛」の炎症4徴候がみられることで、感染と判断します。感染創を持つ生体では大抵の場合、全身性の発熱を伴います。また創傷内に異物や壊死組織が存在すると、細菌の繁殖の格好の培地となるため、少ない細菌数でも感染状態が成立します。したがって、感染を防ぐためには異物・壊死組織の除去が重要です。

感染を起こしている創面からは、正常な浸出液とは異なる白黄色〜黄土色のドロッとした異臭を伴う液体が分泌されますが、これを

「膿」といいます。「膿」と「浸出液」はしっかり区別する必要があります。感染を起こしている場合は，抗生物質の全身投与を行います。「感染創」の局所管理については後述します。

4．新鮮外傷の管理

創傷はいくつかのタイプに分類することができますが，治療における基本的なコンセプトは創傷のタイプに関わらず同様です。

まず基本的な処置として，新鮮外傷（開放創）の管理方法について説明します。

（1）まず，創面および創周囲の皮膚を清浄化します。痂皮や汚れ，汚染物質を取り除き，創周囲の毛をバリカンで広く刈ります。

消毒剤は使用せずに，微温湯のシャワーなどを使用して創内および創周囲をよく洗い流します（前述「傷の消毒と洗浄について」参照）。

（2）創傷内に異物や壊死組織が存在する場合には，これらを取り除きます。これをデブリードマンといいます。洗浄だけで取り除けない場合は，メス刃や剪刀を使用して壊死組織を除去しますが，このとき新鮮な組織を傷つけて出血させないように気を付けます。火傷などのように，一回でデブリードマンできないような場合は，毎日の包帯交換のときに少しずつ壊死組織を取り除くようにします。

（3）出血を伴う新鮮な外傷の場合は，アルギン酸ドレッシングを創面に軽く充填し，フィルムドレッシングで覆って包帯で固定すると止血できます（図❽）。ただし，「止血」といっても，包帯はきつく圧迫すべきではありません。

（4）翌日よりデブリードマンが終了するまでの数日間は，創面にハイドロジェル材を塗布して非固着性ガーゼで覆う簡易のドレッシング材で創面を被覆し（図❾），毎日交換します。交換の際には，創面を軽く洗浄します。

（5）壊死組織がなくなり，デブリードマンが終了したら，ポリウレタン・フォーム・ドレッシングやプラスモイストV®などのドレッシング材で創面を被覆し，2〜3日ごとに交換します。これらの被覆材で創面が乾き気味になってしまう場合は，ワセリンやプラスチベースなどを創面に塗布して乾燥を防ぎます。治癒過程が正常なら，創内にピンク色の健康な肉芽組織が増殖してくるはずです（図❿）。肉芽組織を傷付けたり出血させたりせず，優しく「育てる」つもりで処置をします。

（6）肉芽組織により創面が平坦になると，やがて創周囲から上皮

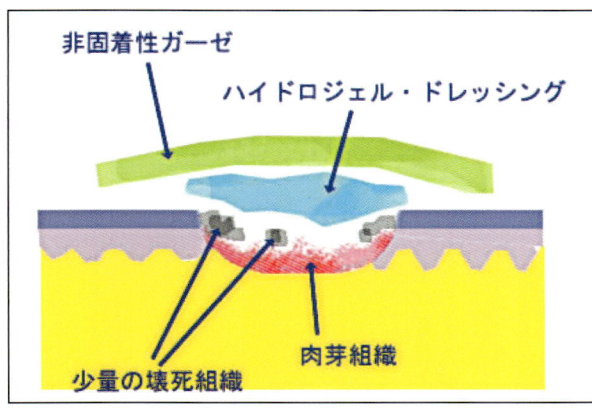

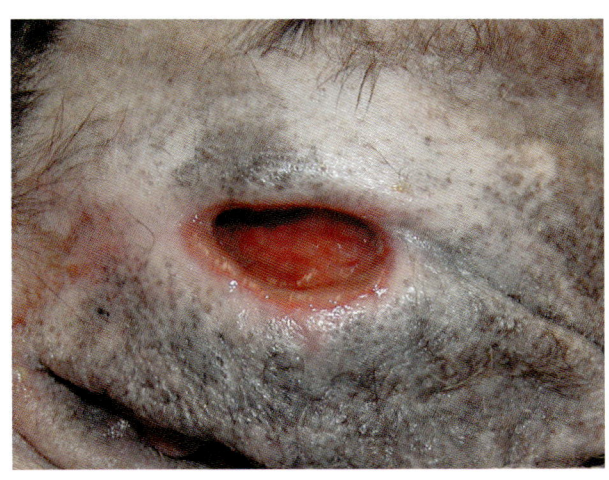

図❾ 創面に壊死組織が残っている場合はデブリードマンが必要になります。この間のドレッシングは，ハイドロジェルと非固着性ガーゼを使用すると便利です。ハイドロジェルにはそれ自体に水分が含まれているのと同時に浸出液を保持するため創面の湿潤を保ち，少量の壊死組織をふやかして溶解させるのを助けます

図❿ 適切な処置を受けた創面には健康な肉芽組織が増殖してきます。写真の創の内部にみられるピンク色の血行に富んだ組織が肉芽組織です

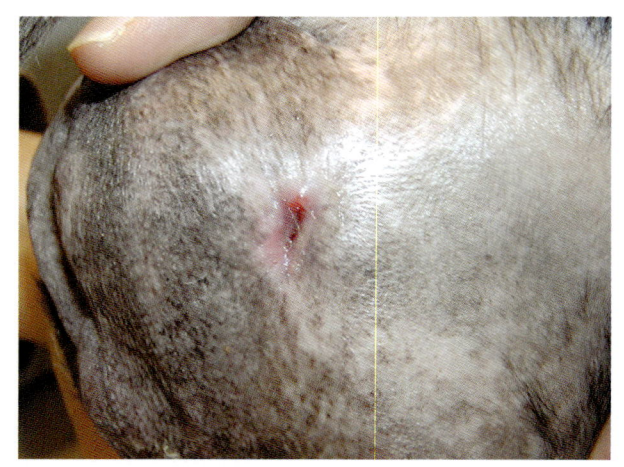

図⓫ やがて肉芽組織の収縮と，周囲からの上皮化により創面が閉鎖し，治癒します

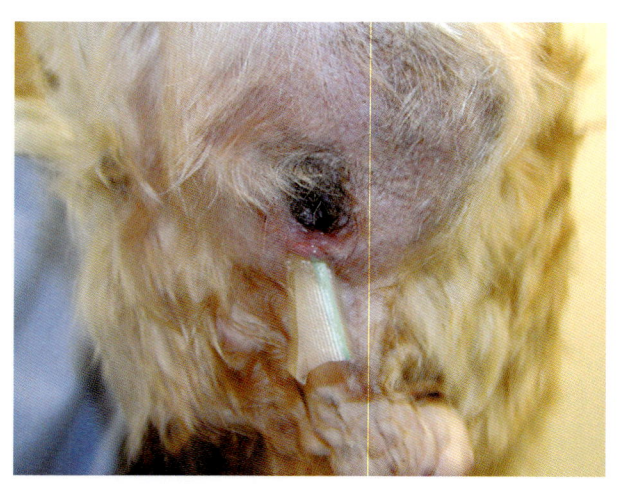

図⓬ 乳腺腫瘍に併発した膿瘍を切開，排膿してペンローズドレインを設置したところです．この上から紙オムツなどの吸水性のパッドなどを当て，膿を吸い取らせるようにして管理します

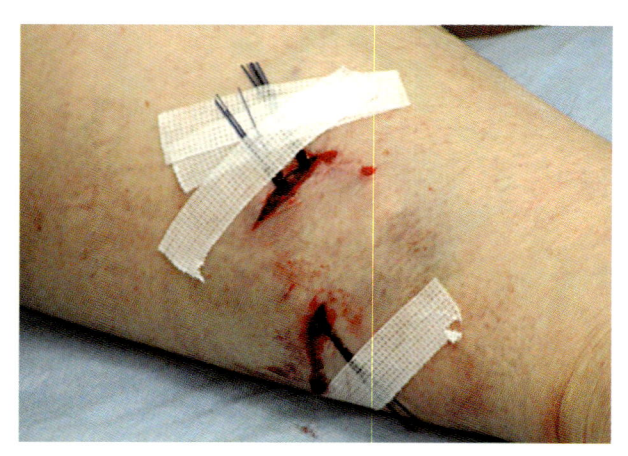

図⓭ 犬による咬傷（ヒト，下腿部）に，3-0ナイロン糸をドレインとして使用した例．創開口部が乾燥して閉じてしまうのを避けるため，この上からポリウレタン・フォーム・ドレッシングで被覆します（慈泉会　相澤病院　傷の治療センターにて撮影）

化が始まるとともに，創全体が収縮して治癒に向かいます（図⓫）。できたばかりの上皮は薄く剥がれやすいので，この時期に強い流水で勢いよく洗浄すると，上皮を剥がしてしまう危険性があります。

5．咬傷・感染創の管理

　創内に異物・壊死組織が存在すると感染が成立しやすくなります。動物咬傷では，口腔内の汚染物質が細菌とともに組織の深部に運ばれるので，高い確率で感染創となります。特に猫による咬傷では，傷口が小さいためすぐに閉じてしまい，頻繁に膿瘍を形成します。このような感染創の治療で重要なことは，創内の異物や膿を洗浄によりよく洗い流すこと（デブリードマン）と，傷口が閉じないようにして膿・浸出液の排泄を促すこと（ドレナージ）です。感染創の場合でも，当然ながら消毒は不要です。

　ドレナージにはいくつかの方法がありますが，ペンローズドレインなどのドレインチューブを挿入しておくのが一般的です（図⓬）。ドレインから排液がみられる間は，吸水性の紙オムツやペットシーツなどを使用して膿を吸い取らせるようにします。その他，ポリウレタン・フォーム・ドレッシングを細く切ってドレインにする方法や，3-0のナイロン糸を数本束にしてドレインの代わりにすることもできます（図⓭）。ナイロン糸でドレインを行う場合には，ドレイン孔の部分が乾くと痂皮となり排液を邪魔してしまうので，乾かないようにポリウレタン・フォーム・ドレッシングで被覆する必要があります。

　感染徴候が治まるまでは，抗生物質の全身投与を行います。感染創のドレッシングはドレナージが重要であり，創を密閉するタイプのドレッシング材の使用は禁忌です。感染徴候が消失した後のドレッシング法は，「新鮮外傷の管理」と同様に行います。

失敗しないために

　ドレッシング材で治療しているにも関わらず，傷がなかなか治癒しない場合には，以下のような点を考慮します。

1．全身状態はどうか？

　腎不全や糖尿病，免疫不全を引き起こす疾患，低アルブミン血症，副腎疾患など，全身性の代謝異常を起こすような基礎疾患がある場合には，創傷の治癒が遅れる可能性があります。また皮膚無力症など皮膚のコラーゲン生成に異常をきたすような疾患の場合や，栄養状態が悪化している場合，きわめて高齢の場合などにも治癒が遅れます。

　また腫瘍の存在（局所または全身への影響）や，猫の場合はFIV，FeLVなどのウイルス疾患の有無が治癒に影響する可能性もありま

2. 処置は適切か？

消毒しないことや乾かさないことは当然ですが，ゴシゴシ洗い過ぎたり包帯をきつく巻きすぎて血行を障害している場合などにも治癒が阻害されます。創面の「湿潤環境」を保つことは重要ですが，あまり過湿潤にすると肉芽が増殖し過ぎて上皮化・収縮が遅れる場合もあります。治癒が遅延する場合には，創面の状態を観察しながら，ドレッシング材の種類や交換頻度を変更する必要があります。

3. 感染はないか？

異物や壊死組織が取り除かれ，適切にドレナージ管理されている創傷では，よほど誤った管理をしない限り感染を起こすことはまずありません。しかし，あまり長期間肉芽が収縮・上皮化しない場合は，非定型抗酸菌による感染を考慮すべきかもしれません。非定型抗酸菌など特殊な病原体による感染では，いわゆる「感染徴候」を伴わないため，通常は病理組織検査で診断する必要があります。

4. 不良肉芽？

難治性で慢性化した創傷の肉芽組織を臨床的に「不良肉芽」と呼ぶことがあります。不良肉芽の発生原因は不明ですが，病理組織学的検査では「感染性病原体を伴わない炎症性肉芽組織」という結果が得られることがよくあります。

このようなケースでは，外用の副腎皮質ホルモン剤の使用が奏効する場合があります。それでも治癒が進行しない場合は，不良肉芽と思われる部分を外科的に切除し，再度二期的に治癒させるか，形成外科的手技を用いて，手術により閉鎖することを考慮します。

山本剛和（動物病院エル・ファーロ）

手技のコツ・ポイント

- 創周囲の被毛は広めに刈るようにします
- 感染徴候や壊死組織，異物の有無を見きわめることが重要です
- 創内はゴシゴシ洗浄せず，周囲の皮膚をきれいに洗い流します
- ドレッシングは創面を完全に覆うように充分な大きさのものを使います
- 包帯はきつく絞まらないように，広めにゆったり巻くように注意します

獣医師に伝えるポイント

- 疼痛や熱感などの炎症徴候（≒感染徴候）の有無を報告します
- 浸出液の量や色調，臭いなどを報告します
- 肉芽の状態や上皮化の進行度合いなどを報告します
- 前回の交換時と較べてどのように変化したかを報告します（デジカメ撮影で記録しておくと便利です）
- その他の不具合や動物の家族からの要望などがあれば報告します

動物の家族に伝えるポイント

- 動物が包帯やドレッシング材を除去してしまわないように注意してもらいます
- エリザベスカラーやヒッポカラー（（株）プロミクロス）が必要になる場合があります・包帯やドレッシングがずれたり，きつく締まり過ぎていないかよく観察してもらいます
- 自宅でドレッシングが外れてしまったときは，決して消毒せずに軽く洗浄し，食品包装用ラップなどを当てて早めに来院するように伝えます
- 治癒までに数週間（傷の大きさによっては数カ月間）かかることを説明します

No.17 輸液の作り方と留置針の管理

アドバイス

　獣医師によって行われた病気の診断，病状をしっかりと把握し，輸液の目的を理解してから行うようにします。最初に輸液剤の違いを理解し，目的にあった使用をするようにします。さらに留置針装着の手技を理解し，その準備や保定などを行います。

　輸液の準備にあたり，輸液に必要な器具や機械の操作法を事前に理解してから行います。輸液の管理には，症例の観察管理と輸液器具および機械の管理があり，定期的なチェックが必要です。輸液中の動物に苦痛がないか何か変化がないか，愛情を持って観察を行います。

準備するもの

- 輸液剤，輸液剤の調合を行う場合には，注射針および注射筒または連結管
- 静脈留置のために，血管留置針，インジェクションプラグ，カミバン®，スパンテック®，コーバン®，ヘパリン加生理食塩水
- 輸液セット，翼状針，必要な場合には，エクステンションチューブ®，三方活栓，輸液チューブ・ねじれ防止器具
- 輸液ポンプ

器具の一覧表（図❶，図❷）

- 留置針：サーフローF&F®（24Gx3/4″，22Gx1″）
　　　　＜テルモ＞他
- プラグ：RRN　アダプター®
　　　　＜ベクトン　ディッキンソン＞他
- サージカルテープ：ユートク
　　　　カミバン®＜祐徳薬品工業＞他
- 粘着性伸縮包帯：スパンテック®＜プロミクロス＞他
- 自着性包帯：ヴェトラップ®
　　　　＜スリーエム　ヘルスケアー＞他
- 翼付針：ニプロ　PSVセット静脈用翼付針®
　　　　（22Gx3/4″，21Gx3/4″）他
- 延長チューブ：ニプロ　エクステンションチューブ®
　　　　トップ　エクステンションチューブ®
　　　　スパイラルタイプ他

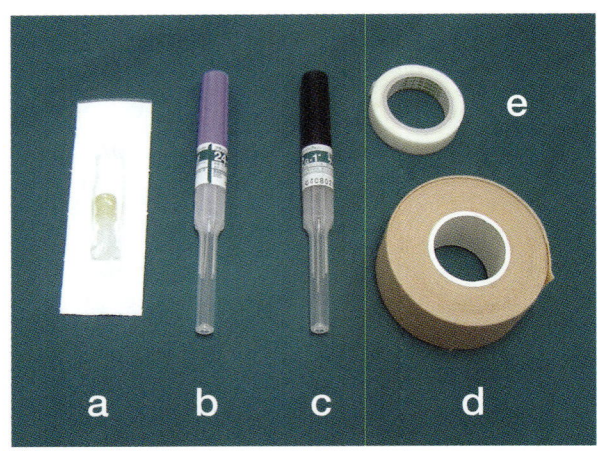

図❶　留置針など
プラグ（a），留置針24Gx3/4″（b），22Gx1″（c），粘着性伸縮包帯（d），サージカルテープ（e）

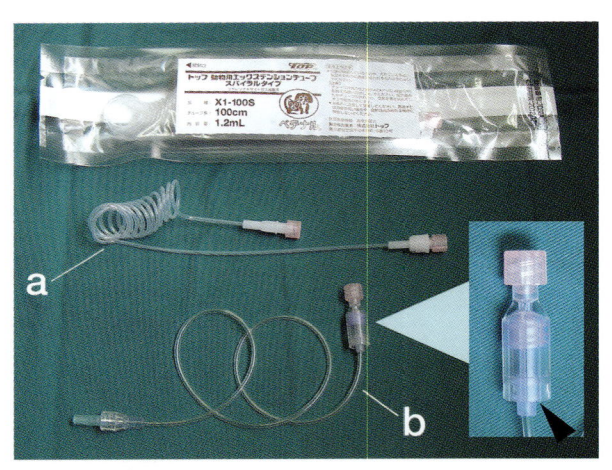

図❷　延長チューブ
トップ　エクステンションチューブ®　スパイラルタイプ（a），ベテナルワンターン®（延長チューブ付き回転コネクター）（b）：矢印の部分が回転しチューブのねじれを防ぎます

- ベテナルワンターン®（延長チューブ付き回転コネクター）（2007年秋発売予定）
- トップ　輸液セットTIS-037H®（輸液ポンプにあったもの）
- トップ　動物用輸液ポンプTOP-220V®他
- 連結管：テルフュージョン®連結管＜テルモ＞他

手技の手順

1．輸液を始める前に

（1）輸液の目的

① 体液管理
- 水分の補給
- 塩分の補給
- 循環血液量の補給
- 酸塩基平衡の補正

② 栄養
- エネルギー源の補給
- 体の構成成分の補給（アミノ酸など）
- その他：血管の確保（薬剤の投与経路）など

　輸液の目的は，上記のように大きく3つに分けられます。最も重要で日常的に行われるものは体液管理であるため，ここでは体液管理を中心に話を進めます。各種疾患，手術などで体液異常が生じた場合に，正常な状態に戻すために輸液を行います。輸液は体液のバランスを保つために，水分や電解質などを補充できる最も優れた手段で，症例の病態にあわせて，輸液剤の種類を選択し輸液量を決定します。

（2）水分のバランス（図❸，❹）

① 体液量は，摂取水分と排泄水分によって決定されます。
- 摂取水分：飲水，食事，代謝水（炭水化物，蛋白質，脂肪をエネルギーとしたときに体内で作られる水）
- 排泄水分：呼気（肺），不感蒸泄（皮膚など），尿（腎臓），便（消化管）

② 脱水：正常な体液量よりも減ってしまった状態
- 正常な水分摂取ができない（食事，飲水を行えない，行わない）
- 異常な喪失（嘔吐，下痢，発熱など）
- 調節機構の異常（腎機能障害，アジソン病など）

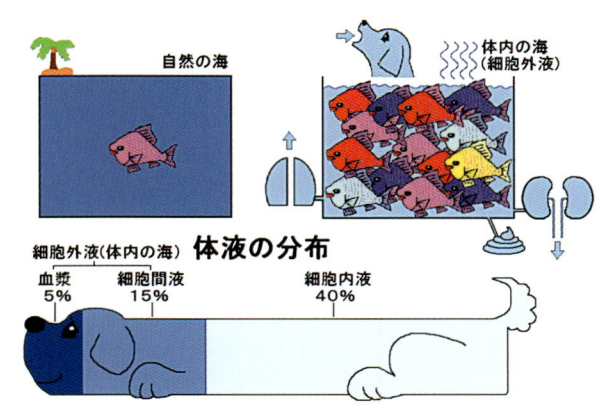

体内の海 と 体液の分布

図❸　体の中の海と体液の分布
生物は進化の過程で体内に海を取り込みました。「体内の海」とは細胞の外にある細胞外液です。「体内の魚」は，1つ1つ細胞です。自然界の海は，魚に対してはてしなく広いため恒常性を保つ事ができます。しかし，体内の海は過密状態の海水魚の水槽と同じです。そこで，水質を守る（体液の恒常性を維持する）ために，肺や腎臓などの器官が発達しました。細胞外液（体内の海）は，細胞内液の半分しか有りません

体液のターンオーバー

100g蛋白質……40cc
100g炭水化物……55cc
100g脂肪……107ccの水
＊一般には，
10〜16ccの代謝水ができる

図❹　体液のターンオーバー
体液のバランスは，摂取水分（赤文字：飲水，食事，代謝水）と排泄水分（青文字：呼気，不感蒸泄，尿，便）で保たれています。代謝水とは，蛋白質，炭水化物，脂肪を代謝分解しエネルギーを得たときに生じる水分です

表❶ 輸液剤の種類

輸液剤	特徴	Na+ (mEq/L)	K+ (mEq/L)	Ca2+ (mEq/dL)	Cl− (mEq/L)	乳酸 (mEq/L)	ブドウ糖 (%)
等張電解質液							
・生理食塩水	ECFに比べ高Cl− 緩衝液を含みません 低Cl−性代謝性アルカローシスの補正	154			154		
・リンゲル液	ECFに比べ高Cl− 陽イオンはECF組成に近い 低Cl−性代謝性アルカローシスの補正	147.2	4.0	4.5	155.7		
・乳酸リンゲル液	最もECFに近い組成 乳酸（アルカリ化作用）を含みます 乳酸代謝不全のときには使用不可	131	4.0		110	14	
等張糖液							
・5％ブドウ糖液	水（自由水）を補正するための液 カロリー補給にはなりません 猫では血糖上昇作用を示すことが多い						5
低張複合電解質液							
・開始液（ソルデム1®）	自由水と電解質を含み安全域が広い 病態不明の脱水症例の開始液 乳酸（アルカリ化作用）を含みます	90			70	20	2.6
・脱水補給液（ソルデム2®）	自由水と電解質を含みます 高濃度のK+を含んでいます 電解質不足、代謝性アシドーシス時に使用	77.5	30		59	48.5	1.45
・維持液（ソルデム3®）	自由水と電解質を含みます 高濃度のK+を含んでいます 大きな電解質異常のない症例の維持液	50	20		50	20	2.7

ECF：細胞外液

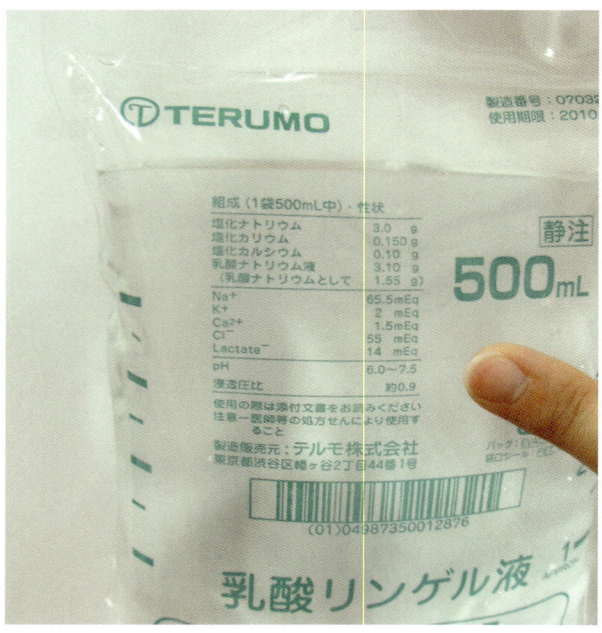

図❺ 輸液剤の組成
　　輸液剤の組成と表❶を参考に輸液剤の種類を理解します

2．輸液剤の準備

（1）輸液剤を選択します。

① 輸液剤の選択および輸液量と輸液速度の決定は、基本的には獣医師がその症例の状態を評価して行いますが、ここではどのようなことによって影響を受けるかを簡単に理解できるようにします。

② 輸液の目的によって輸液剤を決定します。

・循環血液量の補給：等張電解質液

・脱水の補正：まず細胞外液を等張電解質液で補正し、次に自由水を含む低張複合電解質液で細胞内脱水を補正します

・酸塩基平衡の補正：症状や血液検査で評価し、輸液剤を決定します。正常な体液pH（7.40）からアルカリ性に傾いたとき（アルカローシス）は、アルカリ成分を含まない、生理食塩水、リンゲル液など。酸性に傾いたとき（アシドーシス）は、乳酸などアルカリ成分を含んだ乳酸リンゲルなどを選択します。ただし、アシドーシスの補正は、乳酸リンゲルに含まれる乳酸量だけでは足りないこともあるため、計算して乳酸や炭酸水素ナトリウム（メイロン®）などを加える必要があります

・塩分の補正：食欲不振や腎障害などで低K血症が起こったときに

は，K⁺を多く含んだ輸液剤を使用します

（2）輸液剤のラベルを見ます（図❺）
・品名，成分，組成，熱量，pH，浸透圧比（生理食塩水に対する浸透圧比）を確認します。

（3）輸液剤の種類を理解します（表❶，図❻）
① 等張電解質液
・生理食塩水，リンゲル液，乳酸リンゲル液
・ECF（細胞外液）を補給したいときに使用します
・生理食塩水，リンゲル液はアルカローシスの補正を行います。乳酸リンゲル液は乳酸（アルカリ化作用を持つ）を含むためアルカローシスのとき以外に使用します

② 等張糖液
・5％ブドウ糖液（電解質含有量0）
・水（自由水）を補給するための液（カロリー補給にはなりません）

③ 低張複合電解質液
・開始液（ソルデム1®），脱水補給液（ソルデム2®），維持液（ソルデム3®）
・内科的輸液：ECF（細胞外液）を緊急的に補正する必要がない輸液，細胞内液を含みます

④ 単一濃厚電解質液
・50％ブドウ糖液，メイロン®（7％炭酸水素ナトリウム），塩化ナトリウム，アスパラカリウム®（L-アスパラギン酸K），コンクライトK®（KCl），乳酸ナトリウム液®
・輸液剤の組成を調整するために用います

⑤ コロイド液
・ゼラチン，デキストラン40，デキストラン70，ヘタスターチ，アルブミン製剤
・血管内にとどまり膠質浸透圧を維持します
・晶質液に比べ血管内容積拡大作用は大きいため，ショック時の投与量は晶質液の1/5〜1/4にします
・血液凝固障害に注意します

（4）輸液剤の調合
① 手技
・混合する液剤の量が少ないときは，通常の注射筒を使用します
・混合する液剤の量が多いときには，連結管を使用します（図❼）
・注射針または連結管を輸液剤の注入口に穿刺するときに，プルトップなどを新しく開けたときには注入口が無菌なので消毒の必要はありません。すでに開いているものを使用するときには，アルコール綿花などで消毒を行い，無菌的な処置を心がけてください

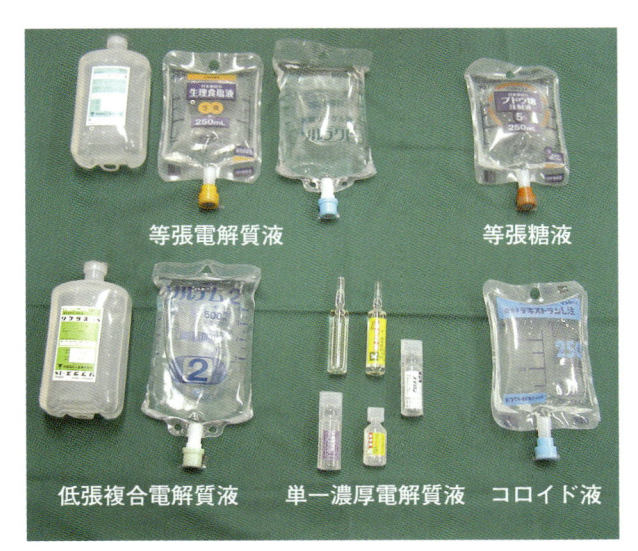

図❻　各種輸液剤
等張電解質液：リンゲル液，生理食塩水，乳酸リンゲル液，等張糖液：5％グルコース，低張複合電解質液：リプラスS1®（1号液），ソルデム2®（2号液），単一濃厚電解質液：50％グルコース，20％グルコース，コンクタイト-K®，アスパラカリウム®，メイロン®，コロイド液：デキストラン40

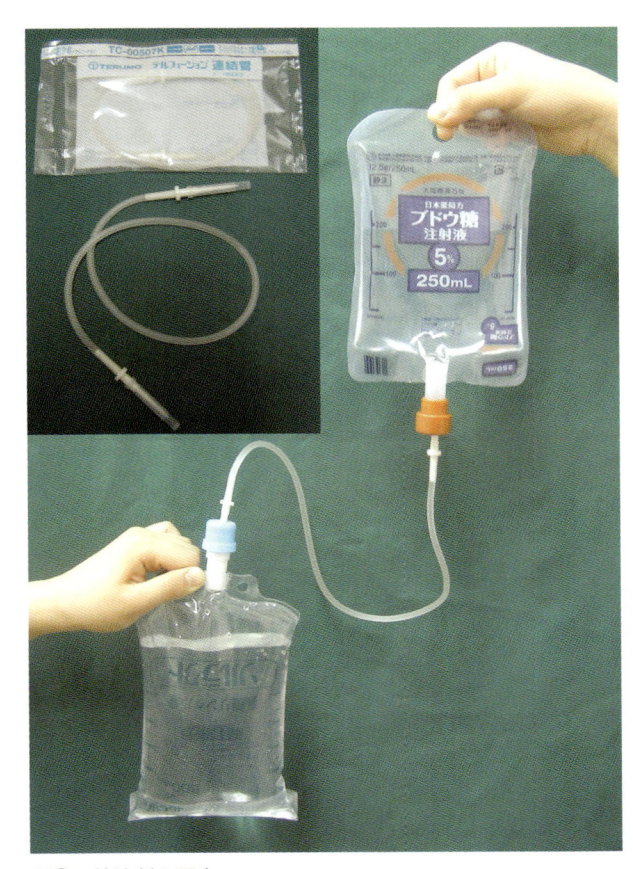

図❼　輸液剤の調合
調合する輸液剤の量が多い場合には，連結管で2つの輸液ボトルをつなぎ調合します

輸液の作り方と留置針の管理

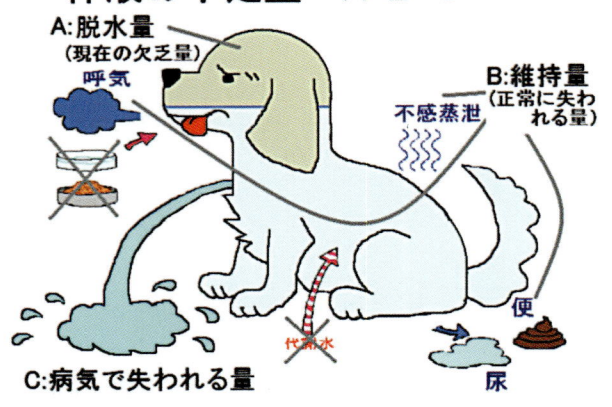

図❽　体液の不足量
体液の不足量＝現在の欠乏量（脱水）＋正常に失われる量（維持量）＋病気によって失われる量（嘔吐，下痢，多尿など）

表❷　身体検査から脱水を評価する

脱水量（％）	身体検査所見
＜5	嘔吐や下痢の病歴があっても，身体検査上では異常なし
5	口腔粘膜の軽度の乾燥
6〜8	皮膚ツルゴールの軽度から中等度の低下 皮膚つまみテストの持続時間：2〜3秒 口腔粘膜の乾燥，CRT：2〜3秒，眼球のわずかな陥没
8〜10	皮膚つまみテストの持続時間：6〜10秒
10〜12	皮膚ツルゴールの激しい減少，皮膚つまみテストの持続時間：20〜45秒 口腔粘膜の乾燥，CRT：3秒，眼球の明らかな陥没 中等度から高度の沈うつ，不随意な筋の攣縮
12〜15	明らかなショック状態，切迫した死

② 調合例

通常は各種市販の輸液剤があるため調合は行いません。市販の輸液剤が入手できないときにのみ行います

・生理食塩水と5％ブドウ糖液を1：1で混ぜ合わせると，ほぼ開始液（1号液）に近い輸液剤ができます（調合液には，乳酸が含まれていませんので，アシドーシスの補正が必要な場合にはアルカリ成分を添加してください）

・生理食塩水（または乳酸リンゲル）と5％ブドウ糖液を1：1で混ぜ合わせ，必要に応じK^+（アスパラカリウム®またはコンクライトK®）および乳酸ナトリウム液®を加えると，ほぼ脱水補給液（2号液）に近い輸液剤ができます

・生理食塩水（または乳酸リンゲル）と5％ブドウ糖液を1：2で混ぜ合わせ，必要に応じK^+（アスパラカリウム®またはコンクライトK®）および乳酸ナトリウム液®を加えると，ほぼ維持液（3号液）に近い輸液剤ができます

（5）輸液量の決定

① 体液量の不足を評価し輸液量を決定します。現在の欠乏量（脱水量）＋正常に失われる量（維持量）＋病気により失われる量の合計（図❽）

② 現在の欠乏量の計算

・体重からの推定：健常時の体重－現在の体重
・身体検査からの推定（表❷）
・血液濃縮により推定：体重（kg）× 0.6 ×（1－PCVの標準値/現在のPCV）

③ 維持量の計算

・BER（基礎エネルギー必要量）からの計算：
体重$(kg)^{0.75}$ × 70 × 補正係数**

＜BERに対応した補正係数＞

ケージ内	手術後	外傷	がん	敗血症	広範囲熱傷
1.25	1.25〜1.35	1.35〜1.50	1.50〜1.75	1.50〜1.70	1.70〜2.00

・体重からの計算

動物の体重（kg）	3	10	50
維持量（mL/kg/day）	80	65	50

・以下のように，体重から輸液の維持量を換算します

・3kg前後の小型犬は，体重（kg）× 80 mL/kg/day
・10kg前後の中型犬は，体重（kg）× 65 mL/kg/day
・50kg前後の大型犬から超大型犬は，体重（kg）× 50 mL/kg/day

④ 異常喪失量の推定

・シーツなどにしみ込んだ吐物量，下痢量から推測します

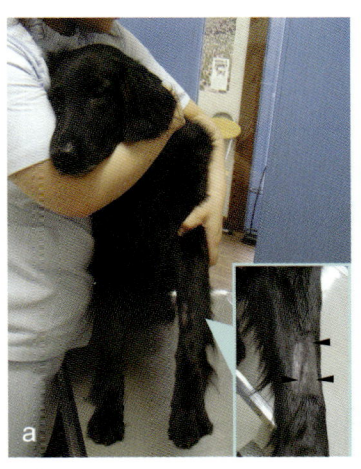

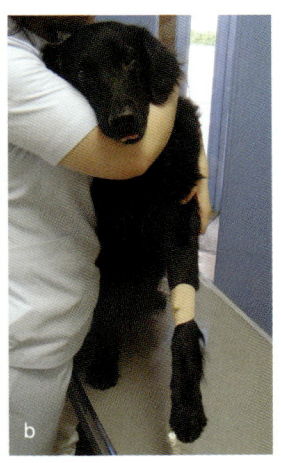

図❾-1 橈側皮静脈の留置
　a 橈側皮静脈に留置する場合には，動物を犬座姿勢に保定し，肘をやや内側にしながら肘関節を伸ばします。前腕遠位部（手根関節のやや頭側部位）で静脈が2つに分岐（副橈側皮静脈が分かれる：矢印）していますので，静脈留置をする場合には注意が必要です
　b 静脈留置後

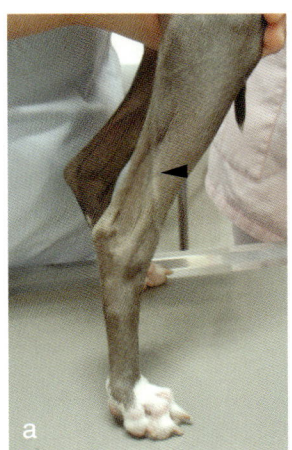

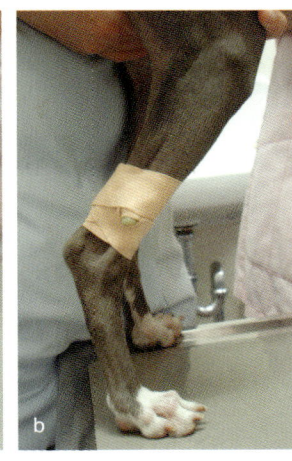

図❾-2 外側伏在静脈の留置
　a 大腿部を尾側に引くようにして保定し，膝窩部分の外側伏在静脈の近位を駆血すると外側伏在静脈（：矢印）が怒張します。静脈留置処置の途中で，駆血を解除しますので，保定と駆血を区別して行う必要があります
　b 静脈留置後

・尿量は48 mL/kg/dayを基準とします。それ以上は異常喪失として計算します

3．留置針装着

（1）留置針装着部位と注意点

① 橈側皮静脈（図❾-1）
・最も静脈輸液に適しています
・血管留置部位が肘関節に近いと前肢を曲げることによって閉塞になるため注意が必要です
・前腕遠位部（手根関節のやや頭側部位）で静脈が2つに分岐（副橈側皮静脈が分かれる）しています。血管分岐部に留置針の先端が及ぶようになると閉塞になる可能性がありますので，留置をするときに留置針の外筒の長さより遠位から入れる必要があります

② 外側伏在静脈（図❾-2）
・犬では利用できますが，猫では細いため利用しづらい血管です
・膝関節を曲げると閉塞になるため管理が容易でなく，必要によって膝関節を曲げないようにする固定が必要になります

③ 内側伏在静脈（図❾-3）
・犬と猫でも利用できます
・膝関節を曲げると閉塞になるため管理が容易でなく，必要によって膝関節を曲げないようにする固定が必要になります

④ 外頸静脈
・中心静脈輸液を行うときに使用します
・通常の輸液も可能です
・静脈内投与を行う造影剤等を急速に注入することができます

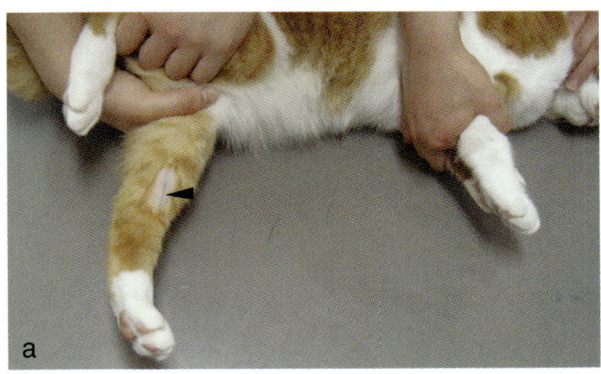

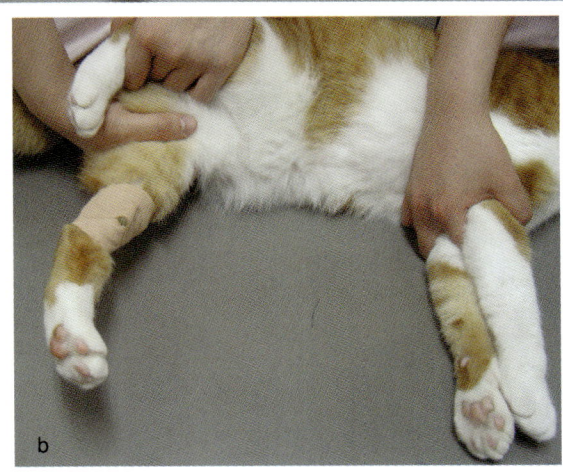

図❾-3 内側伏在静脈の留置
　a 外側伏在静脈留置と同様に大腿部を尾側に引くようにして保定し，大腿部内側の大腿静脈を駆血すると内側伏在静脈（：矢印）が怒張します
　b 静脈留置後

勤務獣医師のための臨床テクニック 第1集

➡ 装着方法については第7章「留置針の挿入法（柴内晶子）」に丁寧な解説があります。ぜひ参考にしてください。

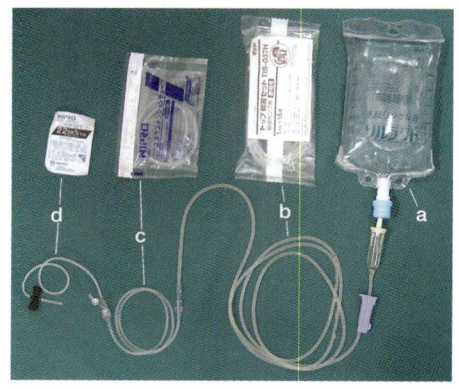

図⓾　輸液の準備
輸液ボトル(a)に輸液セット(b)を装着し，必要に応じ延長チューブ(c)を連結し，翼付針(d)をセットします

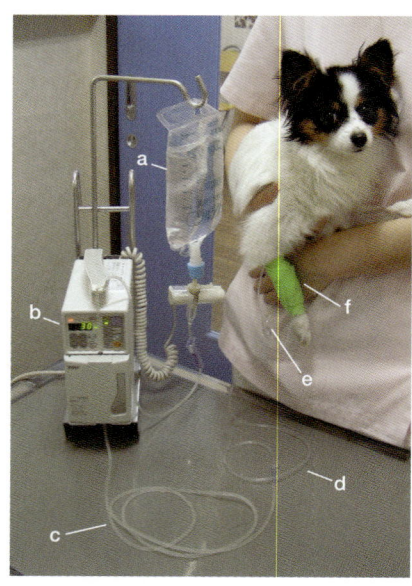

図⓫　輸液ポンプのセット
通常は輸液ポンプ(b)を使用して行い，輸液ポンプにあった輸液セット(c)を使用します。動物が旋回したりする場合には通常の延長チューブではなく，スパイラルタイプや回転コネクターなどを利用し，チューブがねじれて閉塞しないように工夫してください

4．輸液の準備および管理

（1）輸液セットの準備

・輸液ボトル－輸液セット（瓶針－輸液筒－チューブ）－翼状針－留置針（図⓾）。複数の輸液剤投与または輸液と同時に薬剤投与を行う場合には三方活栓を使用します。無菌操作に注意し，薬物の攪拌を十分に行う必要があります。また，使用する薬剤と，輸液をする動物が一致しているか否かを直前にもう一度確認してください

（2）輸液ポンプの準備

・自然落下の点滴では体位などにより一定の輸液速度を管理できないため，通常は輸液ポンプを使用して行います。通常は，輸液ポンプにあった輸液セットを使用します。輸液ポンプに輸液セットを装着します（図⓫）

（3）自然落下による輸液

・体位，留置針の装着部位，関節の曲げ伸ばしなどにより，輸液速度が変動するため注意が必要です。輸液速度は，点滴筒の1分あたりに落下する水滴の数で調節します。通常の輸液セットは15滴で1 mL，輸血セットは12滴で1 mL，小児用輸液セットは60滴で1 mLです

5．輸液の管理

（1）輸液中の症例の観察

・輸液中は，症例の状態の変化，血管留置部位の異常を定期的に観察する必要があります。何か変化があれば，すぐに獣医師に連絡する必要があります
・症例の変化：姿勢，意識レベル，呼吸の異常，可視粘膜の変化，聴診や股動脈触診などによる心拍の評価を行ってください。また，尿量についても意識して観察する必要があります
・血管留置部位の異常：発赤や腫脹，疼痛，輸液剤の血管外への漏れなどに注意する。また輸液ポンプの異常やチューブの破損などによって，静脈血の逆流（翼状針への血液の逆流）が起こることもあります
・点滴中の動物が，血管留置部分や輸液チューブを噛んで傷つけてしまうことがあり，そうなると処置が必要になります。また，留置部を気にしている動物の中には，血管外へ液が漏れている場合もありますので，確認が必要です

（2）輸液ポンプの管理

① 「閉塞」サインの場合のチェック項目
・血管留置の異常（静脈外への液漏れ，留置針の外筒の折れ曲がりや静脈留置内の血餅の存在などによる閉塞）

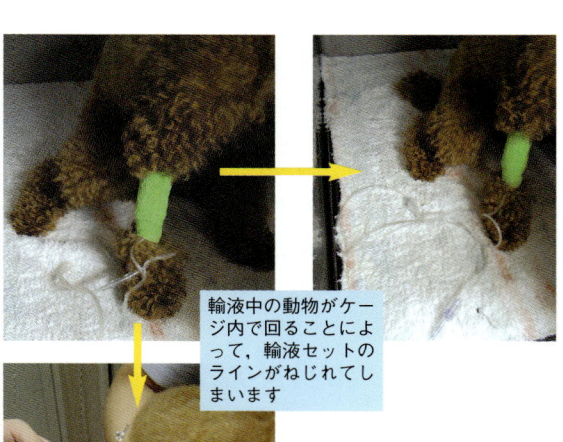

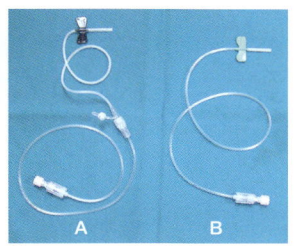

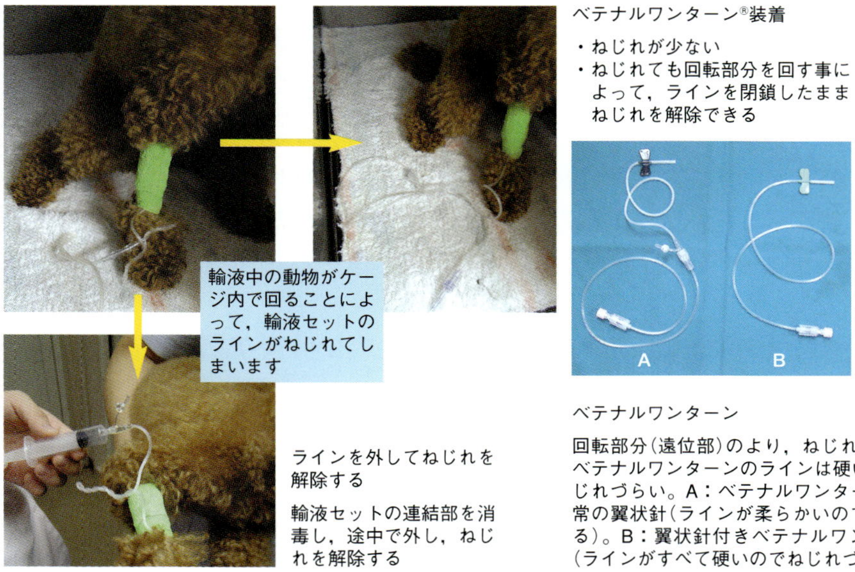

ベテナルワンターン®装着
・ねじれが少ない
・ねじれても回転部分を回す事によって、ラインを閉鎖したままねじれを解除できる

輸液中の動物がケージ内で回ることによって、輸液セットのラインがねじれてしまいます

ラインを外してねじれを解除する
輸液セットの連結部を消毒し、途中で外し、ねじれを解除する

図⓬ 輸液ラインのねじれ

ベテナルワンターン
回転部分（遠位部）のより、ねじれを回避、ベテナルワンターンのラインは硬いのでねじれづらい。A：ベテナルワンターン＋通常の翼状針（ラインが柔らかいのでねじれる）。B：翼状針付きベテナルワンターン（ラインがすべて硬いのでねじれづらい）

・輸液チューブの閉塞（動物が踏んづける、チューブを扉にはさむ、チューブのねじれなど（図⓬））
② 「滴下異常」サインの場合のチェック項目
・輸液ポンプのドロップセンサー設置の異常や輸液筒の傾き
・長時間の輸液による、輸液チューブの変形（扁平化）
・専用輸液セット以外の使用
・特殊な輸液剤（高比重な輸液剤、表面活性剤を含む輸液剤など）
③ 「空液」サインの場合のチェック項目
・輸液剤が空、輸液ポンプのドロップセンサーの設置忘れ、輸液チューブのクレンメが閉じている

失敗しないために

・輸液剤の調合、輸液セットの準備などで無菌操作が保てなかった場合は、使用中のものは破棄し、新しいもので準備を始めます
・自然落下で安全な輸液速度を管理できない場合には、輸液ポンプを使用します
・輸液中に「閉塞」サインが出た場合には原因を究明し、獣医師に報告して対処を仰いでください
・輸液剤が血管外に漏れた場合には、輸液剤によって対処法が違いますので、直ちに輸液を中止し、至急獣医師に報告してください

大村知之（おおむら動物病院）

手技のコツ・ポイント

・症例の状況を理解し、輸液の目的、輸液剤の種類などの確認を十分に行います
・輸液に必要な器具、機械を正しく操作し、輸液および輸液チューブ、血管留置等に対しては無菌的に操作を行います

獣医師に伝えるポイント

・輸液中に異常が起こった場合には、必要に応じ輸液を中止しすぐに状況を伝えます
・異常を伝える際には状況を整理して伝える必要があります。輸液剤の状況、輸液チューブの異常、輸液ポンプの異常、血管留置および留置部位の異常、症例の異常（姿勢、意識レベル、異常な行動など）を整理して伝えます

動物の家族に伝えるポイント

・血管留置針の外筒は柔軟性があるために、動物を拘束せずに輸液ができるため、苦痛なく治療が行えることを伝えます
・無菌的な操作と専用の器具、機械を使用することによって安全に輸液ができることを伝えます

No 18 調剤法の基本

アドバイス

　人の医療での調剤は，薬剤師が主役であり看護師が調剤をすることはありません。調剤という言葉の概念も単に薬を処方箋通りに薬袋に入れて患者に手渡すだけではなく，保存方法や飲み方の指導，複数の薬を飲んでいる場合には，その組み合わせに問題がないか，あるいは医師が出した処方箋に間違いがないかをチェックするなど，薬品や病気に対する知識を必要とする重要かつ高度な仕事です。

　したがって，動物看護士が調剤法の基本を習得するためにはまず調剤法の法的概念を知っておかなければなりません。

手技の手順

1. はじめに

　薬剤師法第19条では「薬剤師でない者は，薬を販売または授与の目的で調剤してはならない。ただし，医師もしくは歯科医師が自己の処方箋により自ら調剤するとき，または獣医師が自己の処方箋により自ら調剤するときは，この限りでない。」と規定されています。

　獣医師は医師，歯科医師と同等に治療の目的で薬剤の調剤・販売を行う法的権利を有している数少ない専門職で，動物病院内で薬剤を調剤・販売する場合は，すべて獣医師の管理下でかつ調剤は獣医師自身が行うことが前提であり，動物看護士の調剤における役割は，獣医師の調剤を補佐（お手伝い）することです。

2. 処方箋について

　獣医師が動物の病気を診断し，投薬が必要と判断した場合は「処方箋」に必要な医薬品とその投与量，投薬方法，調剤方法についての詳しい内容を専用の用紙に記入します。この専用の用紙を「処方箋」といいます。

　人の医療では，医師が処方箋に当該患者の薬の処方を記入し，患者はその処方箋を医院または病院から受け取ったのち，調剤薬局にその処方箋を提出して，薬を受け取るシステムが確立されているため，処方箋は絶対に必要な書類です（図❶）。

　一方，動物病院は，直接獣医師が処方・調剤することが多く，特に小規模な動物病院では特別な処方箋を書かずにカルテに直接処方を記入している場合が多いようです。しかし，獣医師は時間に追われ，カルテの記入が乱雑になりやすく，調剤の段階で獣医師がカルテに直接記入したような処方は第三者が読みにくい場合がしばしばあります。

　調剤・処方で間違いが生じると生命に関わる大問題となるため，是非カルテとは別に専用の用紙を用意することをお勧めします。

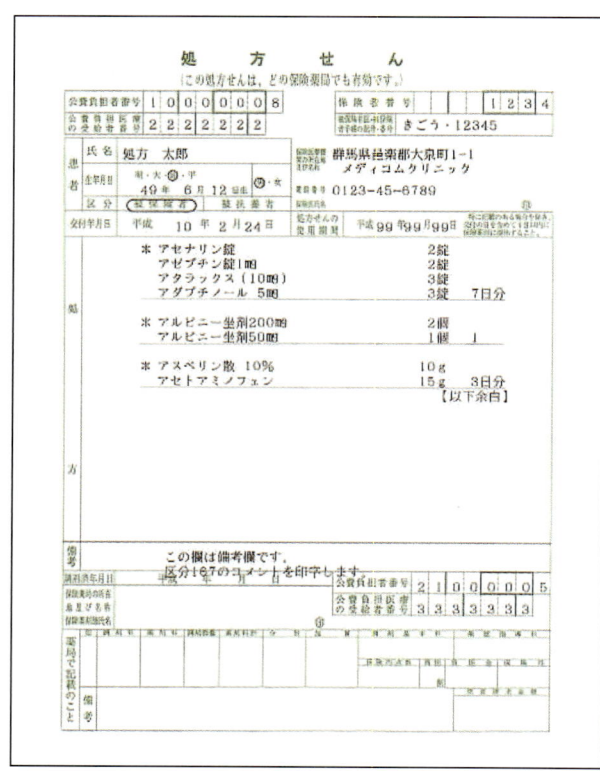

図❶　人の処方箋サンプル
　実際に人の病院で出される処方箋のサンプルです。
　人は保険診療ですので必要な記入事項が多数あります

表❶a　処方・治療略語一覧表
　　　　投与経路

略語	英語／ラテン語	日本語
IC	Intracardiac	心腔内
IM	Intramuscular	筋肉内
IP	Intraperitoneal	腹腔内
IV	Intravenous	静脈内
PO	Per os, oral	経口
SC or SQ	Subcutaneous	皮下
IR or SUPP	Intra rectus, suppositorium	直腸内，座薬
IVinf	Intravenous infusion	静脈内点滴

3. 処方箋の読み方

処方箋には処方のための特別な略語が多用されます。これらの用語を確実にマスターしないと処方箋を理解して調剤し，動物の家族に薬の与え方を説明することができません。動物病院での薬局の主役はおそらく動物看護士になりますので処方用語を確実にマスターしてください。

表❶に示すように，処方箋用語（またはカルテ用語）は投与経路，投与間隔，その他（剤型など）が略語化されて記入されることが一般的です。投与経路で特に覚えておきたい用語は，PO（ラテン語でPer osまたは英語で oral）の経口投与です。また，SCもしくはSQは皮下注射，IMは筋肉内注射，IVは静脈内注射を意味し，動物看護士として最低限これらは覚えておく必要があります（**表❶ a**）。

次に実際の処方箋を参考にしながら，現実的な記載法について解説します。薬の投与間隔は，一般に，SID（1日1回），BID（1日2回），TID（1日3回），QID（1日4回）などのように表記する場合と，q6h（6時間毎），q8h（8時間毎），q12h（12時間毎），q24h（24時間毎）などのように表記する方法に大別されます（**表❶ b**）。

1日3回と8時間毎との相違は微妙ですが，多くの場合1日○回と表記します。投薬間隔の時間をできるだけ厳密にした方が望ましい薬の場合は○時間毎と表記するようです。また，特殊な薬剤で，クッシング病の治療薬の「ミトタン®」という薬の維持療法では，1週間に2回投薬（さらに飲ませる日は1日2回に分ける）することが普通です。この場合の，処方箋の表記は，少々複雑になりますが，「ミトタン® 500mg/tab，1/4tab 週2回 bid PO　食事と一緒に」と記載します。ミトタン®は食事（特に脂肪分）と一緒に投与すると吸収性がよいためです。反対に薬剤によっては，食間の方がよい薬もあります。

その他の関連用語（**表❶ c**）で重要な略語は，tab, capなどで，それぞれ，錠剤，カプセルを表します。またprn（as needed：必要に応じて）も覚えておくとよい略語です。処方用語はほぼ完全に日本語で表記する先生と英語・略語と日本語を適当に混在させる先生に大別されますが，別表に挙げた略語は覚えましょう。

4. 調剤の実際

さて，次に実際の処方箋を参考にして，調剤の手順を解説します。

（1）処方箋の例1

処方箋の例1（**図❷ a**）は実際に近い処方例です。犬の体重が10.5kgで，柴犬のアトピー性皮膚炎を想像してみてください。小動物臨床では，かなり高率で実際に人の医療に使われている「人体用薬」を使用しています。例に挙げた薬も①から③までは人体用の薬です。④の外用薬のみが動物薬です。

一般に，獣医師は動物の診察・診断後，カルテに様々な内容を記

表❶ b　処方・治療略語一覧表
投薬間隔

略語	英語／ラテン語	日本語
q	every	毎
q1h	twenty four times daily	1時間毎または1日24回
q2h	twelve times daily	2時間毎または1日12回
q4h	six times daily	4時間毎または1日6回
QID or q6h	four times daily	1日4回または6時間毎
TID or q8h	three times daily	1日3回または8時間毎
BID or q12h	twice daily	1日2回または12時間毎
SID or q24h	once daily	1日1回または24時間毎
EOD or QOD or q48h	once every other day	1日おきに1回または48時間毎
q72h	once every three days	2日おきに1回または72時間毎
qxd	once every x days	x日毎に1回
q1wk	once every week	1週毎に1回
qxwks	once every x weeks	x週毎
q30d	once every month	30日毎に1回，1月に1回
q1mo	once every month	1月に1回
qxmos	once every x months	x月に1回
qxmin	once every x minutes	x分毎に1回
／日		1日あたり
／週		1週あたり
／月		1月あたり
／dog, ／犬		犬1頭あたり（体重に関係なく）
／cat, ／猫		猫1頭あたり（体重に関係なく）
div bid (tid)		2回（3回）に分割して投与
／head		1頭あたり（動物・体重に関係なく）

表❶ c　その他の関連略語

略語	英語／ラテン語	日本語
cap	capsule	カプセル
tab	tablet	錠（剤）
dd or div	divided	分（分割して）
V or vial	vial	バイアル
A or Amp	ample	アンプル
B	bottle	ボトル・ビン
D/W	dextrose in water	ブドウ糖液
D5W	5％ dextrose in water	5％ブドウ糖液
DW	distilled water	蒸留水
gran	granules	顆粒
max	maximum dose	最大用量
min	minimum dose	最小用量
oint	ointment	軟膏
prn	as needed	必要に応じて
soln	solution	液（剤）
susp	suspension	懸濁液
Tx	treatment	治療

No 18

```
＊＊＊処方箋＊＊＊
                    処方日2007年5月25日
カルテ番号：##25#36
飼い主名：山田太郎    呼び名：ゴロウ
体　　重：10.5 kg

  ①パセトシン  50mg/tab（約10mg/kg/回）
          2 tab  bid  PO  7日分

  ②アタラックス  10mg/tab（約1mg/kg/回）
          1 tab  bid  7日分

  ③プレドニゾロン  5mg/tab（約0.5mg/kg/回）
          1 tab  eod（朝）PO  4回分

  ④ドルバロン  7.5g/本  1本
          1日2回患部に少量を塗布する




処方獣医師名：竹内　和義    印
調 剤 者 名：関口　美花    印
                        ○○○○動物病院
```

図❷ a　処方箋の例1

```
＊＊＊処方箋＊＊＊
                    処方日2007年5月25日
カルテ番号：##25#36
飼い主名：山田次郎    呼び名：ハナコ
体　　重：5.2 kg

  ①ラシックス  20mg/t（約1mg/kg/回）
          1/4tab  bid  PO  14日分
          注）遮光保存（光に当たると変色します）

  ②ジゴシン・エリキシル  0.05mg/mL
      0.008mg/kg bidとして0.83mL  bid  PO  7日分
          注）30mLポリビンに25mL（実量23.24mL）入れてく
          ださい。1mLのツベルクリン注射器を添付し、0.83
          mLの位置にマジックで印を付けて渡すこと。容器
          はアルミホイルを巻いて遮光保存のこと。

  ③アカルディ  1.25mg/cap（約0.24mg/kg/回）
          1 cap bid PO（実量約0.24mg/kg bid PO）
          注）遮光保存


処方獣医師名：竹内　和義    印
調 剤 者 名：関口　美花    印
                        ○○○○動物病院
```

図❷ b　処方箋の例2

入すると同時に，動物の家族に渡すための薬の処方を記入します。ここでは，専用の処方箋に記入されたことを前提として解説します。

①は，アモキシシリンというペニシリン系抗生物質の「パセトシン®」という商品名の薬剤の処方記入例です。パセトシンには小児用の1錠中50mgの錠剤と大人用の1錠中250mgの錠剤があります。

したがって，この例のように50mg/t（tはtab＝錠剤の意味で，50ミリグラム・パー・タブと発音します）と記入されていないと，間違って250mgを出してしまうことがありますので注意が必要です。したがって，①の処方は50mgのパセトシンの錠剤を2 tab bid PO 7日分，すなわち1回2錠1日2回7日分と解釈できますから，合計28錠の50mgパセトシンを用意します。

②のアタラックスは，抗アレルギー作用と精神安定作用を有する塩酸ヒドロキシジンという薬剤です。アトピー性皮膚炎治療の補助薬として，特に副腎皮質ホルモン剤の投与量の減量を目的に併用されます。1mg/kg/回：（1ミリグラム・パーキログラム・パーカイと発音）とは，1回の投与量が体重1kgあたり1mgという意味で，これを「1 tab bid 7日分：1タブ・ビーアイディ・ナノカブンと発音」ですから，1錠を1日2回7日分，すなわち合計14錠の1錠中10mgのアタラックスを用意します。アタラックスも，10mg/tと25mg/tの2種類がありますので①と同様の注意が必要です。

③は5mg/tのプレドニゾロンを1日おき（eod：イーオーディー）に朝1回経口投与することを表します。この薬は，犬は朝，猫は夜に投与すると副作用が軽減するため，このように飲ませる時間帯を指定する必要があります。

④は外用薬で，しかも動物専用薬です。外用薬は一般に外用薬専用の薬袋（薬を入れる袋）に入れます（図❸ a，図❸ b参照）。

（2）処方箋の例2

次は，少々複雑な処方例を紹介します。処方箋の例2（図❷ b）です。体重は5.2kgで，シーズーの重度の慢性僧帽弁閉鎖不全症を想像してみてください。僧帽弁閉鎖不全症は，小型犬の老犬に非常に多い病気で，左心房と左心室の間にある「僧帽弁」という心臓の弁が完全に閉じなくなることによって起こり，しつこい咳と，運動を嫌がるような臨床症状が一般的です。

①のラシックスはフロセミドという成分の利尿剤と呼ばれる薬で，体に貯まった水分をオシッコとして体外に積極的に排泄させる作用があります。体重5kgですと，人の薬では大きすぎるため，分割して投与する必要があります。ここでは1/4 tab bid PO 14日分は，

図❸ a　内用薬袋の例
飲ませ方，間隔，時期（食前・食後など）が記入できるようになっています

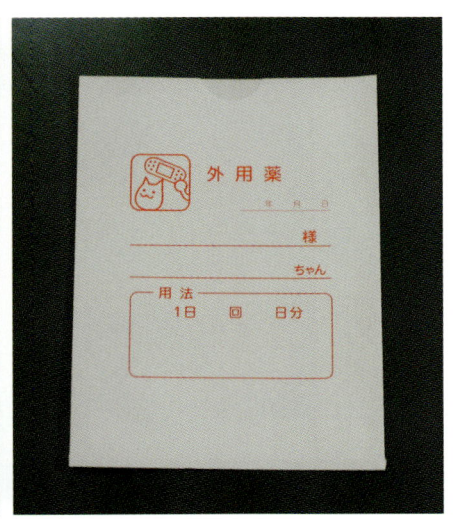

図❸ b　外用薬袋の例
外用薬であることが明確に分かるように，デザインを変えてあります。内用と外用を絶対に間違えないようにするためです

図❹　錠剤分割器
簡単に錠剤が分割できるので，便利な道具です

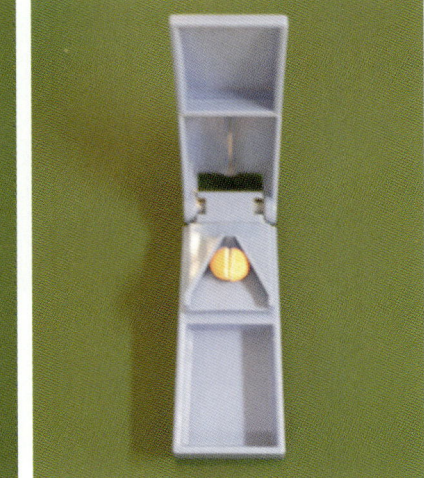

調剤法の基本

1/4錠を1日2回14日分と理解でき，1錠20mgのラシックスの錠剤を7錠用意する必要があります。この薬も20mg/tと40mg/tの2種類がありますので要注意です。処方箋例1と異なり，錠剤のまま動物の家族に渡すのではなく，錠剤を1/4にカットして渡す必要があります。

　さらに，この薬は光に当たると変質・変色のおそれがあるため，遮光保存（光に当たらない場所に保存）の必要性を動物の家族に渡すときに伝える必要があります。錠剤のカットは，専用の道具（図❹：錠剤分割器）または専用のはさみ（図❺：錠剤分割用ハサミ）を使うとうまく効率的にできます。カットした錠剤は，一般に分包器

図❺ 錠剤分割用のハサミ
多少熟練がいりますが，結構上手に錠剤を分割できます

図❻a 分包器
粉薬を薬匙で均等に分けます

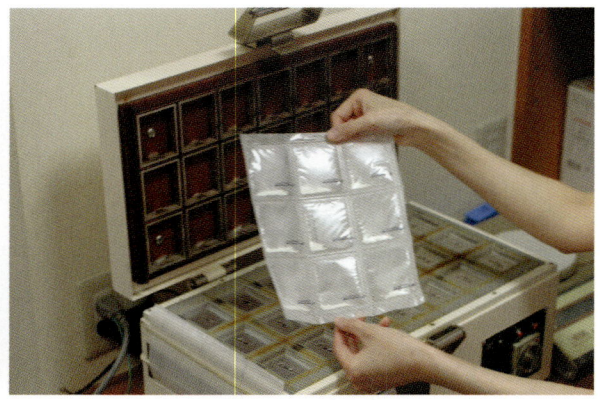

図❻b 上下のシートに挟まれた粉の薬は写真のように分包されます

（図❻：分包器）で分包するか，チャック付きのビニール袋に入れて渡すようにします。吸湿性が高く，分割すると変質してしまうので，分割できない錠剤はそのまま渡して，動物の家族が自分で分割することもあります。吸湿性のある錠剤は遮光性で非吸湿性の完全密封型のアルミシールに包装されていることが多いようです。また，遮光性の薬剤は，褐色のビンやシートに入っています。

②のジゴシン・エリキシルは心不全の治療薬として古くから使われている非常に効果的な薬です。錠剤とエリキシル剤（液状で甘味料を添加して飲みやすくした液剤）があります。錠剤は0.125mg/tが最小で，0.008mg/kg/回で小型犬に投与する場合，錠剤では分割不可能であり，用量計算を厳密にする必要がある薬剤であるため，小型犬ではエリキシル剤が好んで使用されます。ジゴシン・エリキシル®の濃度は1mL中0.05mgで，5.2kgの犬に体重1kgあたり

0.008mg投与する場合は，0.008×5.2＝0.0416mg になります。ジゴシン・エリキシル®は1mL中0.05mg含有しますので，1回に与える液体の量は0.0416÷0.05＝0.83mLとなります。

　もし，この処方箋のように丁寧に1回の実投与量が書かれてなければ，調剤者が上記のような計算をする必要があります。この計算が一桁違ったら重大な事故が起こる可能性がありますので，調剤責任者はこのような計算法に十分習熟する必要があります。さらに，液剤の調剤では，液剤を入れる容器や，投与する用具が必要になり，保存方法なども錠剤より厳密に行う必要があります。ジゴシンはラシックスと同様遮光保存ですので，ポリビンの周囲をアルミホイルで遮光します（図❼：アルミホイルで遮光したポリビン）。

　当院では，30mLから100mLのポリビン（図❽：ポリビン）にこのような液剤を入れ，用量を厳密にしなければならない場合は，別途ツベルクリン用ディスポーザブル注射器に1回用量の位置にマジックなどで印を付けて渡すようにしています。1回の用量が厳密でない場合はスポイト付きのポリビンを使用します。

　③のアカルディーは最新の心不全治療薬で，ピモベンダンという薬剤です。1 cap bid PO（1カプセル・ビーアイディー・ピーオーと発音）は1回1カプセルを1日2回経口投与するという意味です。この薬はカプセル剤しかありませんので，約5kgのこの犬ではちょうどよいのですが，もし2.5kgでしたら，カプセルを分解して中の粉を体重に合わせて調剤する必要があります（図❾：カプセルを割って中身の素を出しているところ）。

　同様に，錠剤をつぶして粉にして分包するようなことも小動物臨床ではしばしば行われています。（図❿a：錠剤を乳鉢ですりつぶして粉にしている）一般に，粉の薬は，薬匙（やくさじ）（図❿b，c，d）を使って均等に分包器で分包します。

失敗しないために

　調剤の失敗は許されません。100％失敗がないということはこの世の中にはあり得ませんが，極力間違いがないように細心の注意をはらうことが必要な仕事です。心臓疾患用の処方箋の例2などは典型例で，ジゴシンの用量の計算を一桁間違えたら死亡事故に発展する可能性があります。失敗の対処法を考えるより失敗を未然に防ぐ方法を日常的に実行する必要があります。

　たとえば，調剤が完了したら必ず第三者に確認を依頼するとか，複雑な用量の素や抗がん剤のような副作用発生率の高い薬品の用量計算は必ず本人と第三者が別々に計算し，用量が一致したことを確認してから調剤を開始すべきです。日常調剤し慣れた薬品は，用量

図❼　遮光のため，アルミホイルをポリビンの周りに巻いた様子

図❽　様々な種類のポリビン。液体の薬用。一番右はスポイト付き

図❾　カプセルはこのように分解でき，さらに小用量に分割することができます

図❿ a 左が乳棒，右が乳鉢

図❿ b 錠剤を乳棒ですりつぶしているところ

図❿ c 刷毛で粉になった薬を寄せ集めます

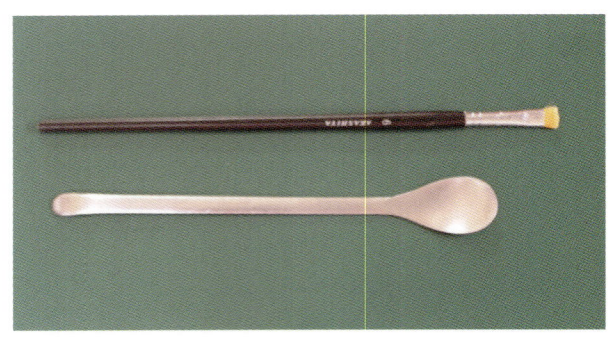

図❿ d 上が，絵筆を短く切った，乳鉢用の刷毛。下が薬匙（やくさじ）で，薬剤を分包するときはこの薬匙を使って均等に分けます（図❻参照）

の間違いがあると比較的気が付きやすいのですが，初めて調剤する薬は用量が間違っていても気付きにくいので，慎重に計算する必要があります。動物病院の信用に関わる重要な作業ですので，限りなく失敗がないよう心がけてください。

調剤の間違いに気付いた場合は，正直に直ちに訂正するなり，動物の家族にすでに渡ってしまった場合でも，できるだけ早く変更・回収に努めるようにしてください。また，定期的に同じ薬を出している場合は動物の家族に手渡しするときに，必ずすべての薬剤を袋から出して，色や形，数などがいつもの薬と違いがないか確認することを心がけると，失敗をなくすことができます。

竹内和義（たけうち動物病院）

専修学校・動物看護師養成モデルコアカリキュラム準拠

動物看護の教科書 全6巻

制作協力：
- 公益社団法人 日本動物病院福祉協会（JAHA）
- 一般社団法人 日本臨床獣医学フォーラム（JBVP）
- 一般社団法人 日本動物看護職協会（JVNA）

B5判 オールカラー
各巻192～224頁
定価：各巻本体4,500円（税別）

専修学校の動物看護師養成モデルコアカリキュラムに準拠し、動物看護師統一認定試験の出題範囲を網羅した初めてのテキスト

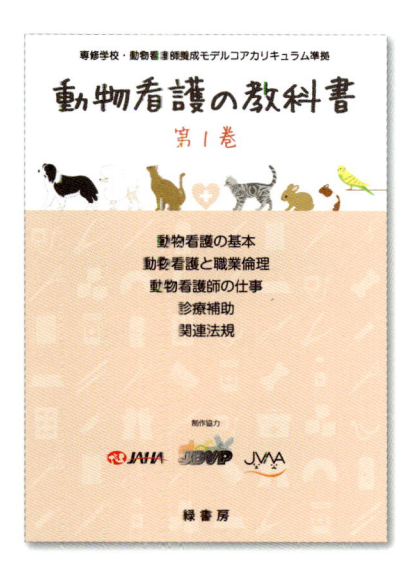

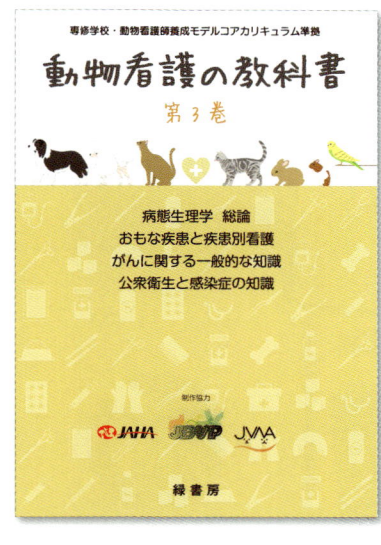

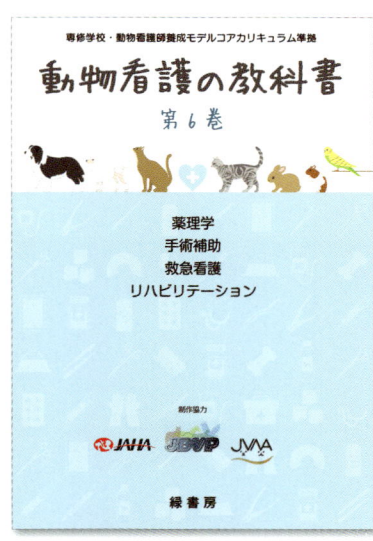

JAHA・JBVP・JVNA制作協力により実践的な動物看護教育を学ぶことができる

第1巻
- 動物看護の基本
- 動物看護と職業倫理
- 動物看護師の仕事
- 診療補助
- 関連法規

第2巻
- 解剖生理学 総論
- 解剖生理学 各論
- 免疫学
- 犬学・猫学、犬と猫の行動学
- 人とかかわるさまざまな動物たち

第3巻
- 病態生理学 総論
- おもな疾患と疾患別看護
- がんに関する一般的な知識
- 公衆衛生と感染症の知識

第4巻
- 動物の健康管理
- ワクチンと予防
- 若齢動物と高齢動物のケア
- 入院看護と在宅医療
- 創傷の管理と包帯法
- 看護のための栄養学
- 繁殖と遺伝に関する知識

第5巻
- 臨床検査
- 生体検査
- エキゾチックアニマルの看護

第6巻
- 薬理学
- 手術補助
- 救急看護
- リハビリテーション

- 最新の動物看護の知識と臨床技術を体系的に学ぶことができる。
- 章ごとに学習目標と確認問題を掲載し、予習・復習における知識の整理に役立つ。
- 豊富なイラスト・写真・図表と簡潔な文章で理解が深まる。

株式会社 緑書房（Midori Shobo Co.,Ltd）
〒103-0004 東京都中央区東日本橋2-8-3 東日本橋グリーンビル
販売部 TEL.03-6833-0560 FAX.03-6833-0566
webショップ http://www.pet-honpo.com

No.19 食事療法の実際

アドバイス

日々のケアで行なう食事療法には，疾病の予防と治療を目的とした栄養管理と健康維持のための栄養管理があります。食事の内容と給与方法・摂取量・摂取カロリーを記録し，体重の増減をみて給与していく必要があります。また動物の家族にとって食事を摂取しているということは，大きな安心感と喜びを与えることになるため，疾患の治療と同じくらい重要なケアのひとつでもあります。

準備するもの

- Hill's犬猫のボディコンディションスコア（BCS）（〈表〉章末に掲載）
- 療法食のカタログ：療法食発売メーカーより取り寄せ（図❶）
- 給与する療法食や食材
- 計算機，料理用はかり，ミキサー，計量カップ（図❷）
- 給与用シリンジ（図❸）

器具の一覧表

- 食器（図❹）
- 缶詰，ドライフードなどの療法食やササミなどの食材
- 高栄養・高カロリー食（図❺）
- 計算機，ミキサー，料理用はかり，計量カップ，電子レンジ（図❷）
- 給与用シリンジ（図❸）

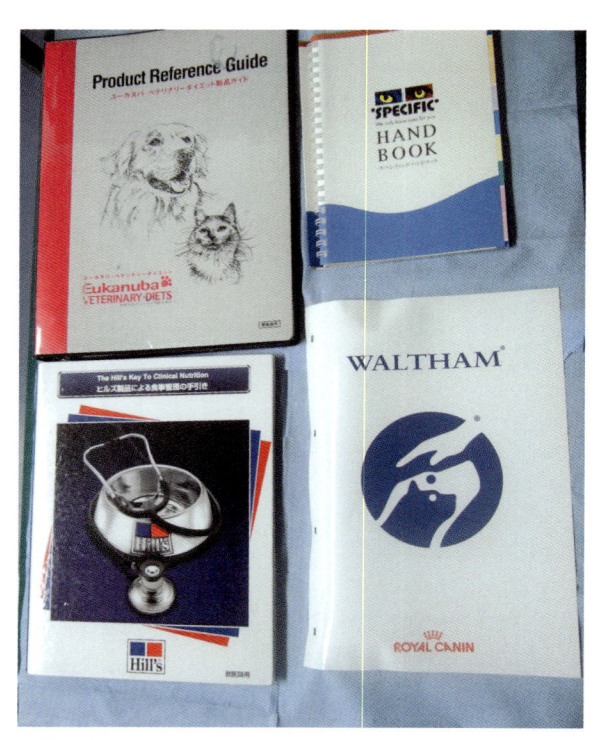

図❶ 主要メーカー 療法食カタログ

図❷ 調理用のミキサーと計測用のはかりと計量カップ

勤務獣医師のための臨床テクニック 第1集

第27章「食事療法」（内田恵子）にボディコンディションスコア（BCS）の詳細な説明があります。動物看護士にとっても参考になりますのでぜひご覧ください。

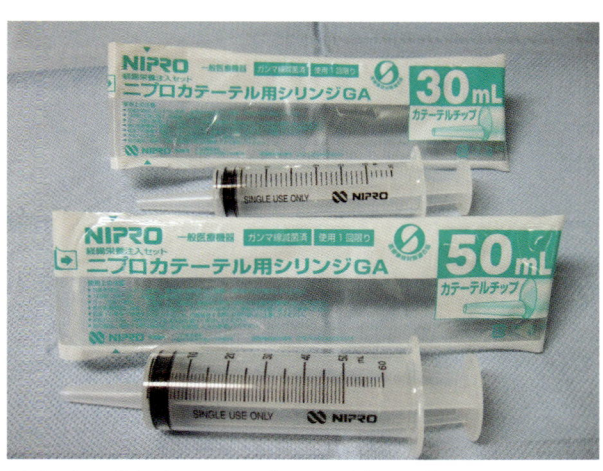

図❸ 経口給与時やチューブからの給与時に使用するシリンジ

図❹ 食器の見本

図❺ 高栄養・高カロリー食の一例

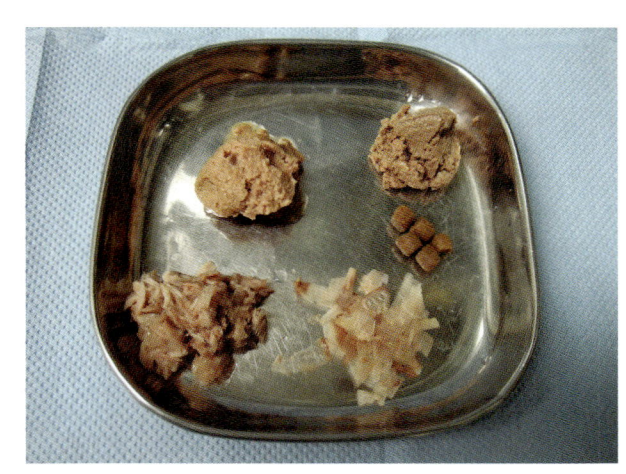

図❻ 少量のドライフードや缶詰をおいて，嗜好性や食欲の有無をみるバラエティの食事見本

図❼ 食器を重ねて高くすると食べやすくなることもあります

手技の手順

1. 自発的な採食がみられる場合

(1) 食欲や嗜好性をみるために

　動物の食欲や嗜好性をみるためにドライフード5粒程度と2～3種類の缶詰を少量おいて様子をみます（図❻）。食べたものがありましたらそのフードをメインにして少しずつ量を増やしていきます。

　同時に食事回数も増やしていき，できるだけ1日の理想摂取量を給与していくことが必要です。

(2) 老齢犬や老齢猫には

　老齢犬や老齢猫，頚椎・脊椎疾患の動物達には，食器を置く位置を高くしてあげることで食べやすくなることもあります（図❼）。

(3) その他工夫できること

・水や鶏肉，牛の赤身の煮汁を加えてみます

食事療法の実際

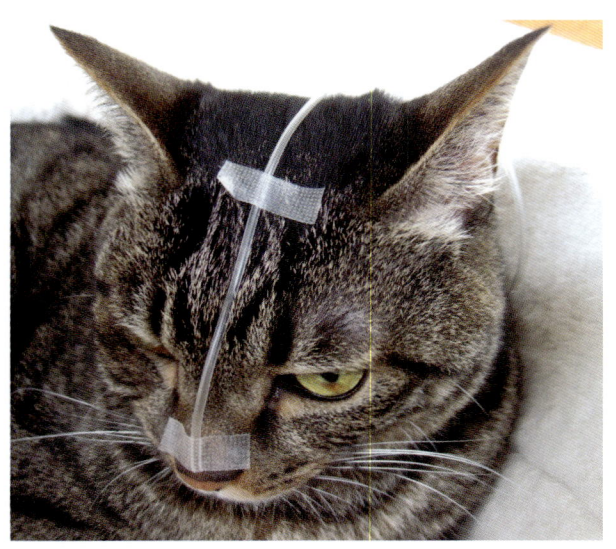

図❽　経鼻食道チューブが挿入されている猫

図❾　食道チューブからの給与風景

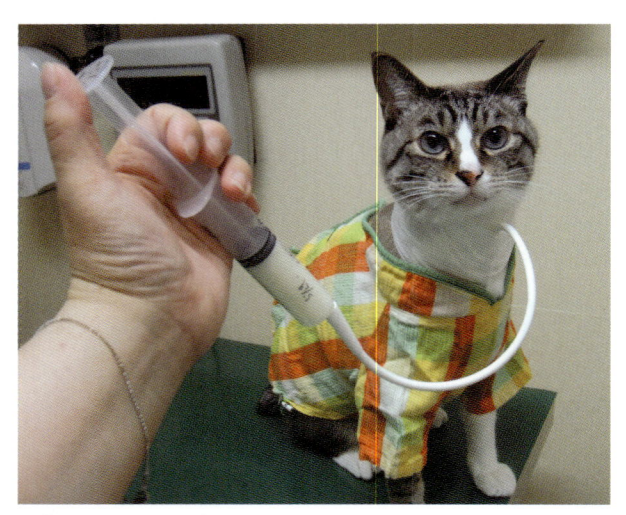

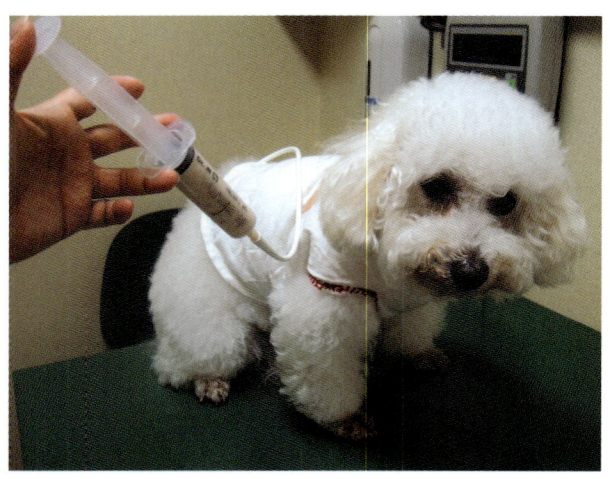

図❿　胃チューブからの給与風景

・食器を別々にしてフードを置いてみます
・水もいくつか場所をかえて置き，新鮮な水を置くようにしてみます
・缶詰を山盛りに盛りつけたり，小さなダンゴにしておいてあげたり等，色々な盛りつけをすることで食べることがあります

2．自発的な採食がみられない場合

経口給与または経鼻食道チューブ（図❽）・食道チューブ（図❾）・胃チューブ（図❿）からの給与となります。

（1）経口給与

経口給与法には缶詰やドライフードをそのまま口の中へ入れる方法（図⓫）と流動食をシリンジで給与する方法（図⓬）があります。

・缶詰やドライフード

口の中へ入れる方法は頬骨を持ち，顔を少し上向けにし，口が開いたところに小さなダンゴにした缶詰をのどの奥にめがけて入れ，給与します。

中には缶詰が嫌いな子もいます。また缶詰のダンゴが大きく，うまく嚥下できない子もいます。その場合は同じ方法でドライフードを入れ，食べている口の中をみてみます。

ドライフードは摂取カロリー量が多く，給与が簡便で，かつ給与する側の手を汚すことがないという利点がありますが，缶詰食に比べて水分の摂取量が少ないため，給与後に水も与えてください。

・経腸栄養食などの流動食（シリンジ編）

給与前にあらかじめ経腸栄養食やフードをミキサーにかけて作った流動食をシリンジに入れ，用意しておきます。
軽く頭部を持ち上げ，シリンジ内のフードを口の中に入れてあげます。シリンジの入れる位置は　①口角から（図⓭）　②臼歯と犬歯の間から　③中央（切歯付近）（図⓮）からがあり，動物達が嫌がらず，しっかり嚥下する位置を見つけ，流動食を給与してください。

一度にたくさん給与すると口からあふれ，うまく嚥下できないため，少量ずつ給与していき，嚥下したことを確認したら持ち上げていた頭部を下げ，あご下や目の上のところをなでて気を紛らわせてください。

自発的に嚥下しない場合は誤嚥を引き起こしますので，そのときは給与を中止してください。

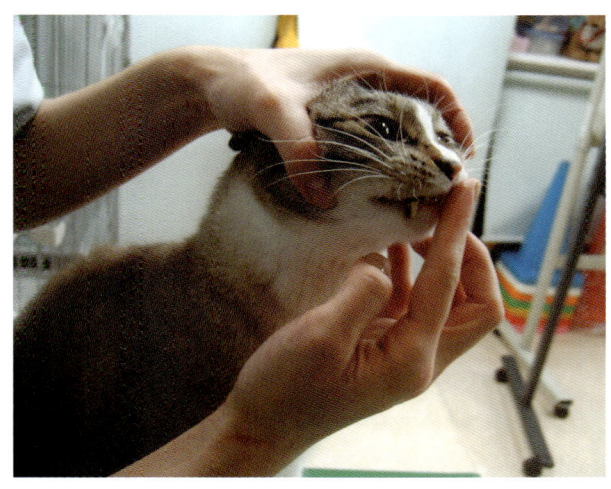

図⓫　頬骨を持って顔を上向きし保持し，フードを給与します

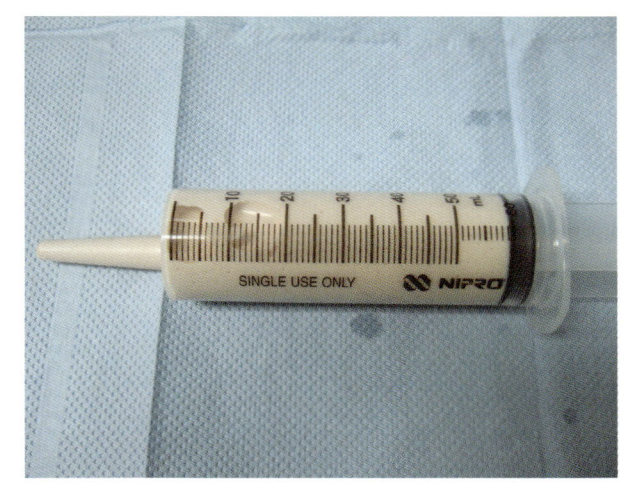

図⓬　缶詰をミキサーにかけて作った流動食

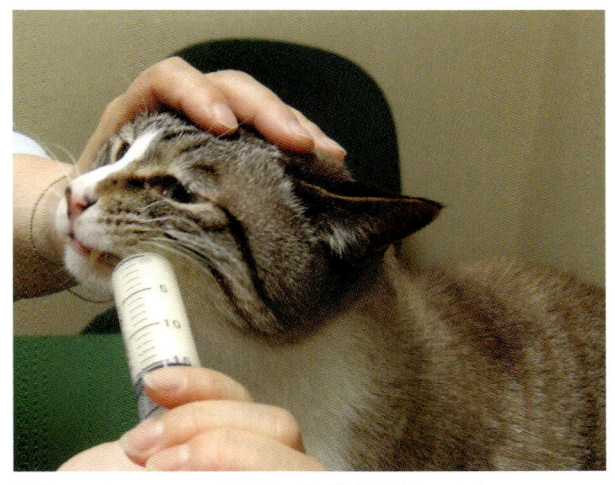

図⓭　口角にシリンジを入れ，流動食を給与します

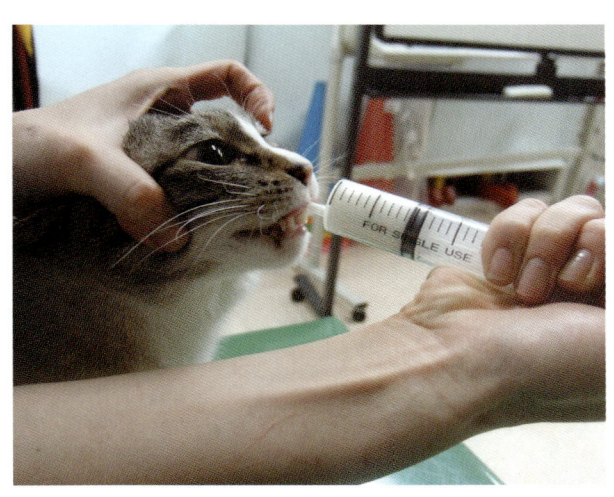

図⓮　中央付近にシリンジを保持し，流動食を給与します

> **私のおすすめ**
>
> ● シリンジでの給与法は缶詰食＋水分＋経腸栄養食を一緒にミキサーにかけることにより，少量の食事で必要カロリーの摂取が可能であり，給与する側の手を汚すことがないという利点があります。
>
> ● 動物達が噛むことでシリンジの先がギザギザになり，口腔粘膜を傷つけることもありますので，赤ゴムなどのチューブを切り，シリンジの先につけてあげるとより柔らかく，抵抗なくシリンジからの流動食を受け入れてくれます（図⓯）。

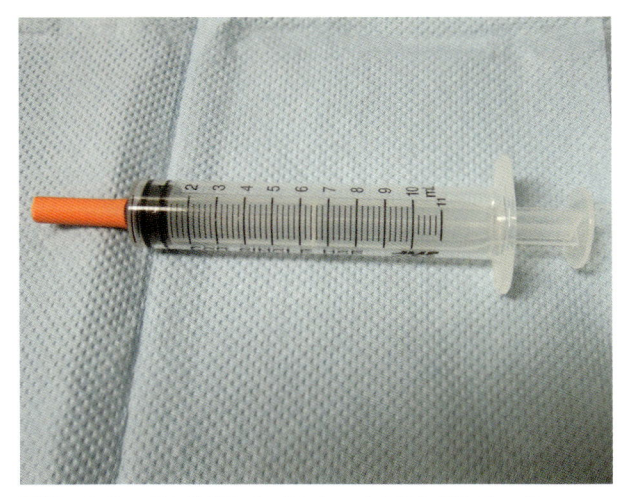

図⓯　シリンジの先端に赤ゴムをつけた給与用シリンジ

・経腸栄養食などの流動食（手で与える）

　経腸栄養食を大量のお湯で溶かすと液体の流動食になりますが，

食事療法の実際

135

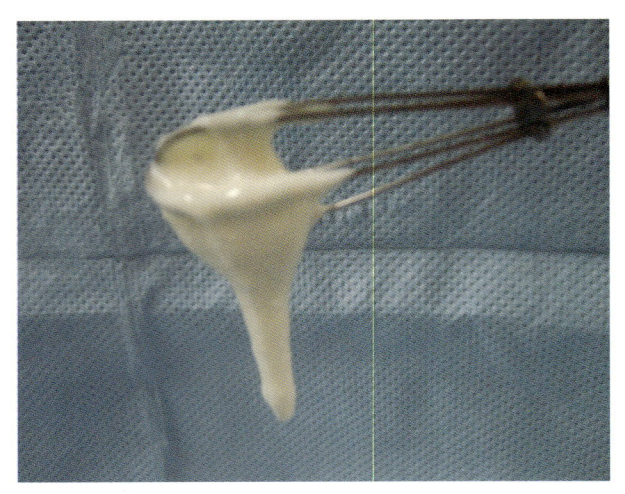

図⓰　経腸栄養食をムース状にしたフード

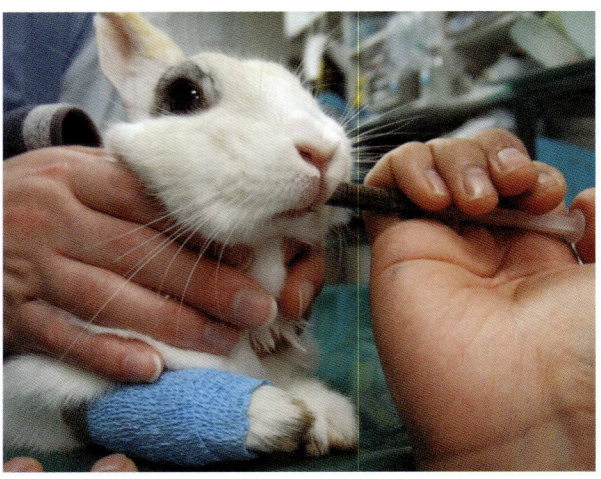

図⓱　体をタオルで巻いて保定しているうさぎの経口給与

少量のお湯で溶かすとムース状の流動食になります。ムース状の経腸栄養食(図⓰)を人指し指ですくい，上あごや鼻の下に塗って自ら舐めて食事をとってもらうという給与法もあります。

（2）経鼻食道チューブからの給与

一般に数日から数週間程度留置が可能です。チューブが細いため経腸栄養食などの液体食に限定されます。

（3）食道チューブからの給与

食道チューブからの給与については図❾の写真を参考にしてください。

（4）胃チューブからの給与（図❿）

チューブの種類によりますが，一般に数週間から1年程度留置が可能です。設置には麻酔が必要となります。食道チューブ・胃チューブともに通常の療法食をミキサーにかけて軟化させたものを給与することができます。また給与時間も短縮され，動物達にストレスをかけないで給与することができます。

> **流動食給与の前に**
>
> ➡チューブが正しく挿管されていることを確認するため生食や蒸留水を3〜15mL※注入し，動物達が咳をしないことを確認してから流動食を給与します。
> ※使用するチューブ内を満たしてくれる水の量を測定しておきます。チューブ毎に量が違うので把握しておくと便利です。

> **飲水の重要性**
>
> ➡腎臓病において十分な飲水の必要性はよく言われますが，うさぎなどの小動物や他の疾病，特に心臓病の動物達も飲水量を記録することは重要なことです。
> 　犬はドライフードをぬるま湯でふやかして給与することで摂取可能となりますが，猫はたくさんの量を飲水することが大変です。ぬるま湯が好きな動物もいます。水道の蛇口から流水している水が好きな動物もいます。お風呂の水が好きな動物もいますので，好みの飲み方を見つけて頂くようお話しして下さい。

3．番外編

（1）授乳中子犬・子猫

自ら哺乳できる子犬・子猫は哺乳瓶からの哺乳で給与しますが，

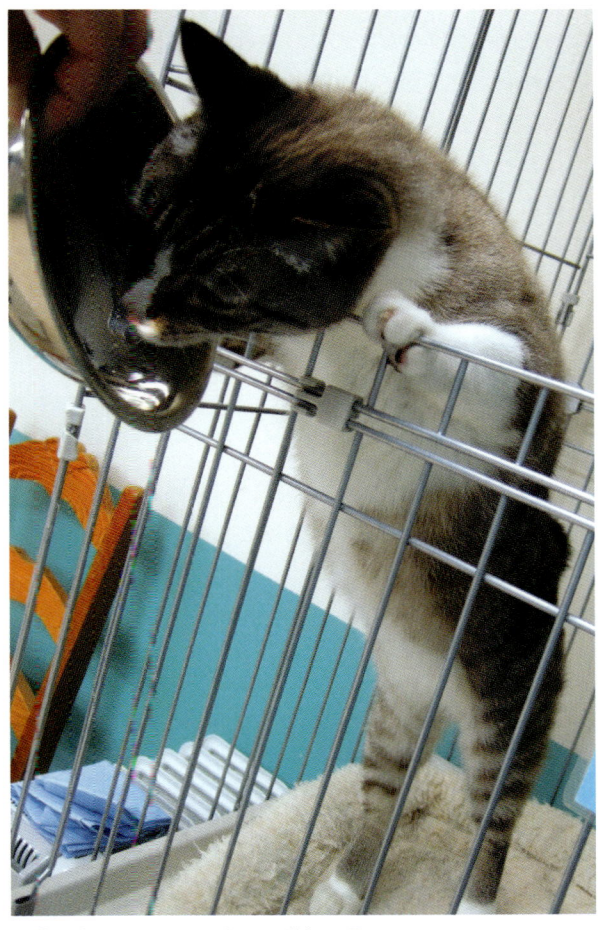

図❽　食道拡張症の立位での給与風景

> **手技のコツ・ポイント**
> ・嗜好性と食欲の有無をみるためいくつかの種類のフードを給与してみてください(図❻)
> ・嘔吐をさせないように少量頻回で給与することをおすすめします
> ・フード類の種類を変える，缶詰食を温めてみるなど工夫してみて下さい
> ・動物達にストレスや恐怖心を与えないように，1回の給与の時間が長くならないように配慮してください
> ・給与後，気分を紛らわせるため，あごや目のまわりなどを撫でてあげてください

> **獣医師に伝えるポイント**
> ・食欲の低下がみられたときはすぐに報告します
> ・摂取できている食事の内容・摂取量・摂取カロリーを報告します
> ・嘔吐や下痢がみられましたらすぐに報告します
> ・あご下や口周りの皮膚のただれがみられましたらその様子を報告します
> ・チューブからの給与のとき，流動食がスムーズに入らないときはすぐに報告します

哺乳できない子についてはチューブフィーディングで与えます。その際は誤嚥させないようゆっくりと哺乳し，哺乳後はゲップをさせることが必要となります。

(2) 老齢犬・老齢猫

前のめりになり，食べにくいことがありますので食器の位置を高くしてあげることをおすすめします(図❼)。

また，老齢犬の場合，食べていてもフードをのどの奥に送り込めていないことが見受けられます。きちんと嚥下できていること，お皿の中のフードがなくなっていることを確認してください。

(3) うさぎの経口給与

うさぎ用のペレットをぬるま湯でふやかし，シリンジで給与します。給与姿勢は仰向けやタオルに体をくるんだ体勢で給与します(図⓱)。

(4) 食道拡張症

食道拡張症の動物は立位で給与します(図⓲)。立位で食べられ

食事療法の実際

ない子はバケツなどに入れ，動けないようにバケツ内にタオルなどを入れ，立位を保ちながら給与します。

4．まとめ

適切な食事療法を行うことは治療の原点です。時間と手間がかかりますが，個々の反応をいちはやく把握し，反応にあった方法で給与していくことがよい治療に結びつきます。家族同様の愛情をもって行って頂きたいと思います

> **誤嚥や嘔吐**
>
> ➡ 誤嚥したときや嘔吐した後，容体が急変してしまうことがありますので，その都度動物達の様子をしっかりみて給与することが大切です。

失敗しないために

経口給与で嘔吐した場合，その日は無理に食事を与えることはしないで，部屋の中に食事を置くだけにし，そっと見守ります。嘔吐などの兆候が続けてみられなければ，少量の液体の経腸栄養食から開始することをお勧めします。給与後，嘔吐がみられなければ少しずつ量を増やして与えてください。給与時は顔をなでたり，あごをなでたりして，嫌だと思わせないよう，ストレスをかけないようにすることが大切です。

嘔吐により誤嚥した場合，二次的な誤嚥性肺炎を引き起こすことがあります。レントゲン検査や抗生物質・消炎剤の投与のほか，チューブを留置している場合は，設置部位に感染を起こす可能性があり，設置部位の包帯交換をまめに行います。給与するとき少量の食事を給与し，チューブがきちんと入っているかどうか確認することが大切です。

竹中晶子（赤坂動物病院，JAHA認定1級動物看護士）

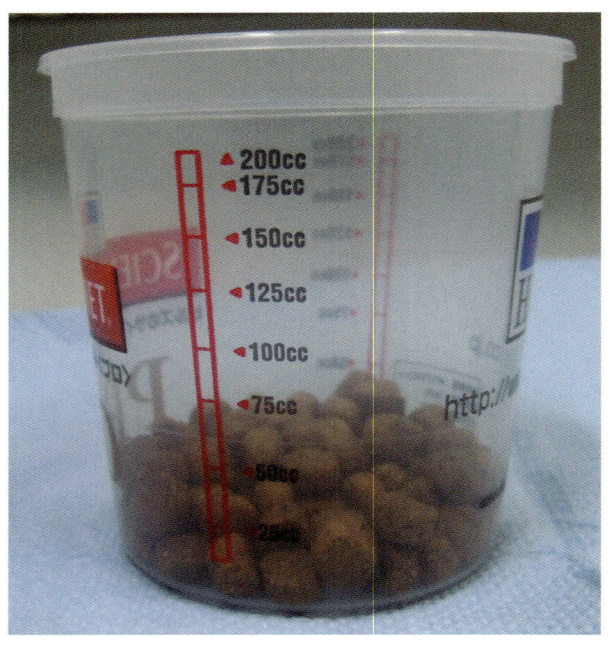

図⑲ 飼い主さんへお渡しするフード見本

動物の家族に伝えるポイント (to family)

・食器の種類や大きさに配慮し，食べやすいように盛りつけを工夫して頂くことをお話します
・フードの種類を変えたり，缶詰食を温めたりすることをお伝えします
・少量頻回に与えて頂くようお伝えします
・給与量を分かりやすくするためにビニール袋やカップに計測したドライフードを入れ，家族にお持たせし，同量を与えて頂くよう説明します（図⑲）。
・猫は夜行性がみられ，夜間の方が食べ方がよいことが考えられるため，食事時間や給与量を工夫して頂くようお伝えします

表 Hill's ボディコンディションスコア(BCS) 5段階による表現

ボディコンディションスコア(BCS)の基準

BCS	1	2	3	4	5
	削痩	体重不足	理想体重	体重過剰	肥満
%理想体重	≦85	86〜94	95〜106	107〜122	123≦
%体脂肪	≦5	6〜14	15〜24	25〜34	35≦
肋骨	脂肪に覆われず容易に触知できる	ごく薄い脂肪に覆われ容易に触知できる	わずかに脂肪に覆われ触知できる	中程度の脂肪に覆われ触知が困難	厚い脂肪に覆われ触知が非常に困難
腰部	皮下脂肪がなく骨格構造が浮き出ている	皮下脂肪はわずかで骨格構造が浮き出ている	なだらかな輪郭またはやや厚みのある外見で、薄い皮下脂肪下に骨格構造が触知できる	なだらかな輪郭またはやや厚みのある外見で、骨格構造はかろうじて触知できる	厚みのある外見で骨格構造は触知困難
腹部	腹部の凹みは深くなり強調された砂時計型を呈する	腹部の凹みがあり顕著な砂時計型を呈する	腹部の凹みがあり適度な腰のくびれがある	腹部の凹みや腰のくびれはほとんどあるいは全くなく、背面はわずかに横に広がった状態	腹部が張り出して下垂し、腰のくびれはなく、背面は顕著に広がった状態。脊柱周囲が盛り上がると溝を形成することがある

ボディコンディションスコア(BCS)の基準

BCS	1	2	3	4	5
	削痩	体重不足	理想体重	体重過剰	肥満
%理想体重	≦85	86〜94	95〜106	107〜122	123≦
%体脂肪	≦5	6〜14	15〜24	25〜34	35≦
肋骨	脂肪に覆われず容易に触知できる	ごく薄い脂肪に覆われ容易に触知できる	わずかに脂肪に覆われ触知できる	中程度の脂肪に覆われ触知が困難	厚い脂肪に覆われ触知が非常に困難
骨格の隆起	容易に触知できる	容易に触知できる	—	—	—
腹部	腹部の凹みは深くなっている	腰のくびれがありごく薄い脂肪層が触知できる	適度な腰のくびれがあり、腹部はごく薄い脂肪層に覆われる	腰のくびれはほとんどあるいは全くなく、腹部は丸みを帯び中程度の脂肪に覆われる	過剰な脂肪の沈着によって膨満し、腰のくびれがなくなる。脂肪は腰部、顔、あるいは四肢に蓄積することもある

(ヒルズペットニュートリション アジア-パシフィック株式会社日本支社の許諾を得て掲載)

No.20 エマージェンシー時の対応

アドバイス

この章では，エマージェンシー時の対応，特に心肺停止時の対応について解説いたします。心肺停止状態時に動物看護士は，慌てず冷静に獣医師をサポートする必要があります。心肺停止時のABCD，すなわち(A)気道確保，(B)人工呼吸，(C)心臓マッサージ，(D)薬剤投与を速やかに実施するための動物看護士がすべきサポートとモニタリングの解釈を説明します。

図❶　救急専用カートと救急薬BOX
エマージェンシー時に迅速に対応できるように，カート内の器材・薬剤の日常点検と整理，そして救急薬の在庫管理は動物看護士の重要な仕事です

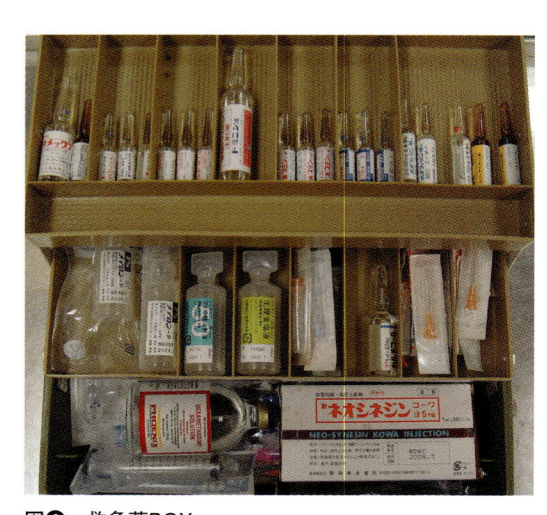

図❷　救急薬BOX
エマージェンシー時に用いる各種薬剤をBOXに整理整頓し収納しておきます

準備するもの

- 気道確保に必要な機材
- 人工呼吸器（麻酔器）
- 救急セット（常備しておく）
- 留置と点滴する機材ならびに薬剤
- モニターに必要な機材
- 除細動装置
- 吸引器

器具の一覧表

- 気道確保に必要な機材
  喉頭鏡，各種気管チューブ，開口器，局所麻酔スプレー，スタイレット，気管チューブを固定するヒモまたはゴム，酸素，アンビュバック

- 人工呼吸器または麻酔器
  人工呼吸専用の器械や，麻酔器と一体化している人工呼吸器もある。人工呼吸器がない場合は，アンビュバックを用いる

- 救急セットまたは救急カート
  救急セット内には，各種薬剤，気管チューブ，各種ディスポ注射器や注射針，吸引チューブ，胸腔穿刺針などを用意しておく。救急セット内の日常点検と補充は重要です

- 救急セット内薬剤として
  アトロピン
  静脈用キシロカイン
  エピネフリン（アドレナリン）

マイナートランキライザー
塩酸ドパミン
塩酸ドブタミン
フロセミド
塩酸フェニレフリン
高張ブドウ糖液
カルシウム剤
カリウム剤
ニトログリセリン製剤
バソプレッシン

などを常備しておきます。心肺停止患者が発生したときに，すぐに用意できるようにしておいてください

- 留置と点滴するための機材
  14～24Gの各種留置針と輸液セット
  点滴薬剤（輸液剤）として
  ラクトリンゲル
  酢酸リンゲル
  5％ブドウ糖
  開始液（Kを含まない輸液）など
- モニターに必要な機材
  心電図
  非観血血圧測定器
  パルスオキシメーター
  体温計
  換気量計など
- 除細動装置

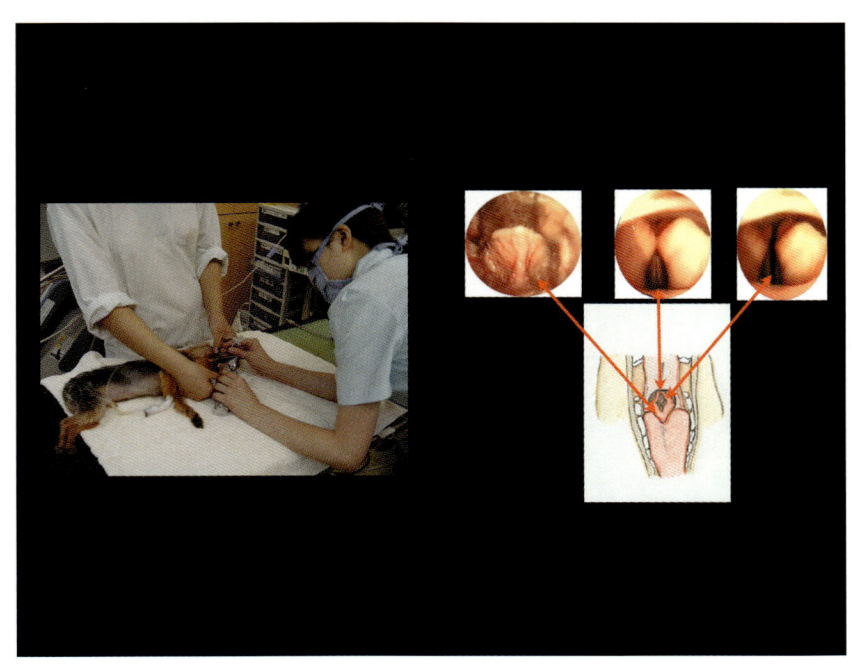

図❸ 気管チューブの挿管法
気管挿管は，動物の体にあった気管チューブを選択し，助手は大きく開口し，舌を真直ぐに出すように牽引します。挿管する獣医師または動物看護士は，片手に喉頭鏡を持ち，反対の手で気管チューブを持ちます。喉頭鏡の先端で舌の奥を腹側に押すことで喉頭部が確認できます。喉頭蓋によって確認できない場合は，気管チューブの先端で喉頭蓋を手前腹側に引いて倒すイメージで，喉頭を直視して挿管します。気管チューブは頸の中央部に先端がくるように位置させ，カフを膨らませます。
左図は，実際動物看護士が気管挿管している様子です。右図は，気管挿管する喉頭部の模式図です。
開口時には喉頭蓋が閉じているため（左端），喉頭蓋を手前腹側に倒すことで気管の入口部が確認できます（中）。気管入口が閉じている場合は，挿管が難しく，気管入口が開いたときに気管チューブを挿入します（右端）。気管の入口が開かない場合は，多くの場合軽く胸を押すことで開きます

手技の手順

1. 気道確保と心臓マッサージ

心肺停止に陥った患者は，第一に気道確保（気管内に気管チューブを挿入する）し，人工呼吸を行うと同時に迅速に血管確保し点滴をスタート，心臓マッサージを実施する必要があります。1秒でも早くすることが望まれるため，エキスパートナースはすべてをマスターする必要があり日常訓練が必要です。

気管挿管法は，舌を真直ぐに引き出して，喉頭鏡を用いて喉を腹側（下あご側）に押すことで喉頭蓋が見えますので，目視して挿管します（図❸）。一般的には獣医師が速やかに気道確保や血管留置を行うための準備をすること，獣医師が気道確保など実施している間に心臓マッサージを実施しておくことが必要です。

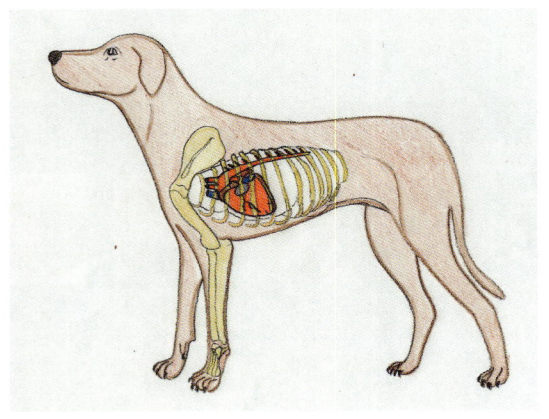

図❹ 体と心臓の位置
心臓の位置(心臓マッサージする場所)は、肘を直角に曲げた場合の肘の先端部分にあたる胸部で、肩甲骨の尾側で胸の中央より腹側に位置します

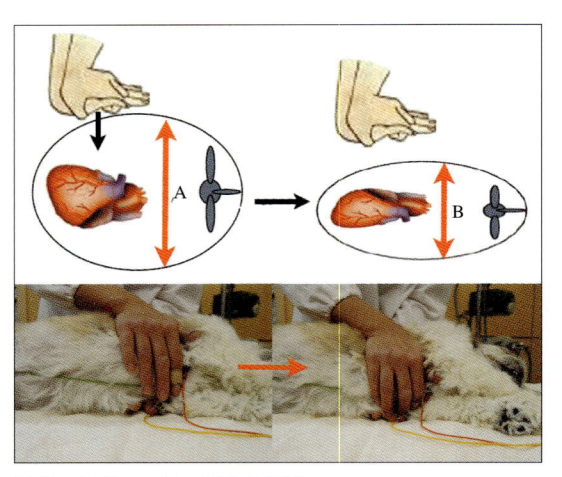

図❺ 心臓マッサージの力加減
図は、胸部と心臓をマッサージしている模式図です。左は圧迫する前、右は圧迫後です。大型犬では両手で心臓マッサージしますが、小型犬や猫では両手で胸を挟み込むようにして圧迫します。圧迫していない状態Aから圧迫した状態Bが約7割になることが理想的な心臓マッサージの力加減です

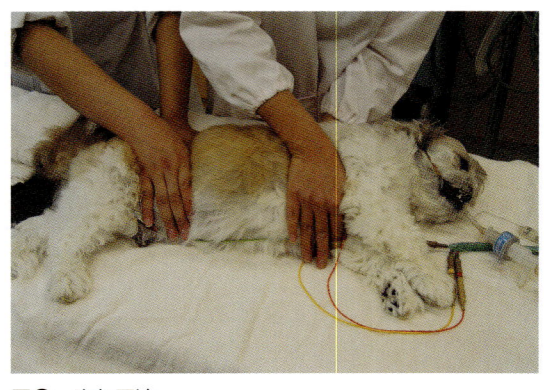

図❻ 腹部圧迫
心臓マッサージ中に助手が腹部を圧迫しておくことは、心臓から血液を脳の方へより多く供給させるためのテクニックのひとつです

心臓マッサージする部位は、肘関節を90度に曲げたときの肘の先端部分にあたる胸部になります(図❹)。1分間に80〜120回心臓マッサージを行います。心臓(胸壁)を圧迫する強さは、胸部の厚さが7割位になるように圧迫します(図❺)。

小型犬や猫では、胸を手で挟んで圧迫する場合もあります。心臓マッサージの最中に腹部を圧迫することで、循環血液を胸部から頭側へ多く運ばせることが可能です。獣医師や動物看護士が心臓マッサージをしている場合、腹部圧迫することは効果的です(図❻)。気道確保や留置が完了したら点滴を開始し、人工呼吸も行います。

人工呼吸は、気道内圧を15〜20cmHgで、1分間に12〜20回行います。これは、人工呼吸器で設定することも可能ですし、人がバックを膨らます用手での人工呼吸も行うことがあります。

心臓マッサージで胸部を押すとき(胸部圧迫時)は、人工呼吸でバックは膨らませない方が安全です(肺を膨らませない)ので、心臓マッサージしている獣医師や動物看護士が声をかけあって、心臓マッサージを10回行ったら人工呼吸を1回するようにします。動物看護士は薬剤を救急セットから取り出し、いつでも投与できるように準備する必要があります。心肺蘇生時によく使用するエピネフリン(アドレナリン 商品名：ボスミン注)は10倍に希釈して用いることがあります。

10倍希釈とは、ボスミン液1mLを生理食塩液9mLで薄めることです(図❼)。救命治療という切羽詰まった状態では、10倍希釈と指示されると混乱しますので、10倍希釈する方法は日常から焦らずに実行できるようにしておく必要があります。また、心肺蘇生時に気管チューブから液体が出てくることがよくあります。気管チューブ内の液体は吸引器などを用いて吸引する必要があります。

以上、心肺蘇生の流れを簡単に模式図に示します(図❽)。

2．モニタリングの重要性

心肺蘇生時には、生体情報のモニタリングは重要です。モニターの装着法は日頃の手術でトレーニングされていると思いますので、この章ではモニターで分かることを記述します。図❾は、当院で使用しているモニタリングの器械です。同様の器械が各病院にあると思いますので、それぞれの数値が何を意味するのか、正常値と異常値を理解しておくことは重要であると考えます。

モニターする器械の多くは、酸素飽和度(パルスオキシメーター(SpO_2))、非観血的血圧(NIBP)、体温(Temp)、呼気炭酸ガス濃度($ETCO_2$)、心電図波形、脈拍(HR)、呼吸数が分かるようになっています。

表に、各値の参考基準値(参考正常値)と、何をみているのか、異常は何を意味するのかを一覧にして解説いたしました。

モニター法は、モニターの器械を販売しているメーカーが簡単なモニタリング法を解説しているパンフレットなどを用意しておりま

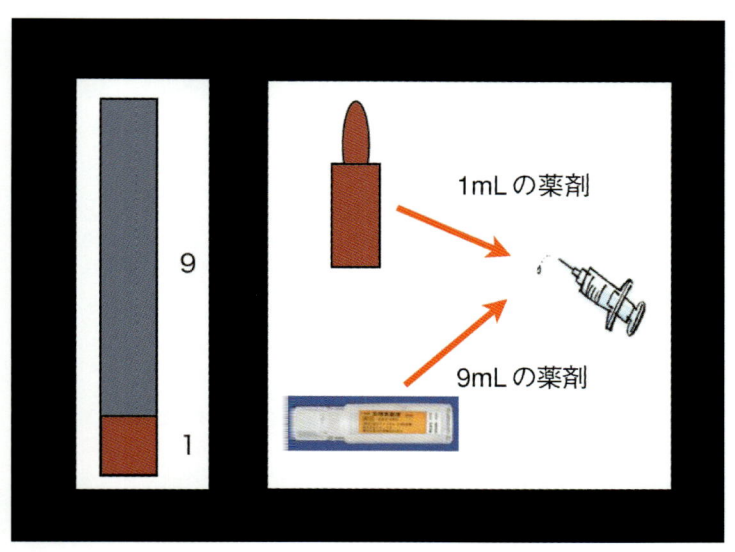

図❼ 10倍希釈
左図のように注射液などを10倍希釈するということは，原液1に対して希釈する液が9でトータル10になることであり，1に対して10で希釈してトータル11になることではないことに注目してください。右図は，アンプルから1mLの薬剤を注射器に吸引し，それに生理食塩液を9mLを加えて吸引して10mLにすることで1mLの10倍希釈液が完成します

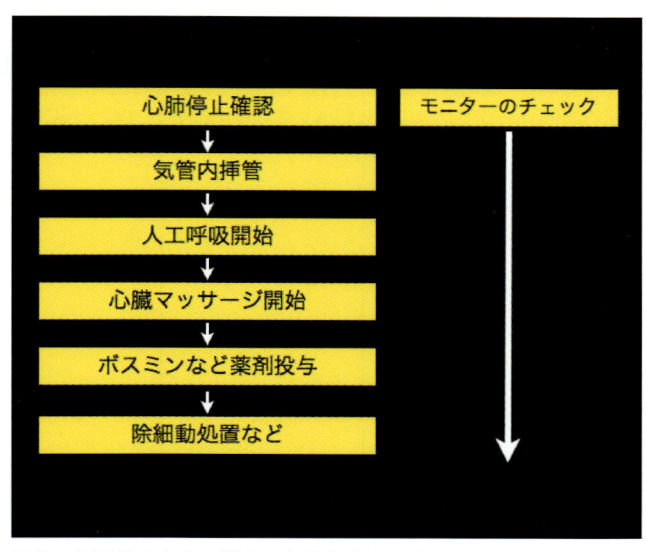

図❽ 心肺停止患者に対する心肺蘇生法の流れ

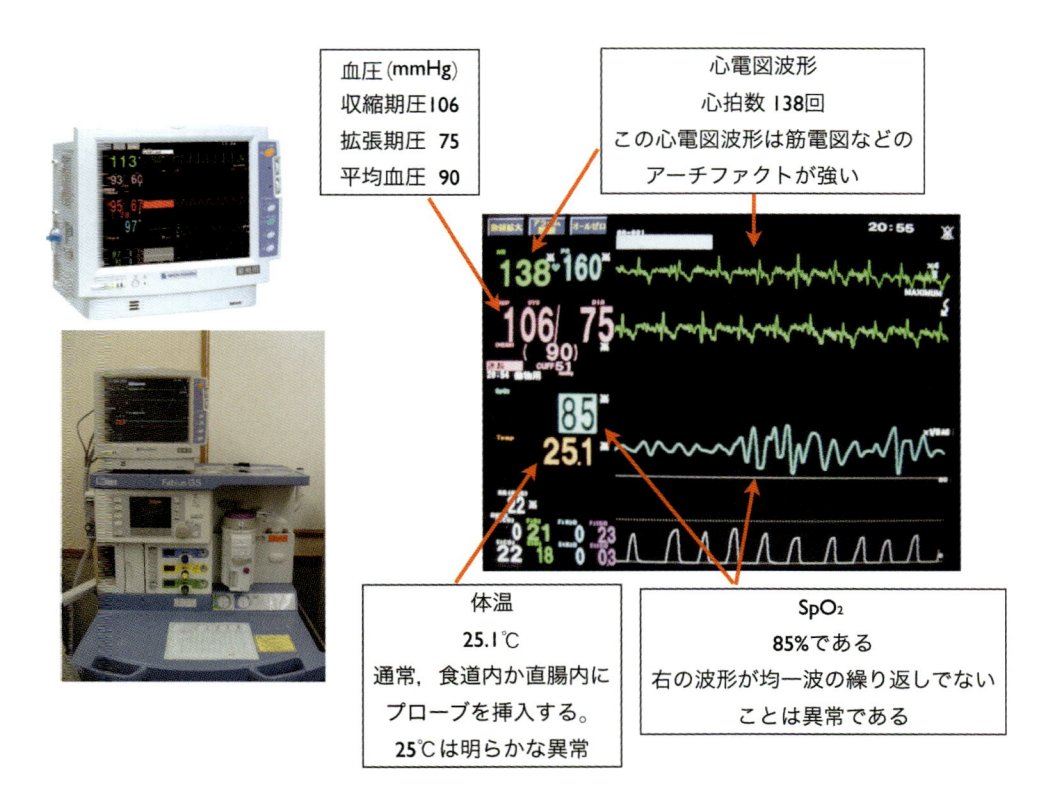

血圧(mmHg)
収縮期圧 106
拡張期圧 75
平均血圧 90

心電図波形
心拍数 138回
この心電図波形は筋電図などの
アーチファクトが強い

体温
25.1℃
通常，食道内か直腸内に
プローブを挿入する。
25℃は明らかな異常

SpO₂
85%である
右の波形が均一波の繰り返しでない
ことは異常である

図❾ 当院で使用しているモニターとモニターが示している数字の説明
当院で使用している日本光電製㈱の動物用モニター。通常は，麻酔時のモニターが主たる役割のため麻酔器とセットとなっています。呼吸関連のモニターは麻酔器に装備されています。右図はモニターの画面です

エマージェンシー時の対応

表　動物看護士用緊急時モニター表

項目	同義語	数字が意味すること	参考基準値	異常値の意味すること	備考
動脈血酸素飽和度（SpO₂）	O₂サチュレーション	動脈を流れる血液中の酸素の量	95〜100%	90%以下で低酸素血症を意味します。酸素が足りず、命にかかわる異常です。心肺停止時は著しく低下します	
血圧（NIBP）		心臓から血液が全身に送られるときの血管の圧力	平均血圧80mmHg以上	血圧が高いことは、過剰輸液などが考えられ、血圧が低いことは心臓の力が弱っていたり、出血しているなど命にかかわる重篤な場合も多いのです。心肺停止状態では血圧は測定できません。心臓マッサージが効果的であれば大腿動脈などの末梢血管で拍動は感じられます	非観血的血圧測定とは、前腕などにカフを巻いて測定することで、観血的血圧測定とは、血管内にチューブを入れて測定する方法です
体温（Temp）		体内の温度	37〜38.5度	低い体温も高い体温も命にかかわることがあります。心肺停止状態では体温は低下します	手術時に体温が低下すると麻酔の覚醒が遅くなったり、麻酔の危険性も増すことがあります。一方、麻酔時に高体温により死亡する悪性高熱という病気もあります
呼気炭酸ガス濃度（ETCO₂）	終末呼気二酸化炭素分圧	呼吸と血液循環が正常で肺で換気できているか	35〜45mmHg	ETCO₂増加は換気ができていないことや吸入麻酔器のソーダライムの劣化がみられます。減少は、過剰な換気状態や低体温時、心臓停止時にみられます。心肺停止状態では、ETCO₂は著明に減少します	
心電図（ECG）		心臓機能がたもたれているか		不整脈、心臓の肥大、酸素不足、心臓のポンプ機能異常など波形の高さや頻度、間隔などで判断します。心肺停止状態では、心室細動がよくみられます	心電図を解釈することは獣医師でも難しいものです。http://www.vector.co.jp/soft/win95/edu/se351074.htmlなどで、心電図シミュレーターがダウンロードできます。自分で不整脈を設定して波形を勉強できるサイトや、多くの心電図波形を簡単に解説した本もあるので参照してください
脈拍（HR）	ハートレート	1分間の心臓の拍動数	犬：70〜140回 猫：100〜200回	麻酔の深度が深いと心拍数は低下します。心停止時は心拍が0となります	心電図モニターで自動的に心拍数を測定しますが、心電図波形により誤った測定値を示すこともあり注意する必要があります
呼吸数		1分間の呼吸回数	犬：20〜30回 猫：20〜40回	呼吸しているかどうか。心肺停止とは心臓も呼吸も停止した状態です	人工呼吸器で呼吸回数は設定可能です。気道内圧は原則として15〜20cmH₂O以下で人工呼吸してください。胸水が貯留している場合などは気道内圧を少し上げることもあります。肺水腫などではPeepと呼ばれる人工呼吸の機能を用いて、肺を呼気時でも少し膨らませておくこともあります

すので参考にしていただきたいと思います。（例：日本光電「小動物のモニタリングハンドブック」　監修　若尾義人麻布大学教授）

　心肺停止状態に陥ると、素早く適切な処置が必要になります。図❿は、心肺停止してからの時間経過と蘇生率を示しています。一刻も早い心肺蘇生が必要であり、時間経過とともに蘇生できないことを示しています。日頃から、慌てず処置や用意ができるようにトレーニングが必要です。

　最後に、心肺停止状態から蘇生できる確率は動物では非常に低く、いかに心停止させないようにするかがポイントです。麻酔時には各種モニタリングにより心肺停止する前に処置することが重要です。また、重篤で体力のない症例が嘔吐する際に、心臓が停止する

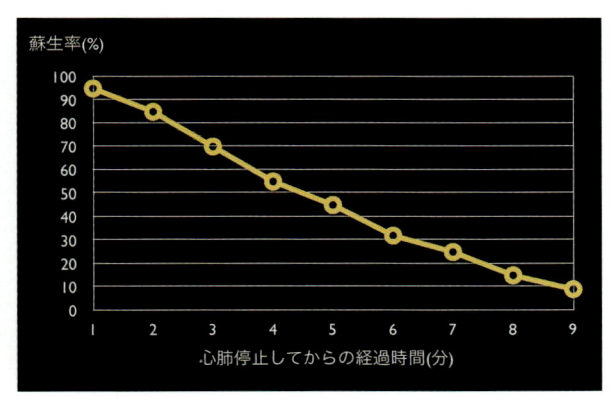

図⓾　心肺停止経過時間と蘇生率
心肺停止から時間が経過するにつれ蘇生率は低下します。これは，人のデータであり，動物はもっと蘇生率が悪いことが予想されます

ことがあります。直ちに，口の中に吐物がつまっていれば除去し，心肺蘇生処置ならびにアトロピンの投与が有効である場合があります。これらも1〜2分以内で実施するか否かで蘇生率は大きく変わります。特にエマージェンシーでは，医療従事者が慌てず，パニックにならず，速やかに対応することが必要です。

入江充洋（入江動物病院）

手技のコツ・ポイント

- 心肺停止時は速やかに獣医師に伝えます
- 動物看護士として冷静に対処することが重要で，焦らないようにします
- 気道確保の準備をします
- 各種モニターの装着と監視を行います
- 心臓マッサージと人工呼吸の補助を行います
- 血管確保と点滴をします
- 指示された薬剤の調合または投薬をします

獣医師に伝えるポイント

- 心肺停止を素早く報告します
- いつ，どこで，何をしていて，どうなったかを簡潔に伝えます
- モニター内容を随時報告します
- 可能であれば異常値のみ報告します

動物の家族に伝えるポイント

- 心肺停止状態に陥っていることを伝えます
- 数分以内に蘇生できない場合，死亡する危険な状態であることを伝えます
- 「今，獣医師が最善を尽くしているので，落ち着いたら詳細は獣医師が報告します」と伝えます
- 多くの方は動揺するので，家族の方の横で一緒に居てあげるだけでもよい場合もあります
- 家族の方は少し動揺している場合もあり，言葉をかけない方がよいときもあります

エマージェンシー時の対応

No.21 輸血をすると決まったら

アドバイス

輸血はもっとも身近な臓器移植です。臓器移植治療は，免疫反応や感染症，移植後副反応のように利点だけではなく，欠点も併せ持つ治療方法です。したがって輸血の場合も，副作用よりも治療効果の方が大きいと判断された場合に選択される治療方法です。副作用を最小にするためには，治療開始前の適切な検査と，輸血中のモニター，輸血後の受血動物の観察が非常に重要となります。

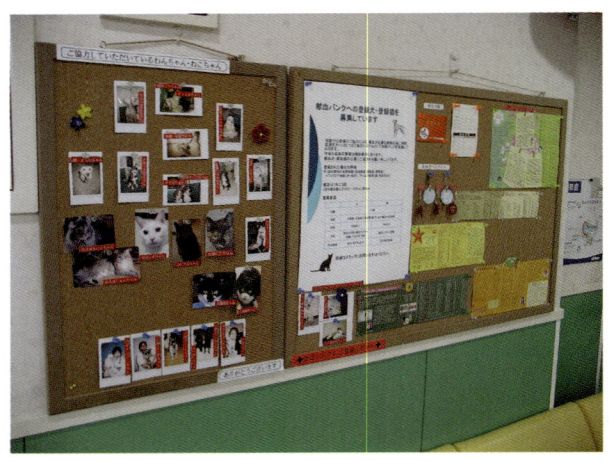

図❶ 献血バンクへの登録犬・登録猫の募集を待合室で行っています

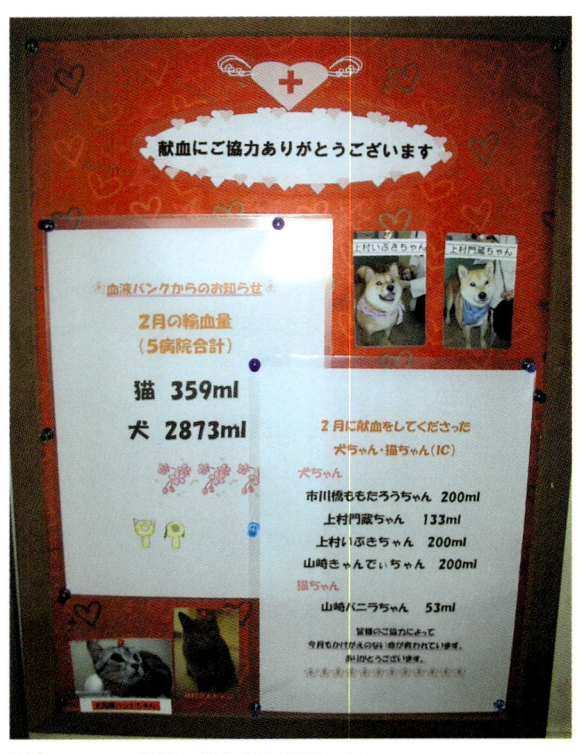

図❷ 献血の実績も待合室で掲示します

手技の手順

1．基本知識

輸血の適応症は，貧血（ノミの多数寄生，交通事故による多量出血，自己免疫疾患，腫瘍性疾患，慢性炎症，慢性失血など），血液凝固障害（血友病，DIC，血小板減少症など），低蛋白血症（重度の腸炎，吸収不良症候群，蛋白漏出性腸症，栄養不良，飢餓，重度の肝不全など），ウイルス疾患に対する抗体・栄養補給として（パルボウイルス感染症など），などがあります。使用する血液製剤は診断・検査に基づき，可能な限り最適と思われるものを選択することになりますので，担当獣医師にしっかりと確認します。

また動物の家族の理解を得るために，院内で献血バンクへの登録を呼びかけたり，献血の実績を掲示しています。（図❶，❷）

輸血用血液の分類

・新鮮全血（fresh whole blood, FWB）
　採血後 8 時間以内の血液
・保存全血（stored whole blood, SWB）
　採血後 8 時間以上経過した血液
・濃厚赤血球（concentrate red cells, CRC）
　新鮮全血を 4℃で遠心分離し，採取した赤血球
・赤血球濃厚液（concentrate red cells, CRC-MAP）
　新鮮全血を 4℃で遠心分離し，採取した赤血球にMAP液（赤血球保存用添加液）を追加したもの
・新鮮凍結血漿（fresh frozen plasma, FFP）
　新鮮全血を 6 時間以内に遠心分離し，8 時間以内に凍結した血漿
　※採血バッグ内の抗凝固液がCPDAならば 8 時間，ACD液ならば 6 時間以内に遠心分離したものをいう
・凍結血漿（frozen plasma, FP）
　保存全血を遠心分離し，採取し凍結した血漿

2．二つの確認事項

準備には二つの確認があります。献血動物側の健康の確認により

安全な輸血用血液を準備すること，輸血を受ける側の輸血用血液との適合性が確認されていることです。

（1）献血動物の準備
献血動物の健康管理と認定を行います。

・犬

　フィラリア抗原陰性，5種混合ワクチン，狂犬病ワクチン接種済み，少なくも年に1回はCBC，血液化学検査（TP, Alb, Glu, ALT, ALP, BUN, Cre, TBil, P），尿検査，便検査を行い，正常であることが確認されている。血液塗抹上にバベシアが検出されない（地域によりPCRで陰性を確認する）。年齢1歳から7歳，原則として体重が25kg以上であることです（但し10kg以上であれば採血量を調整し，献血は可能と考えています）。

・猫

　猫白血病ウイルス抗原陰性，猫免疫不全ウイルス抗体陰性，3種混合ワクチン接種済み，少なくも年に1回はCBC，血液化学検査（TP, Alb, Glu, ALT, ALP, BUN, Cre, TBil, P），尿検査，便検査を行い正常であること。血液塗抹上にヘモプラズマが検出されないこと，年齢1歳から7歳，体重が4kg以上であることです。

（2）献血直前検査
　献血動物の健康確認は一般身体検査，体重，体温，脈拍数，呼吸数，血液検査（血液塗抹上でバベシア，ヘモプラズマがいない，PCVが犬では40%以上，猫では30%以上，TPが5.5g/dL以上あることで，1回の採血量は犬10～20mL/kg，猫10～15mL/kgです。

> **採血に準備するもの**
> - テルモ血液バッグCPDA　200mL（28mL），400mL（56mL）（図❸a, b）
> - ACD-A液（猫用採血シリンジ作成に使用する）（図❹）
> - MAP液，60mLシリンジポンプ，19～20G翼状針，ローラーペンチ，アルミリング，延長チューブ，コッヘル，はかり，バリカン
> - アルコール綿（消毒用）
> - シーラー，重量式採血装置（ある場合には）
> - 必要に応じて麻酔薬

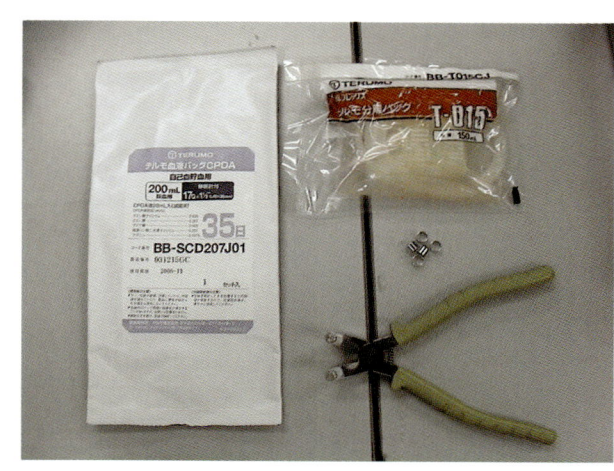

図❸ a　採血用バッグとローラー

図❸ b　採血用バッグ

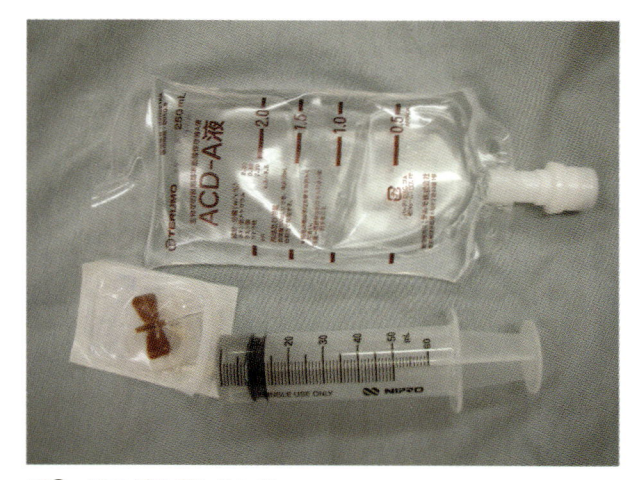

図❹　猫の採血用シリンジ

輸血をすると決まったら

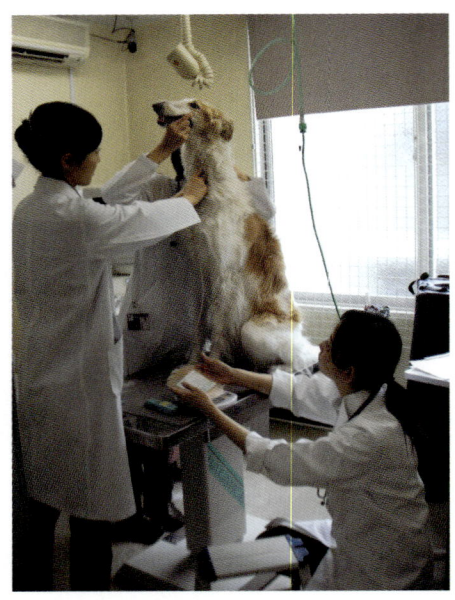

図❺ 基本的には凝集塊を作らないために太い針で頸部からの採血が望ましい

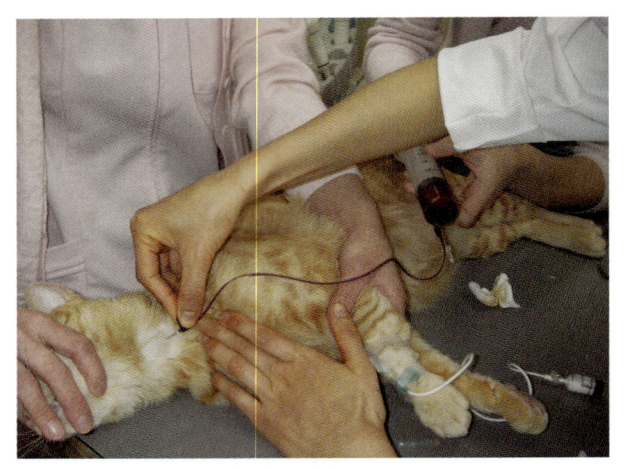

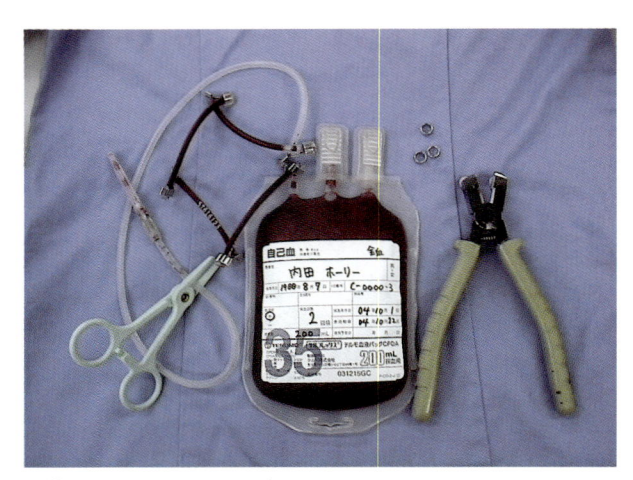

図❼ パイロットチューブ

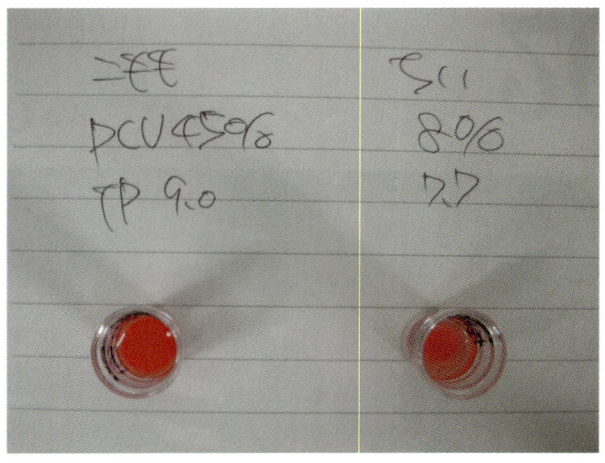

図❽ 赤血球浮遊液

図❻ 麻酔下で頸部から採血の様子

3．採血方法

・犬

　頸部を剃毛し，消毒する。採血バックは採血部位より60cm程度下に置きます。はかりを用意し，採血バックをこれに乗せ，目盛りを0に合わせておきます。空気が入らないように採血チューブはコッヘルで止めておきます。採血用バックに接続している採血針を頸静脈に刺入したのち，コッヘルをはずし，重力式採血を行います。採血中は血液と保存液を混和させるためにときどきバックを転倒混和します。

　はかりの目盛りが200g（400mL用を使用している場合は400g）になったら，コッヘルを装着し，針を抜き，採血部位から出血しないようしっかりと圧迫止血をします。採血が終了したら，直後におやつを与え，献血に対しよい印象を与えるよう工夫します（図❺）。

・猫

　必要に応じ鎮静をかけます。頸部を剃毛し，消毒します。ACD-A液を7mL吸引した60mLシリンジに20Gもしくは19Gの翼状針を付け，直接頸静脈に刺入し採血します。採血中は血液と保存液を混和させるためにときどきシリンジを転倒混和します。

　現在，猫の採血のための麻酔は，プロポフォールを使用しています（図❻）。

4．パイロットチューブの作り方

　採血後，チューブ内の血液をまずバックにすべて入れ，転倒混和します。その後バック内の血液をチューブに逆流させます。このチューブをアルミリングで2カ所をシールします。シーラーがある場合はシーラーを使用します。終了後バックから切り離し，抗凝固剤を含んだ血液バックのPCVを再測定します（図❼）。

5. クロスマッチ試験

> **準備するもの**
> - ドナー（供血側）血液 5 mL（EDTA採血管）
> - レシピエント（受血側）血液 5 mL（EDTA採血管）
> - ヘマトクリット用キャピラリー（プレイン），パテ，スケール
> - 遠心器，生理食塩水，サンプルカップ，マイクロピペット，スライドグラス，カバーグラス，顕微鏡

クロスマッチ試験の手技

- 受血動物および供血動物から採血（あればパイロットチューブを使用）し，それぞれの血液をEDTAチューブに入れます
- 受血側，供血側の血液のTP，PCVを測定します
- それぞれの血液を3分間遠心し（回転数は2000〜3000回転），血漿と細胞成分（主に赤血球）に分離します
- それぞれの血漿をサンプルカップに慎重に採取します
- 赤血球の残っているEDTAチューブに生理食塩水を入れ十分に混和し，1分間遠心します。上清を捨て再び生理食塩水を入れます。この動作を3回繰り返し，赤血球を洗浄します
- 新しいサンプルカップを2つ用意し，それぞれに生理食塩水を0.5 mLずつ分注します
- そこに遠心して下にたまった赤血球を20μLずつ分注，混和し，受血側および供血側それぞれの赤血球浮遊液を作成します
- 受血側と供血側の血漿をスライドグラスの端と端にそれぞれ1滴ずつ滴下します
- 受血側の血漿に対して供血側の赤血球浮遊液（主検査），供血側の血漿に対して受血側の赤血球浮遊液（副検査）をそれぞれ1滴ずつ滴下し，スライドグラス上で混和します（図❽）
- カバーグラスをかぶせ鏡検し，赤血球の凝集がなければ適合とします（図❾）。主検査を優先し，副検査が適合しても主検査が凝集していれば不適合とします（図❿）。5分後，再度鏡検し確認します
- 自己凝集試験を行う場合は，受血側の血漿に受血側の赤血球浮遊液，供血側の血漿に供血側の赤血球浮遊液を1滴滴下し，鏡検により凝集の有無を調べます

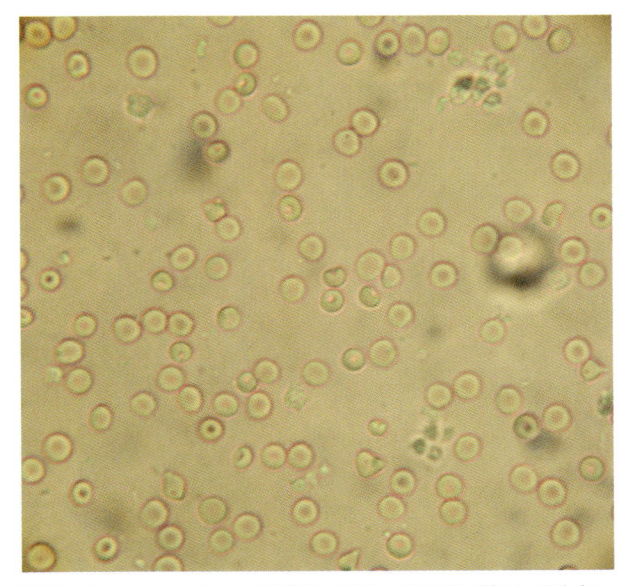

図❾ クロスマッチ1 非凝集，適合。赤血球が個々で独立して観察されます

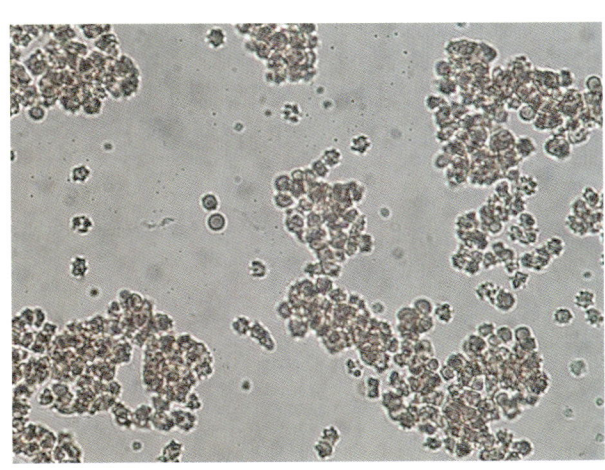

図❿ クロスマッチ2 凝集，不適合。赤血球の凝集塊や連鎖形成が観察されます

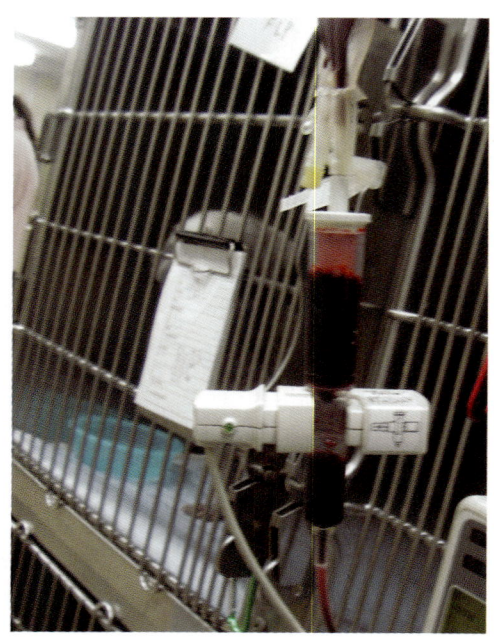

図⓫ テルフュージョン®輸血セット。上部の濾過フィルターを満たして使用します

図⓬ 猫の輸血セット，直接シリンジに輸血用フィルターを装着し輸血をおこないます

獣医師に伝えるポイント

- 献血動物の健康状態，献血記録は記録表を作成し，必要なときに一覧表としてすぐに報告することができるようにしておきます
- 採血時に凝血塊を作るようなことが起きたときには，すぐに報告する必要があります
- クロスマッチの標本は自分で判定した後，必ず担当獣医師にも確認をしてもらいましょう
- 輸血を開始したら，受血動物の観察をし，モニターすべき項目に異常が出たときはすぐに報告します

6．輸血量の計算

輸血量

- 犬　$\dfrac{\text{患者のBW（kg）}\times 90\times（\text{期待するPCV}-\text{患者のPCV}）}{\text{供血動物のPCV}}$

- 猫　$\dfrac{\text{患者のBW（kg）}\times 70\times（\text{期待するPCV}-\text{患者のPCV}）}{\text{供血動物のPCV}}$

原則として22mL/kg/dayが最大許容量

簡易計算法……供血動物のPCV40〜42％の場合，2 mL/kg（患者のBW）の輸血でPCVが1％上昇

7．輸血の準備と輸血

準備するもの

- クロスマッチが適合している血液を，計算された必要量
- 点滴機（輸血用ポンプ）
- 静脈内留置用具一式
- テルフュージョン®ポンプ用輸血セット（図⓫）
- 輸血用フィルター（図⓬）
- 延長チューブ
- 生理食塩水
- テープ（留置針を固定する）

輸血用血液は37℃以上にならない範囲で加温します。少なくとも室温にまでは暖まっている必要があります。輸血ラインの準備をします。小児科用血液フィルターを使用します。自然落下，もしくは輸血用ポンプを使用します。

（1）輸血前の受血動物の準備

アナフィラキシーの予防として犬に塩酸ジフェニルピラリン（ハイスタミン®注）0.2〜2 mg/kg SC，IM，猫にデキサメサゾンもしくは塩酸ジフェニルピラリン 0.2〜2 mg/kg SC，IMを輸血の30分前に注射する場合があります。

静脈内に留置針を入れ点滴の準備をします。ただし輸血前の予防は効果がない場合もあり獣医師の指示に従って下さい。

猫では塩酸ジフェニルピラリンで嘔吐の副作用を起こしやすいのでデキサメサゾンが推奨されます。

（2）受血動物の輸血中モニター

輸血前にTPRを測定します。輸血後最初の30分は10分毎に測定

図⓭　分離スタンド．遠心後血漿と濃縮赤血球を分離するスタンド

図⓮　輸血用血液の一時保管

し，その後は30分毎にTPRを測定します。

　輸血開始時，最初の30分間で0.25mL/kgを試験的投与としてゆっくり流し，副作用の有無を観察します。その後，10mL/kg/hrを超えない量で投与します。心疾患のあるものでは4mL/kg/hr以下で投与します。可能であれば，心電図モニターを行います。

　体温が0.8℃以上，または心拍数，呼吸数が20％以上増加した場合，即時型輸血反応と考えます。輸血を中止し，抗アレルギー療法を行います。呼吸促迫，頻脈，嘔吐，下痢，蕁麻疹，血色素尿などに注意します。大量に輸血する場合は高K血症，低Ca血症にも注意が必要です。

　輸血終了後は，ライン内に残った血液を無駄なく受血動物に入れるために，輸血バッグに接続されているラインを生理食塩水のバッグに繋ぎ換え，ライン内の血液がすべて入るまで流します。

　また輸血用血液の一時保管ですが，冷蔵庫で新鮮全血（FWB），保存全血（SWB），濃厚赤血球（CRC）を6℃以下の条件で保存しています。上段が猫，下段が犬の輸血用血液です（図⓮）。

　他に専用の冷凍庫を用いています。

勤務獣医師のための臨床テクニック　第2集

第22章「輸血」（内田恵子）にさらに詳細な解説がありますのでご覧ください。

内田恵子（ACプラザ苅谷動物病院 市川橋病院）

輸血をすると決まったら

手技のコツ・ポイント

・献血動物の事前の管理がいざ必要となったときにあわてないために，院内動物の健康管理は動物看護士の仕事として的確に行うことが望まれます

・採血時の保定は，献血動物に負担にならないよう普段から院内動物とのコミュニケーションを取っておきます。信頼関係を築くことは最も大切なことです

・最初のクロスマッチ試験で不適合だった場合，適合した血液が見つかるまで2検体目，3検体目と試験を行うことになります。このとき受血側の血液が足りなくなると，状態の悪い患者から再び採血することになってしまうので，クロスマッチ試験を複数回行う可能性のある場合は，始めから余裕をもった量の採血をして下さい

・クロスマッチが適合していても，副作用が起こる可能性は十分にあるので，輸血中のモニターは重要です。体温測定はタイマーを利用し必ずこまめに実施して下さい

・輸血用ラインに血液を通す際には，まず濾過網の中に十分血液を満たすと，血液凝固塊を濾過する機能がきちんと働きます

No.22 抗がん剤と動物の家族への説明

> ### アドバイス
> 伴侶動物全般の寿命の延長に伴い，「がん」に罹患した動物が来院することは，もはや日常的であるといえます。がんの治療には様々な選択肢がありますが，この項で述べる「抗がん剤」もその選択肢の中のひとつです。抗がん剤による治療は適応・動物の状態などを十分考慮して正しく使用すれば，患者である動物の症状の改善・生活の質の向上・延命などの効果が期待できます。

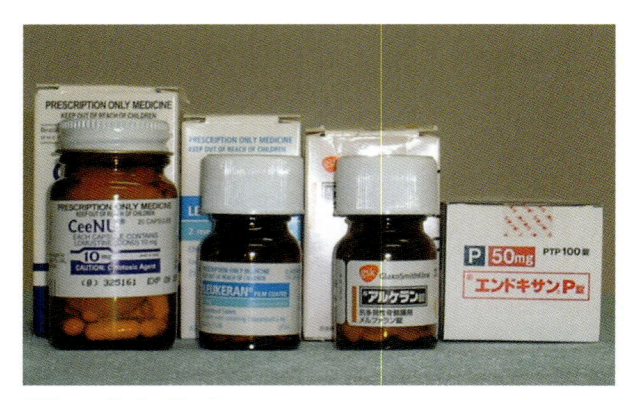

図❶a　抗がん剤・経口

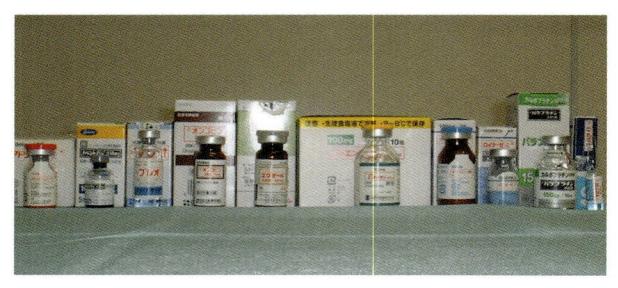

図❶b　抗がん剤・注射

準備するもの

- 腫瘍学専門書
- 血液検査（CBC）関連器具
- 血液化学検査関連器具
- 静脈留置セット
- 輸液関連器具
- 副作用を予防するために使用する薬剤
- 副作用を治療する際に使用する薬剤
- 緊急セット
- 抗がん剤各種（図❶ a，b）
- グローブ，マスク，ゴーグルなど取り扱い者を保護する器具
- 使用する抗がん剤の効果や副作用を明記したインフォームドコンセント用の書類
- 抗がん剤使用に関する同意書（図❷）

手技の手順

1. はじめに

　抗がん剤は，細胞を障害する作用を持つ薬剤であり，各々の薬剤の性質によって考えられる副作用も様々なものがあります。したがってその使用にあたっては，獣医師は細心の注意をはらって臨むべきであり専門的知識は必要不可欠です。

　またその治療をサポートする動物看護士も，抗がん剤の取り扱い方やその投薬を受けた動物についての注意点などを知っておく必要があります。この項では，抗がん剤について最低限知っておくべきことと，動物看護士が行う動物の家族への説明を想定した内容を中心に述べるようにいたします。

図❷　同意書

> **「がん」と「癌」と「肉腫」**
>
> ➡ここでいう「がん」は，癌・肉腫・造血系腫瘍などすべての悪性腫瘍を指している用語です。ちなみに漢字の「癌」は一般的に上皮性悪性腫瘍のことをいい，「肉腫」とは非上皮性悪性腫瘍のことをいいます。

2．抗がん剤とは

　抗がん剤は，細胞障害性物質であり，がん細胞のみを攻撃する薬剤ではありません。分裂の盛んな細胞を攻撃することで，結果的にがん細胞も攻撃されることを期待している治療法なので，一緒に攻撃を受けた正常細胞の所属する場所により，考えられる副作用は様々なものがあります。

　抗がん剤には多くの種類があり，その適応・使用法・副作用などはそれぞれ異なります。しかしどの抗がん剤にも共通していえることはミスが命取りになるということです。自宅で経口投与していただくタイプの抗がん剤を処方する際は，処方ミスや伝達ミスが起きないよう細心の注意を払うべき薬剤であると認識してください（図❶ a，b）。

　また抗がん剤は投薬を受けなくても直接的な接触や，投薬を受け

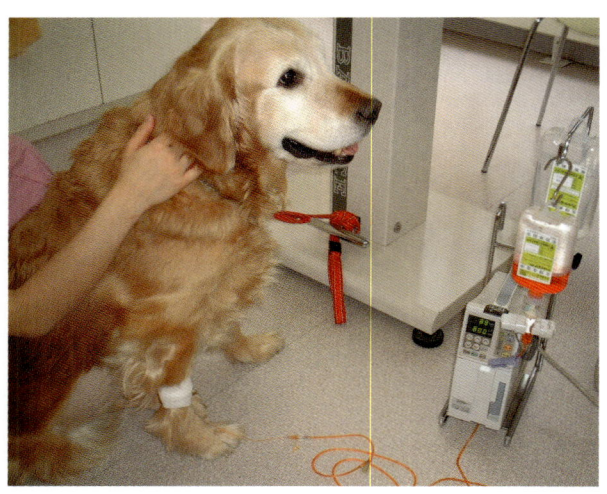

図❸ 投与中の監視 ドキソルビシン点滴投与中

図❹ 薬の説明書（例）

た動物の尿や便に排泄される代謝物質などへの接触でも、正常細胞は影響を受けることになります（その1回1回は微々たるものとはいえ）。

したがって抗がん剤を取り扱う場合、その投与の必要がない人間や動物を薬剤の影響から守る必要があります。つまり動物病院スタッフおよび投薬を受ける動物の家族の抗がん剤への曝露を最小限にとどめるように、取り扱いの際は注意すべきであり、また動物の家族にもしっかり指導するべき薬剤なのです。

3．抗がん剤の副作用とは

抗がん剤の種類によって考えられる副作用は異なります。代表的な副作用には、骨髄抑制（血球減少）、消化管障害（下痢や嘔吐）、食欲不振、脱毛（トリミングが必要な犬種によくみられる）などがあります。その他、泌尿器毒性（出血性膀胱炎、腎障害など）、心毒性、肝毒性、呼吸器毒性（肺線維症）、過敏性反応（アナフィラキシー、アレルギー反応）、血管外漏出による組織壊死など様々です。使用する抗がん剤によって投与後の注意点が異なるので、獣医師の指示に従うようにしましょう。

その一方で、抗がん剤も「正しく使用すれば」副作用は最小限に抑えることができる薬だということも覚えておきましょう。実際重度な副作用（入院を必要としたり、命に関わったりするほどの副作用）を発現する確率は非常に低いものです。

「正しく使用すれば」という言葉の意味

➡ 携わる獣医師が、投薬法だけでなく、安全に投薬できる基準をクリアしているかどうかの判断や、投薬後予想される事項に対するフォローアップのための必要な検査計画について熟知しているか、副作用に対する対処なども熟知したうえで治療にあたっているか、ということに加え、それをサポートする動物看護士も細心の注意を払うということや、動物の家族の協力も含めてという意味です。

4．注意点と動物看護士が行う動物の家族への説明

（1）治療選択前

獣医師は、抗がん剤による治療を提案することになった動物の家族に対して、病気の詳細や期待できる治療効果、考えられる副作用などについてインフォームドコンセントを十分に行います。しかしそれでも説明を受けた動物の家族は、不安な気持ちでいっぱいであると予想され、その不安な気持ちを動物看護士に打ち明けるかもしれません。したがって、その治療に一緒に携わる動物看護士も当然

説明内容を理解している必要があります。

　筆者は動物の家族が会議しやすいようにインフォームドコンセントの内容を文書で作成して渡しているので，動物看護士にもそれを確認してもらい理解を深めてもらうようにしています。

　動物の家族の多くは抗がん剤に抵抗を示します。その抵抗と不安を解消しなければ，治療の選択肢の制限につながってしまいます。動物看護士は受付などで相談された場合，不安を助長させてはいけませんし，また安易な発言も禁物です。よく説明内容を理解しておいたうえで冷静に対応しましょう。

（2）治療開始時

　抗がん剤の投薬が決まったら，その動物はどのような日程で治療や検査に来院するのかの概要を担当獣医師と打ち合わせて理解しておきましょう。そして来院時の注意点などがある場合（朝食事を抜いて来院するなど）は，それをお伝えするのを忘れないよう心がけましょう。またお預かりして投薬をする場合は，預かり時に約束事を守ってきたかどうかの確認をしてから預かるようにしましょう。

（3）院内で注射投与する場合の注意点

　注射投与のみのタイプの抗がん剤も多くあります。その投与経路は薬剤によって異なりますが，いずれにしても抗がん剤投与時の動物の保定はしっかりと行ってください。特に静脈注射投与のみの薬剤で，かつ絶対に血管外漏出させてはならない（重度の組織壊死をひき起こすため）薬剤もありますので，その場合の静脈留置の際の保定には特に気を使いましょう。またそのような薬剤を点滴投与する場合は，投薬開始後も血管外漏出がないかを，入念にチェックする必要があります。そのような場合，筆者は動物の家族に付き添ってもらうか，動物看護士に付き添ってもらうか，いずれかの方法で投薬が終了するまで監視するようにしています（図❸）。

（4）自宅で経口投与してもらう場合

　抗がん剤にも自宅にて経口投与するタイプのものもあります。その用量や投薬間隔・投薬方法・投薬後の注意点などについては，当然獣医師から直接動物の家族への詳細な説明がなされますが，動物看護士もその内容を把握しておき，受付でお渡しする際は，再度念を押す必要があるでしょう。この際は絶対に伝達ミスを起こしてはいけません。筆者は動物の家族にお渡しする薬剤の説明書を作成しているので（図❹），動物看護士にはそれを見せながら説明するよう指示しています（図❺）。

（5）投薬後

　投薬後に考えられる副作用に関することも獣医師から十分に動物の家族への説明がなされますが，動物看護士もその内容を把握しておき

図❺　動物看護士から動物の家族への説明

手技のコツ・ポイント

- 抗がん剤とは細胞障害性物質であり使用に関しては細心の注意が必要だということを認識しましょう
- その動物に抗がん剤による治療が提案された経緯，治療や検査の日程，注意点などの概要を理解しましょう
- 動物看護士から動物の家族に指導する内容は，伝達ミスがないよう常に注意をはらいましょう
- 獣医師への報告にも，伝達ミスがないよう常に注意をはらいましょう
- 緊張感をもって対処し，再確認の習慣を持ちましょう

獣医師に伝えるポイント

- 治療についての不安などを動物の家族から打ち明けられた場合は，獣医師に報告しましょう
- 抗がん剤投与後の異常について連絡があった場合は，速やかに獣医師に報告し指示を受けましょう
- 抗がん剤投与後の異常について連絡を受けた内容は，いつから始まったどのような異常なのかを詳しく獣医師に報告しましょう
- 万が一投薬量や投薬間隔の記載ミス・伝達ミスを感じた場合は，速やかに獣医師に報告しましょう
- 自分の判断で動物の家族の質問に答えた内容（食事のことなど）は獣医師に報告するかカルテに記載しておきましょう

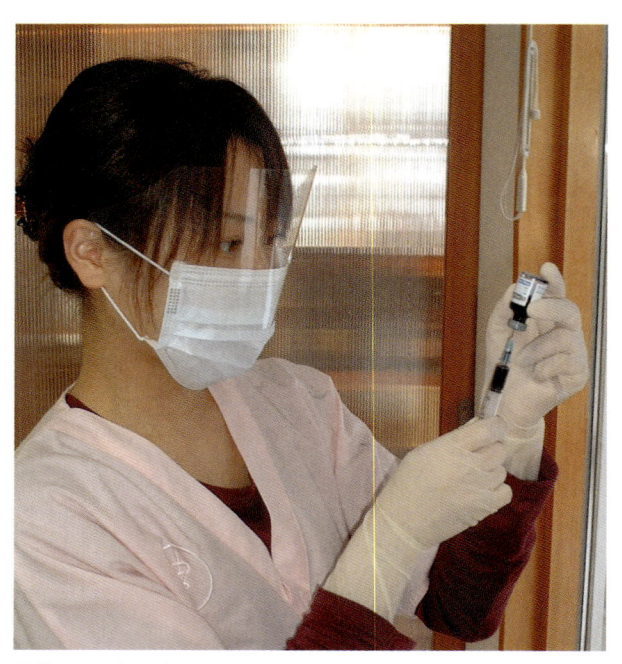

図❻ 取り扱い者保護

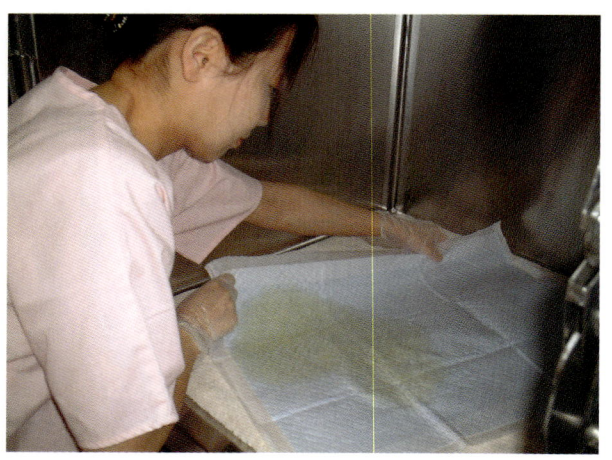

図❼ 取扱い者の保護　抗がん剤投与日の排泄物処理

> **to family　動物の家族に伝えるポイント**
> - 投薬量や投薬間隔などの記載ミス・伝達ミスが起きないよう常に注意をはらいましょう
> - 抗がん剤に直接触れないよう伝えましょう
> - 抗がん剤投与を受けた動物の当日（あるいは翌日まで）の排泄物に直接触れないよう伝えましょう
> - 抗がん剤投与後の異常については，些細なことでも連絡を入れてもらうようにしましょう
> - 次の治療や検査の日程，来院の際の注意点・準備などがあれば，伝えることを忘れないようにしましょう

ましょう。そしてどんな点に注意してみていけばよいのか，こんなときは連絡をもらうということなどをお伝えしましょう。抗がん剤の種類や動物のコンディションによっても注意点が異なるので，その都度獣医師と打ち合わせる必要があるでしょう。

（6）投薬後の異常について連絡があったら

　抗がん剤の投与後の異常について動物の家族から電話連絡があった場合は，些細なことのように感じる内容であったとしても，すべて獣医師に伝えるようにしましょう。明らかに来院が必要だと判断できる内容であれば，直ちに来院していただくよう指示してください。ただこのときも不安をあおるような言動は禁物ですので，冷静に対処するべきです。

（7）取扱者の保護

　前述のように，自分たちを守るため抗がん剤への曝露は最小限にとどめるよう心がけるべきです。まず抗がん剤を用意する際，直接薬剤に触れることのないようにグローブ・ゴーグル付きマスクなどを着用しましょう（図❻）。スタッフ同様抗がん剤投与を受けた動物の家族も抗がん剤への曝露が最小限になるように，適切な指示をするようにします。自宅で経口投与するタイプの抗がん剤を処方する際は，薬に直接触れないようグローブをつけて取り扱うよう指示しましょう。

　抗がん剤投与を受けた動物は，尿や便に代謝物質を排泄します。したがって取り扱い者の保護のため，当日の排泄物（あるいは翌日まで）には直接手に触れることのないように，掃除の際もグローブを着用しましょう（図❼）。

　また抗がん剤を院内で注射投与した当日に，動物をお返しする際や，自宅で経口投与する際も当然動物の家族にもそのように指示してあげましょう。

失敗しないために

　抗がん剤使用に関する失敗は致命的なものも多いため，絶対に失敗しないように心がけなくてはなりません。動物看護士が関わる場面での失敗を想像すると，獣医師からの指示の解釈ミス，検査手技のミス，検査結果などの報告記載ミス，保定ミス，抗がん剤投与中の動物の監視ミス，処方の際の投薬量や投薬間隔の記載ミス，動物の家族への指示のミス，動物の家族からの連絡の伝達ミスなど多く考えられます。緊張感をもって対処し，再確認の習慣をもちましょう。

山下時明（真駒内どうぶつ病院）

Index

あ

- アシドーシス ... 118
- アズール顆粒 ... 43
- アトロピン ... 140, 145
- アナフィラキシー ... 150, 154
- アプロチニン ... 67
- アルカローシス ... 118
- アルギン酸ドレッシング ... 110, 112, 113
- アンビューバック ... 105
- 異型核小体 ... 52
- 胃チューブ ... 134
- 印環細胞 ... 54
- ウェルネス ... 7, 56
- エピネフリン ... 140, 142
- 塩酸ジフェニルピラリン ... 150

か

- 外頸静脈 ... 121
- 外側伏在静脈 ... 19, 28, 121
- 外部寄生虫 ... 13
- 過形成 ... 48
- カセッテ ... 75
- 化膿性炎症 ... 46
- カプノメーター ... 104
- 顆粒円柱 ... 34
- がん ... 153
- 癌 ... 153
- 眼圧 ... 90
- 眼科検査 ... 90
- 桿状核球 ... 40
- 癌性胸膜炎 ... 48
- 眼軟膏 ... 95
- 気管挿管 ... 141
- 気管チューブ ... 105
- 球状赤血球 ... 39
- クエン酸 ... 68
- グリッド（リスホルムブレンデ） ... 75
- クロスマッチ ... 149
- 経口給与 ... 134
- 経腸栄養食 ... 135
- 経鼻食道チューブ ... 134
- 劇薬 ... 18, 19
- 血圧 ... 104
- 血液凝固障害 ... 146
- ケラトヒアリン ... 55
- 検眼鏡 ... 90
- 好塩基性顆粒 ... 55
- 後骨髄球 ... 40
- 好酸球性炎症 ... 47
- 膠質浸透圧 ... 119
- 向精神薬 ... 18, 19
- 呼気炭酸ガス濃度 ... 142
- 呼吸数 ... 104
- コクシジウム ... 31
- 骨髄球 ... 40
- 骨髄芽球 ... 40
- 骨髄抑制 ... 154
- コンパニオンアニマル ... 6
- 金平糖状赤血球 ... 37

さ

- 細隙灯顕微鏡 ... 90
- 細胞外液（ECF） ... 118
- 左方移動 ... 40
- 酸塩基平衡 ... 117
- 酸素飽和度 ... 107, 142
- 散乱線 ... 75
- 歯科処置 ... 101
- 自己凝集 ... 37
- 自己免疫性溶血性貧血 ... 37, 39
- しつけ ... 12, 14
- 脂肪空胞 ... 55
- シュウ酸カルシウム結晶 ... 34
- 出血性膀胱炎 ... 154
- 術前検査 ... 56
- 錠剤分割器 ... 127
- 食事療法 ... 132
- 食道拡張症 ... 137
- 食道チューブ ... 134
- 処方箋 ... 124
- シルマー涙液検査 ... 93
- 人工呼吸 ... 142
- 新鮮全血 ... 146
- 新鮮凍結血漿 ... 146
- 心臓マッサージ ... 142
- 心電図 ... 88, 104
- 心肺停止 ... 144
- 心拍数 ... 104
- ストルバイト結晶 ... 34
- スワブ ... 71
- 生体監視モニター ... 104
- 生理食塩水 ... 118
- 赤芽球 ... 38
- 赤血球濃厚液 ... 146
- 前骨髄球 ... 40
- セントラルペーラー ... 39
- 増感紙 ... 75

た

- 体液管理 ... 117
- 体温 ... 104
- 大小不同 ... 38
- 多核巨細胞 ... 51

索引

157

多核細胞	52	プローブ	87
多染性	38	糞便塗抹染色	32
脱水	117	分葉核球	40
炭酸水素ナトリウム	118	分類不能芽細胞	44
チアノーゼ	107	ヘパリン	68
中皮細胞	48, 49	ヘモプラズマ・フェリス	38
直像検眼鏡	91	ヘルメット型赤血球	39
定期健康診断	56	飽和食塩水浮遊法	31
低蛋白血症	146	ホームデンタルケア	103
デーレ小体	42	保存全血	146
デブリードマン	113	ボディコンディションスコア(BCS)	132, 139
デキサメサゾン	150	ホルマリン	69, 70
点眼液	95		
デンタルケア	13, 98	**ま**	
凍結血漿	146	マクロファージ性炎症	47
倒像検眼鏡	92	麻薬	18, 19
橈側皮静脈	19, 28, 121	脈波	104
動物介在活動	6	メラニン色素顆粒	55
動物介在教育	7	免疫介在性溶血性貧血(IHA)	39
動物介在療法	6	毛細血管再充満時間(CRT)	107
動脈血酸素飽和度	104		
毒薬	18, 19	**や**	
ドレッシング	110	有核赤血球	38
ドレナージ	114	輸液	116
		輸液量	120
な		輸血	146
内側伏在静脈	121		
肉芽組織	113	**ら**	
肉芽腫性炎症	47	ライト・ギムザ染色	36
肉腫	153	リハビリテーション	56
乳酸リンゲル液	118	リマインダー	11
乳歯遺残	99, 100	硫酸亜鉛遠心浮遊法	31
尿検査用試験紙	33	リンゲル液	118
濃厚赤血球	146	リンパ節反応性過形成	48
は		**わ**	
ハイドロジェル・ドレッシング	110	ワクチン	13
ハインツ小体	38		
ハウエルジョリー小体	38, 40	**A to Z**	
パピークラス	15	5W2H	8
バベシア・ギブソニ	38	BER	120
パルスオキシメーター	104	BID	125
パンオプティック検眼鏡	92	EDTA	68
皮膚ツルゴール	120	ETCO$_2$	142
肥満細胞	50	IM	125
ヒューマンアニマルボンド	6	IV	125
貧血	38, 146	NIBP	142
フィブリン	70, 71	PO	125
フィラリア	13	QID	125
フィルムドレッシング	110, 112	SID	125
フィルム	74〜86	SpO$_2$	107
不正咬合	100	TID	125
不妊・去勢手術	13		
不良肉芽	115		
フルオレセイン検査	94		
プロービング	101		

執筆者一覧

【監修】

石田卓夫	一般社団法人　日本臨床獣医学フォーラム会長

【執筆者】（50音順）

安部勝裕	安部動物病院, 東京都
石田卓夫	赤坂動物病院（医療ディレクター）, 東京都
入江充洋	入江動物病院, 香川県
打江和歌子	赤坂動物病院（臨床検査技師）, 東京都
内田恵子	ACプラザ苅谷動物病院 市川橋病院, 千葉県
大村知之	おおむら動物病院, 東京都
茅沼秀樹	麻布大学獣医学部獣医放射線学研究室, 神奈川県
苅谷和廣	ACプラザ苅谷動物病院, 東京都
草野道夫	くさの動物病院, 埼玉県
柴内晶子	赤坂動物病院, 東京都
竹内和義	たけうち動物病院, 神奈川県
竹中晶子	赤坂動物病院（JAHA認定1級動物看護士）, 東京都
戸田　功	とだ動物病院, 東京都
長江秀之	ナガエ動物病院, 東京都
村田香織	もみの木動物病院, 兵庫県
山下時明	真駒内どうぶつ病院, 北海道
山本剛和	動物病院エル・ファーロ, 東京都
吉村徳裕	あいち動物病院, 愛知県

■監修者プロフィール

石田 卓夫（いしだ たくお）

1950年東京生まれ　農学博士。
国際基督教大学卒，日本獣医畜産大学（現・日本獣医生命科学大学）獣医学科卒，東京大学大学院農学系研究科博士課程修了。米国カリフォルニア大学獣医学部外科腫瘍学部門研究員を経て，1998年まで日本獣医畜産大学助教授。現在は，日本獣医病理学専門家協会会員，一般社団法人日本臨床獣医学フォーラム（http://www.jbvp.org）会長，日本獣医がん学会会長および赤坂動物病院医療ディレクター。
研究専門分野は，小動物の臨床病理学，臨床免疫学，臨床腫瘍学と猫のウイルス感染症。今後の研究課題として，幹細胞培養による再生医療がある。

動物病院ナースのための臨床テクニック

2007年　9月20日　第1刷発行
2014年　2月10日　第3刷発行

監修者	石田卓夫
発行者	森田　猛
発　行	チクサン出版社
発　売	株式会社 緑書房
	〒103-0004
	東京都中央区東日本橋2丁目8番3号
	TEL　03-6833-0560
	http://www.pet-honpo.com
デザイン	有限会社 オカムラ，有限会社 クルーク
印　刷	株式会社カシヨ

Ⓒ Takuo Ishida
ISBN978-4-88500-653-1　Printed in Japan
落丁，乱丁本は弊社送料負担にてお取り替えいたします。

本書の複写にかかる複製，上映，譲渡，公衆送信（送信可能化を含む）の各権利は株式会社緑書房が管理の委託を受けています。

〈社〉出版者著作権管理機構 委託出版物〉
本書を無断で複写複製（電子化を含む）することは，著作権法上での例外を除き，禁じられています。
本書を複写される場合は，そのつど事前に，〈社〉出版者著作権管理機構（電話03-3513-6969，FAX03-3513-6979，e-mail：info @ jcopy.or.jp）の許諾を得てください。
また本書を代行業者等の第三者に依頼してスキャンやデジタル化することは，たとえ個人や家庭内の利用であっても一切認められておりません。